Food Hygiene and HACCP System

HACCP SYSTEM 확립에 대한 구체적인 내용 및 방법

식품위생안전 및 HACCP 적용 실무

김창남 · 윤성준 · 이정선 · 왕순남 공저

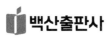

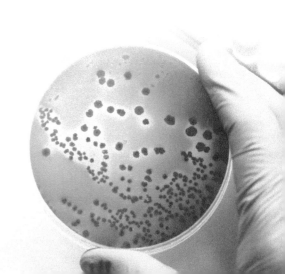

백산출판사

머리말

오늘날의 식품은 식품제조·가공기술의 급속한 발달로 인하여 보존성, 영양성, 기호성, 유통성 등이 크게 개선되었으며, 식품의 소비형태도 개인이나 가정으로부터 음식점에서 외식, 단체급식으로 이행이 두드러지고 있다. 또한 국민소득의 증대와 식생활 수준이 향상될수록 식품 및 외식시장이 확대되고 소비자의 식품 선택 또한 식품 위생안전을 가장 중요시하는 방향으로 변화하고 있으며, 영양적인 측면뿐만 아니라 위생적이고 안전한 식품의 확보가 가장 중요한 이슈로 대두되고 있다. 이와 같은 상황에서 제과제빵, 식품, 영양 및 조리 관련분야를 전공하거나 실무자인 우리의 역할을 다하여 안전한 식품의 제공으로 위해와 질병을 방지하고 인간의 생명과 건강을 지키기 위한 지속적인 노력이 필요하다.

이 책에서는 제과제빵을 포함한 식품에 대한 위생안전 관리시스템을 기술하였고, 식품접객업소인 제과점과 휴게음식점, 일반음식점 및 제빵공장, 집단급식소 등의 산업현장에서 일하는 영업자 및 종업원이 반드시 숙지하고 실천해야 할 식품위생법적 각종 규정인 영업신고(등록), 시설기준, 영업자 준수사항, 표시기준, 자가품질검사, 식품·식품첨가물의 기준 및 규격, 식품접객업소 조리식품의 기준 및 규격 등에 대해서도 기술하였다. 그리고 20C세기 말부터 식품의 위생안전성 증진을 위해 우리나라에도 도입되어 운용되고 있는 HACCP시스템에 대한 도입 역사와 필요성, 기대효과 및 효율적 운용방안을 기술하였으며, 우리나라에서 운용되고 있는 HACCP시스템에 대한 법적 요건 및 식품산업 현장에서 실무자들이 HACCP시스템 확립하여 운영하는 데 실질적인 도움을 주기 위해 선행요건 및 HACCP Plan 확립에 대한 구체적인 내용 및 방법을 기술하였다.

저자들은 제과제빵, 식품, 영양 및 조리 등의 전공학생 및 이와 관련된 실무자에게 실질적인 도움을 주고자 나름대로 최선을 다해 자료를 수집하고 원고를 정리하였으나, 내용에 있어 이론상의 오류나 미비한 점이 아직 많으리라 생각된다. 이에 대하여는 앞으로 시간을 두고 수정, 보완해 나갈 것을 다짐하며, 이 책이 식품 위생안전 분야를 공부하는 학생들이나 실무자들에게 다소라도 도움이 될 수 있다면 저자들에게는 크나큰 기쁨이 되겠다. 끝으로 이 책이 출판되도록 물심양면으로 애써주신 백산출판사 진욱상 사장님과 여러 직원들의 노고에 깊은 감사를 드리는 바이다.

2022년 7월 저자 일동

I 식중독 발생원인 / 7

1. 식중독 발생 현황 / 8
2. 식품 관련 유해물질 / 11
3. 발생원인별 유해물질 / 12
4. 식품 위해 발생원인 / 13
5. 식품 위해 예방원칙 / 14

II 제과제빵 위생안전 / 15

1. 식품위생안전 문제 / 16
2. 식품위생법 위반사례 / 16
3. 식품위생안전 관리불량 사례 / 16
4. 제과제빵산업 현황 / 18
5. 식품안전사고에 의한 업체 피해 / 18

III 식품위생안전 및 관리시스템 / 19

III-1. 식품위생안전 / 20
1. 식품산업 환경 / 20
2. 식품 / 21
3. 식품위생 범위 / 21
4. 식품위생 및 식품안전 / 22
5. 식품위생안전 관리범위 / 22

III-2. 식품위생안전관리시스템 / 23
1. 식품위생 관련 법규 준수 / 23
2. 제품검사기법 / 24
3. GMP/GHP 운용 / 24
4. HACCP 운용 / 24
5. RACCP 운용 / 25
6. FSMS 상관성 / 25

IV 식품위생 관련 법규 / 27

IV-1. 식품위생 관련 법규 종류 / 28
1. 식품위생법 위반 단속사례 / 28
2. 식품위생법 위반 보도사례 / 28
3. 식품위생 관련 법규 종류 및 체제 / 29

IV-2. 식품위생법 / 30
1. 식품위생법 개요 / 30
2. 영업 / 31

3. 품목제조보고 / 32
4. 위생교육 / 33
5. 영업에 종사하지 못하는 질병 종류 / 33
6. 위해식품 등의 판매 등 금지 / 33
7. 식품 등의 위생적인 취급에 관한 기준 / 34
8. 업종별 시설기준 / 34
9. 영업자 및 종업원 준수사항 / 38
10. 표시기준 / 40
11. 자가품질검사 / 42
12. 기타 규정 / 44
13. 행정제재 및 벌칙 / 45
14. 주요 고시 / 45

IV-3. 식품공전 / 46
1. 총칙 / 47
2. 식품일반에 대한 공통기준 및 규격 / 48
3. 영·유아 및 고령자를 섭취대상으로
   표시·판매 식품의 기준 및 규격 / 52
4. 장기보존식품의 기준 및 규격 / 53
5. 식품별 기준 및 규격 / 53
6. 식품접객업소 조리식품 등에 대한
   기준 및 규격 / 62

IV-4. 식품첨가물공전 / 64
1. 식품첨가물 종류 / 64
2. 사용목적 및 사용방법 / 65
3. 식품첨가물공전 구성 / 65
4. 제조기준 / 65
5. 일반사용기준 / 66
6. 품목별 성분규격 및 사용기준 / 66
7. 기구 등의 살균소독제 / 67

IV-5. 위생등급제 / 68
1. 위생등급제 개요 / 68
2. 위생등급제 지정절차 / 68
3. 위생등급제 등급 / 69
4. 위생등급제 평가기준 / 69
5. 위생등급제 기대효과 / 70

V HACCP시스템 / 71

V-1. HACCP시스템 개요 / 72
1. HACCP시스템 / 72
2. HACCP 관련 용어 / 72

3. 제과제빵의 HACCP 적용사례 / 73
4. HACCP시스템 구성체제 / 74

V-2. HACCP 도입 역사 및 현황 / 76
1. HACCP 도입 역사 / 76
2. HACCP 도입 현황 / 77

V-3. HACCP 도입 필요성 및 기대효과 / 79
1. HACCP 도입 필요성 / 79
2. HACCP 도입 효과 / 80

V-4. HACCP 운영방안 / 81
1. HACCP 장애요인 / 81
2. 효과적인 HACCP 운용방안 / 81

V-5. 식품 및 축산물 안전관리인증기준 / 84
1. HACCP기준 주요 내용 / 84
2. 제·개정 이력 / 85
3. 목적 및 적용대상 / 86
4. 적용품목 및 시기 / 86
5. 선행요건 관리 / 87
6. HACCP 관리 / 87
7. 기록관리 및 HACCP 팀 구성 / 88
8. HACCP 인증절차 / 89
9. HACCP 우대조치 / 90
10. 교육훈련 / 90

V-6. HACCP 적용업소 인증(평가)기준 / 91

V-6-1. 선행요건 부문 / 91
1. 선행요건 개요 / 91
2. 선행요건 - 식품제조·가공업소 / 92
3. 선행요건 - 집단급식소 / 96
4. 선행요건 - 소규모업소, 식품접객업소(제과점) / 100

V-6-2. HACCP 관리계획 부문 / 102
1. HACCP Plan 개요 / 102
2. HACCP Plan / 102
3. HACCP Plan - 소규모업소, 식품접객업소(제과점) / 105

VI HACCP시스템 확립 / 107

VI-1. 선행요건 확립 / 108

VI-1-1. 개인 위생안전 관리 / 108
1. 건강 관리 / 108
2. 위생복장 착용 / 109
3. 작업장 출입 / 110
4. 손 세척 및 소독 / 110

VI-1-2. 제조·가공설비 위생안전 관리 / 112
1. 제조·가공설비 재질, 구조 및 설치 / 112
2. 제조·가공설비 세척 및 소독 / 113

VI-1-3. 작업장 위생안전 관리 / 116
1. 작업장 재질, 구조 및 설치 / 116
2. 원료·제품 보관실 재질, 구조 및 설치 / 118

3. 원료 및 제품 보관 / 119
4. 용수시설 재질 및 설치 / 120
5. 작업장 청소 및 소독 / 120

VI-2. HACCP Plan 확립 / 123

VI-2-1. HACCP팀 구성 / 124
1. HACCP팀 구성 원칙 / 124
2. HACCP팀 조직도 / 125
3. HACCP팀 업무분장 / 126
4. HACCP팀 업무인수인계 / 127
5. HACCP팀 구성 연습 / 127

VI-2-2. 제품설명서 작성 및 사용용도 확인 / 128
1. 제품설명서 및 사용용도 관련 법적 요건 / 128
2. 제품설명서 양식 / 129
3. 제품설명서 작성 / 129
4. 원료 목록 작성 / 131
5. 제품설명서 작성 연습 / 131

VI-2-3. 공정흐름도 작성 및 현장 확인 / 132
1. 공정흐름도 관련 법적 요건 / 132
2. 제조공정도 작성 / 133
3. 공정별 가공방법 작성 / 133
4. 공정흐름도 작성 연습 / 134
5. 제조공정설비도면 작성 / 134
6. 제조공정설비도면 작성 연습 / 137

VI-2-4. 위해요소 분석 / 138
1. 위해요소 분석 관련 법적 요건 / 138
2. 위해요소 분석표 양식 / 139
3. 위해요소 분석 사례 / 139
4. 위해요소 / 140
5. 위해 평가 / 145
6. 예방조치 및 관리방법 / 149
7. 위해요소 분석 연습 / 151

VI-2-5. 중요관리점(CCP) 결정 / 152
1. 중요관리점 결정 관련 법적 요건 / 152
2. 중요관리점 결정 양식 / 153
3. 중요관리점 결정 사례 / 154
4. 중요관리점 결정 요령 / 155
5. 중요관리점 결정 연습 / 157

VI-2-6. CCP의 안전관리인증기준 관리 계획 확립 / 158
1. HACCP Plan 확립 양식 / 158
2. HACCP Plan 확립 사례 / 159

VI-2-7. CCP의 한계기준 설정 / 160
1. CCP의 한계기준 설정 관련 법적 요건 / 160
2. CCP의 한계기준 설정 요령 / 161
3. CCP의 한계기준 설정 사례 / 161
4. CCP의 한계기준 설정 연습 / 162

VI-2-8. CCP의 모니터링체계 확립 / 162
1. CCP의 모니터링체계 확립 관련 법적 요건 / 163
2. CCP의 모니터링체계 확립 요령 / 163
3. CCP의 모니터링체계 확립 사례 / 164

4. CCP의 모니터링체계 확립 연습 / 164

VI-2-9. CCP의 개선조치방법 수립 / 165
1. CCP의 개선조치방법 수립 관련 법적 요건 / 165
2. CCP의 개선조치방법 수립 요령 / 166
3. CCP의 개선조치방법 수립 사례 / 166
4. CCP의 개선조치방법 수립 연습 / 167

VI-2-10. 검증절차 및 방법 수립 / 168
1. 검증절차 및 방법 수립 관련 법적 요건 / 168
2. 검증 종류 / 169
3. 검증 절차 / 169
4. 검증 내용 / 169
5. CCP의 검증방법 수립 연습 / 171

VI-2-11. 문서화 및 기록유지방법 설정 / 171
1. 문서 종류 / 172
2. 기록 종류 / 172

VI-2-12. 교육·훈련 / 173
1. 교육·훈련 관련 법적 요건 / 173
2. 교육·훈련 절차 / 174

Ⅶ 식품위생안전 실험 / 175

Ⅶ-1. 실험실 입실절차 및 주의사항 / 176
1. 실험실 입실절차 / 176
2. 실험실 주의사항 / 176

Ⅶ-2. 실험 기초지식 / 178
1. 실험 목적 및 종류 / 178
2. 실험 순서 / 179

3. 실험보고서 작성 / 179
4. 실험장비 및 기구 / 179

Ⅶ-3. 중량·용량 정량실험 / 181
1. 중량 정량방법 / 181
2. 용량 정량방법 / 181

Ⅶ-4. 손 및 제과제빵도구 위생실험 / 184
1. 면봉검사(Swab)법 / 184
2. 간이검사법 – Hand plate, Rodac plate / 185
3. ATP 측정법 / 187
4. 형광로션 이용법 / 188
5. 손 위생실험 결과 양식 / 189

Ⅶ-5. 작업장 환경 위생실험 / 190
1. 공중낙하균 검사 / 190

Ⅶ-6. 빵·과자제품 위생실험 / 192
1. 식품별 법적 규격 / 192
2. 검체 채취 및 운반방법 / 195
3. 제품의 미생물실험 – Petrifim법 / 196
4. 제품의 수분함량 측정 / 202
5. 제품의 회분함량 측정 / 202
6. 제품의 pH 측정 / 203
7. 제품의 산도 측정 / 203
8. 제품의 산가 측정 / 204

■ 부록 / 205
1. 식품 위생감사 평가표 - 선행요건 부문 / 206
2. 식품 위생감사 평가표 - HACCP Plan 부문 / 208

■ 참고문헌 / 212

I

비누를 사용하여
30초 손씻기

물 끓여 마시기

채소, 과일은 깨끗한
물로 세척 하기

주변 환경
청결히 하기

도구는 끓이거나
염소 소독 하기

생식은 삼가고
85℃ 1분 이상
가열 하기

식중독 발생원인

✎메모

1. 식중독 발생 현황

■ The Center of Disease Control and Prevention
- 250 foodborne pathogens

■ WHO
- 전세계적으로 5세 이하 어린이에서 년간 15억명의 설사증세 발생
- 사망 : 1.8백만명 (2004)
- 70% 이상이 식중독으로 추정

■ 미국
- 환자수 : 매년 76백만명 (26%)
- 입 원 : 325,000명 (0.1%)
- 사 망 : 5,200명 (0.001%) (CDC, 1999)
- 년간 손실비용(5개 식중독) : 67억불 (US ERS, 2000)

■ 우리나라
- 매년 12.4%가 식중독 경험
- 입 원 : 0.3%
- 년간 손실비용 : 10억 8천불 (KHIDI, 2001)

1. 식중독 발생 현황

■ 병원성 세균의 발생원인 사례 (일본)

발생원인(유래)	V. parahaemo-lyticus	S. aureus	Salmonella spp.	C. welchii	B. cereus
장시간 보존	22	69	13	17	17
보존온도 부적절	28	75	6	18	18
불완전한 냉각, 냉장	4	14	2	6	4
부적절한 재가열	3	1	-	9	2
불완전한 가열	5	6	17	8	12
교차오염	33	31	39	-	14
작업자 손가락 등	12	55	13	-	-
과잉량의 가열	6	8	3	4	-
생식	22	-	29	-	-

1. 식중독 발생 현황

■ 병원성 세균의 발생원인 사례 (미국)

순위	발 생 요 인	비율(%)	순위	발 생 요 인	비율(%)
1	부적절한 냉각	30	9	교차오염	2.5
2	급식 전 장기보관	17	10	부적절한 가열	2
3	감염된 종사자	13	11	유독물질	2
4	부적절한 재가열	11	12	고의 사용된 첨가물	1
5	부적절한 보온저장	8	13	부적절한 해동	0.5
6	오염된 식재료	5	14	오염된 물	0.2
7	불안전 출처 식자재	3.5	15	식품 오인 사용	0.1
8	잔반 사용	2.5	16	부적절한 식기세척	0.1

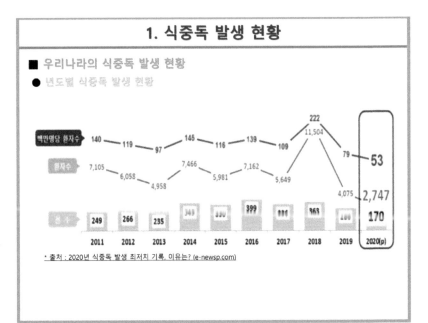

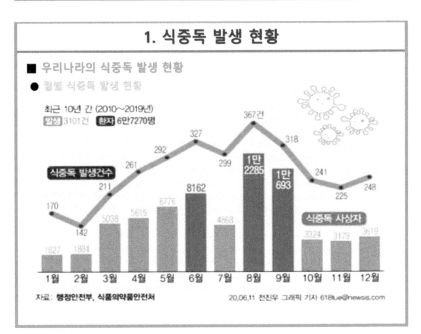

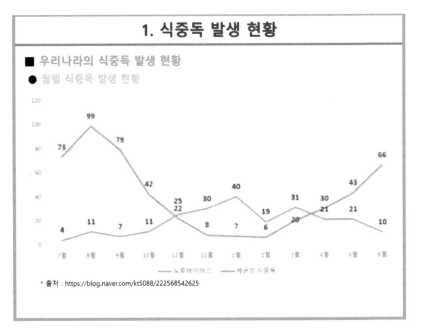

✎메모

1. 식중독 발생 현황

■ 우리나라의 식중독 발생 현황
● 장소별 식중독 발생 현황
(단위: 건, 명)

구 분	2015년 건	2015년 명	2016년 건	2016년 명	2017년 건	2017년 명	2018년 건	2018년 명	2019년(1~6월) 건	2019년(1~6월) 명	합계 건	합계 명	비율(%) 건	비율(%) 명
계	330	5,981	399	7,162	336	5,649	363	11,504	219	3,301	1,647	33,597	100	100
음식점	199	1,506	251	2,120	222	1,994	202	2,323	99	721	973	8,664	59	26
학교	38	1,980	36	3,039	27	2,153	44	3,136	57	1,739	202	12,047	12	36
학교 외 집단급식소	26	802	32	904	23	426	38	1,875	29	463	148	4,470	9	14
가정집	9	34	3	16	2	6	3	10	3	13	20	79	1	0
기타	54	1,641	73	974	52	776	67	4,094	31	365	277	7,850	17	23
불명	4	18	4	109	10	294	9	66	0	0	27	487	2	1

* 출처 : [단독]학교 급식에서 식중독 가장 많이 발생...4건 중 1건만 행정처분-국민일보 (kmib.co.kr)

1. 식중독 발생 현황

■ 우리나라의 식중독 발생 현황
● 원인균별 식중독 발생 현황
2019.12.31 기준, 단위 : 건, 명)

'18년	계	병원성대장균	살모넬라	장염비브리오	캠필로박터제주니	황색포도상구균	클로스트리디움퍼프린젠스
건수	286	25	18	5	12	4	10
환자수	4,075	497	575	25	312	56	251

'18년	바실러스세레우스	기타세균	노로바이러스	기타바이러스	원충	자연독	불명
건수	5	1	46	8	48	2	102
환자수	75	17	1104	230	308	10	615

1. 식중독 발생 현황

■ 우리나라의 식중독 발생 현황
● 원인식품별 살모넬라 식중독 발생 현황

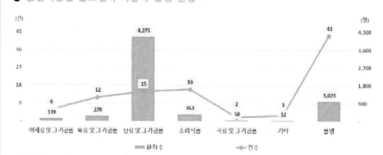

* 출처 : https://blog.naver.com/kotiti_water/221631111583

2. 식품 관련 유해물질

■ 병원성 미생물 (Biological hazards)

● Bacteria
- *Salmonella* spp.
- *Shigella* spp.
- *Yersinia enterocolitica*
- *Campylobacter jejuni/coil*
- *Vibrio* spp.
  (*V. parahaemolyticus*, *V. cholera*, *V. vulnificus*)
- *Aeromonas hydrophila*
- *Listeria monocytogenes*
- *E. coli* O157:H7, O26
- *Bacillus cereus*
- *Clostridium botulinum*
- *Clostridium perfringens*
- *Staphylococcus aureus*
* 장내독소*(Enterotoxin)*

● Fungi
- Mold : *Aspergillus* spp., *Penicillium* spp.
- Yeast

● Virus
- Hepatitis A virus
- Hepatitis E virus
- Norovirus
- Rotavirus

● Parasite
- 야채류 : 회충, 구충, 요충 등
- 수산물 : 디스토마, 요코가와흡충
- 식 육 : (무구유구)조충, 선모충

● 원충
- *Toxoplasma gondii*

2. 식품 관련 유해물질

■ 유독성 화학물질 (Chemical hazards)
- 잔류농약
- 잔류동물약품 (항생물질)
- 중금속 : 수은, 납, 카드뮴, 비소, PCB 등
- 무허가, 남용 또는 오용된 식품첨가물
- 미생물기원 독성물질 : Mycotoxin (Aflatoxin, patulin 등)
- 자연 기원 독성물질 : 패류독, 복어독, 버섯독 등
- 환경호르몬 : 다이옥신, 프탈레이트류 등
- 제조·가공·조리 공정에서 생성물질 : Nitrite, 변이원성물질, 벤조피렌 등
- Allergy 유발물질
- 시설·설비의 위생관리에 사용되는 화학물질 : 세제, 소독제 등

2. 식품 관련 유해물질

■ 위해성 이물 (Physical hazards, hazardous foreign materials)
● 작업장 내부
- 건 물 : 녹, 박리도료, 결로, 먼지, 유리, 콘크리트 부스러기
- 기계설비 : 금속조각, 유지, 부품, 고무조각
- 비 품 : 공구, 나사, 팔렛 나무조각, 플라스틱조각
- 종사자 : 모발, 장신구(귀걸이, 머리핀, 반지, 목걸이, 메니큐어), 기호품(껌 등)
- 사무용품 : 연필, 볼펜, 수첩, 호치케스심, 클립, 커터칼날, 고무밴드
- 생물체 : 곤충(생체, 파편), 진드기, 쥐·조류 등의 분변·깃털
● 작업장 외부
- 원료, 포장재
- 차량, 운반도구
* 모래, 흙, 먼지, 식물섬유 부스러기, 짚
● 식품 자체
- 씨, 껍질, 기생충알, 뼈조각, 털, 색소 등

✐메모

✎메모

3. 발생원인별 유해물질 - 오염경로

■ 분변

- 살모넬라균
- 장출혈성 병원성 대장균
- 리스테리아균
- 캠필로박터균
- 여시니아균
- 기생충
  . 채소류, 어패류, 육류

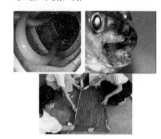

3. 발생원인별 유해물질 - 오염경로

■ 사람

- 황색포도상구균
* 코, 인후, 정상피부, 화농성상처 등

■ 토양

- 클로스트리디움 보튤리늄
- 클로스트리디움 퍼프린젠스
- 바실러스 세레우스

* 혐기성, 내열성

3. 발생원인별 유해물질 - 오염경로

■ 물

- 수인성 감염병균
- 노로바이러스
- 비브리오균
  . 장염비브리오균
  . 비브리오패혈증균
  . 콜레라균

■ 공기

- 곰팡이
  . 검은곰팡이
  . 푸른곰팡이
  * 곰팡이독(Mycotoxin)
- 포장 형성균
- 유해 화학물질 : 다이옥신 등

✎ 메모

3. 발생원인별 유해물질 - 오염경로

■ 기구, 용기·포장

- 환경호르몬
  . 프탈레이트류
  . 톨루엔
  . 중금속

■ 이 물

- 금속성, 유리조각, 경질·연질 이물
  . 금속 파편, 칼날 조각, 여과망 파편,
  쇳가루, 볼트, 녹입자, 유리 파편,
  플라스틱 조각, 나무 조각, 머리카락 등

* **법적 기준**
  - 이 물 : 불검출
  - 쇳가루 : 10.0 mg/kg 미만 (함량)
  - 금속성 이물 : 2.0 mm 미만 (크기)

3. 발생원인별 유해물질 - 오염경로

■ 제과제빵 중 발생

- 벤조피렌
- 지방 산화생성물
- 세제, 소독제
- 농 약

■ 원료 (식품, 식품첨가물, 기구, 용기· 포장)

- 자연유독물질 : 조개, 감자 등
- 알레르기 유발물질
- 무허가물질 사용, 사용기준 초과
- 환경호르몬 : 농약, 중금속, 미세플라스틱 등

4. 식품 위해 발생원인

■ 오염 (혼입, Contamination)

- 원료, 자재, 물, 공기, 토양, 시설·설비·기구, 동물·설치류·곤충, 취급자
- 청결성 : 청소(세척), 소독

* **교차오염** (Cross contamination)

■ 증식 (생육, 생성, Growth)

- 보관(저장), 해동, 냉각, 동결, 운송 등 취급 시 온도/시간 관리 불량
- 과도한 열처리
- 화학적 반응

■ 잔존 (잔류, Residue)

- 열처리 온도/시간 관리 불량
- 세척/소독 관리 불량
- 선별 관리불량

✎메모

5. 식품 위해 예방원칙

■ **청결**
- 오염 방지
- 세척(청소), 소독, 밀폐

■ **온도 유지**
- 증식 방지, 충분히 제거
- 냉장, 냉동, 가열

■ **신속 처리 (시간)**
- 증식 방지
- 유통기한, 제빵·진열시간 관리
* 충분한 열처리, 소독 등

■ **부정불량식품 등 사용금지**

비누를 사용하여
30초 손씻기

물 끓여 마시기

채소, 과일은 깨끗한
물로 세척 하기

주변 환경
청결히 하기

도구는 끓이거나
염소 소독 하기

생식은 삼가고
85℃ 1분 이상
가열 하기

제과제빵 위생안전

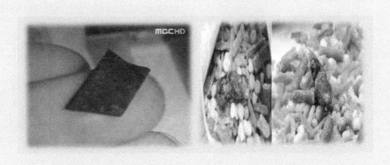

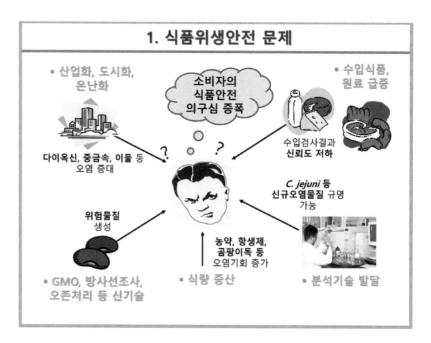

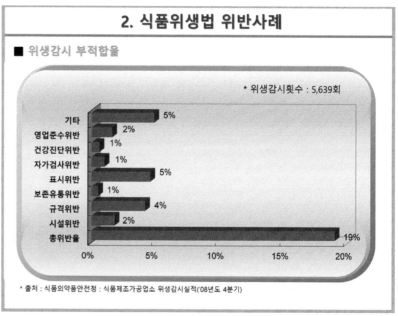

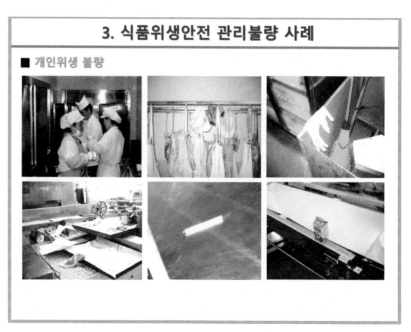

3. 식품위생안전 관리불량 사례

■ 제과제빵설비·도구 불량

3. 식품위생안전 관리불량 사례

■ 제과제빵시설 불량

3. 식품위생안전 관리불량 사례

■ 청소(세척)·소독 불량

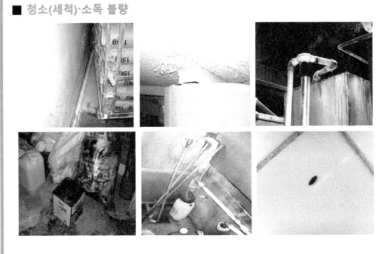

■ 제과제빵설비·도구 불량

✎메모

3. 식품위생안전 관리불량 사례

■ 원료 취급 불량

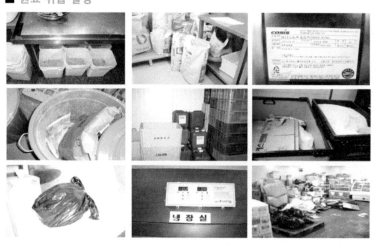

4. 제과·제빵산업 현황

■ 영세성 : 자금, 인력 등
■ 제과·제빵시설·설비, 원료 등 낙후
■ 전근대적 생산방식 : 대량생산에서도 가내수공업 형태
■ 식품안전관리체계 미흡 및 전문성 부족
■ 종사자의 안전의식 결여
■ 생산단계별 유기적 관리체제 미흡
■ 관리기술의 한계 : Risk to acceptable safety level
■ 업체간 경쟁 심화 : 가격
■ 법적 요건 및 책임성 강화 : Recall, PL, 위생등급제 등
■ 소비자의 위해환경 노출에 대한 우려 증폭
  - 나트륨, 트랜스지방, 화학적 합성품, 고열량 등
■ HACCP시스템 의무적용 추진

5. 식품안전사고에 의한 업체 피해

■ 업체 이미지 손상
■ 명예, 믿음 추락
■ 고객 감소
■ OEM업체의 거래 중단, 훼손
■ 매출 급감(영업 손실), 폐업
■ 법적 책임 : 행정처분, 사법처리 등
■ 법적 해결 비용 소요
■ 소비자 피해 보상
■ 직원 재교육 비용 상승
■ 일자리 상실
■ 직원의 업무 폭증 및 자부심 상실

비누를 사용하여
30초 손씻기

물 끓여 마시기

채소, 과일은 깨끗한
물로 세척 하기

주변 환경
청결히 하기

도구는 끓이거나
염소 소독 하기

생식은 삼가고
85℃ 1분 이상
가열 하기

Ⅲ

식품위생안전 및 관리시스템

✐메모

Ⅲ-1. 식품위생안전
(Food Sanitation & Safety)

1. 식품산업 환경

■ 생산(재배, 사육) 환경

- 식량 증산을 위한 농약, 항생물질, 비료 등 위해성 물질의 사용
- 산업 발달에 따른 내분비계 교란물질 등 오염물질의 식품오염 기회 증가
  . 수질, 토양, 대기 오염

■ 제조·가공·조리 환경

- 전근대적 생산활동
  . 영세성
  . 시설·설비·원료 등 낙후성
  . 전문성, 식품안전의식 결여
- 생산단계별 유기적 관리체제 미흡
- 관리기술의 한계성 : Risk to acceptable safety level
- 법적 요건 및 책임성 강화

1. 식품산업 환경

■ 소비자 환경

- 경제, 생활수준 향상으로 식품안전 욕구 증가 => Zero risk 경향
- 식생활 패턴 변화에 따른 위해환경 노출 증가
  . 단체급식, 매식, 외식, 간편식

■ 위생행정 환경

- 관할부처 다원성, 부처간 유기성 미흡, 인력 부족, 전문성 미흡
- 신규 또는 부가업무 증대
  . 신종 유해물질 출현
  . 소비자 욕구 증대

* WTO

2. 식 품

■ 식품
- 모든 음식물, 의약으로 섭취하는 것 제외 (식품위생법 제2조 제1항)

■ 의약품
- 대한약전에 수록된 것 이외는 사람 또는 동물의 질병의 진단, 치료, 경감, 처치 또는 예방에 사용됨을 목적으로 하는 것이나
혹은 사람 또는 동물의 신체 구조, 또는 기능에 약리적 기능을 미치게 하는 것이 목적으로 되어 있는 것을 모두 포함(단, 기구·기계·화장품 제외)이며,
반드시 약리작용상 어떠한 효능이 있고 없고 관계없이 해당 물품의 성분, 형상(용기, 포장, 의장 등), 명칭, 거기에 표시된 사용목적, 효능, 효과, 용법, 용량, 판매할 때의 선전 또는 설명 등을 종합적으로 판단하여,
사회 일반인이 볼 때, 한 눈으로 식품으로 인식되는 과일, 야채, 어패류 등을 제외하고는 그것이 위 목적에 사용되는 것으로 인식되고, 혹은 약효가 있다고 표방하는 경우에는 이를 모두 의약품으로 봄
(약사법 제2조 제4항)

2. 식 품

■ 원료성 식품 (Raw material)
- 농산물
- 축산물
- 수산물
- 임산물

■ 가공식품 (Processed food)
- 가공식품, 단순가공식품
- 소비자용, 원료용
- 개별식품, 규격외 일반가공식품, 장기보존식품(통·병조림식품, 레토르트식품, 냉동식품), 영·유아 또는 고령자 섭취표시 식품

3. 식품위생 범위 (법 제2조)

■ 식품 (Food)
- 모든 음식물, 의약으로 섭취하는 것 제외

■ 식품첨가물 (Food additive)
- 식품을 제조·가공·조리 또는 보존하는 과정에서 감미(甘味), 착색(着色), 표백(漂白) 또는 산화방지 등을 목적으로 식품에 사용되는 물질
- 기구·용기·포장을 살균·소독하는 데에 사용되어 간접적으로 식품으로 옮아갈 수 있는 물질 포함

■ 화학적 합성품 (Artificial FA)
- 화학적 수단으로 원소 또는 화합물에 분해 반응 외의 화학 반응을 일으켜서 얻은 물질

* 천연첨가물
* 기구 등 살균소독제
* 식품첨가물, 혼합제제류

3. 식품위생 범위 (법 제2조)

■ 기구 (Instrument, utensil, equipment, facility)
- 식품 또는 식품첨가물에 직접 닿는 기계·기구나 그 밖의 물건(농업과 수산업에서 식품 채취에 쓰는 기계·기구나 그 밖의 물건 및 「위생용품 관리법」 제2조 제1호에 따른 위생용품 제외)
  . 음식을 먹을 때 사용하거나 담는 것
  . 식품 또는 식품첨가물을 채취·제조·가공·조리·저장·소분(완제품을 나누어 유통을 목적으로 재포장하는 것)·운반·진열할 때 사용하는 것

■ 용기·포장 (Container·package)
- 식품 또는 식품첨가물을 넣거나 싸는 것으로서 식품 또는 식품첨가물을 주고 받을 때 함께 건네는 물품

4. 식품위생 및 식품안전

■ 식품위생 (Food hygiene or sanitation)
- 식품의 생육, 생산, 제조로부터 최종적으로 사람이 섭취하기까지 모든 단계에서 식품의 안전성 (Safety), 완전무결성 (Wholesomeness), 건전성 (Soundness)을 확보하기 위해 필요한 모든 수단
(FAO/WHO 산하기구인 CODEX, 1955)

 * **Food hygiene** means all measures necessary for ensuring the safety, wholesomeness and soundness of food at all stages from its growth, production or manufacture until its final consumption

- 식품, 식품첨가물, 기구, 용기·포장을 대상으로 하는 음식에 관한 위생
(식품위생법 제2조 제11호)

 * 식품안전 (Food safety)
  - 식품이 의도되는 용도대로 제조·가공·조리 및/또는 섭취되었을 때 소비자에게 해를 끼치지 않는 것

5. 식품위생안전 관리범위

■ 식품취급단계별 위해요소

Ⅲ-2. 식품위생안전관리시스템
(Food Safety Management System)

FSMS 종류

■ 식품위생 관련 법규 준수

■ 제품검사기법

■ GMP
- Good Manufacturing Practices (우수(적정)제조기준)

■ GHP / SSOP
- Good Hygiene Practices (우수(적정)위생기준)
- Sanitation Standard Operating Procedures (일반위생관리기준)
- * GAP (Good Agricultural Practices), Traceability (이력추적관리제)

■ HACCP시스템
- Hazard Analysis and Critical Control Point System
- 식품 및 축산물 안전관리인증기준 (식품위해요소중점관리기준)

■ Risk Analysis

* ISO인증시스템

---

1. 식품위생 관련 법규 준수

■ 식품위생 관련 법령
- 법, 시행령, 시행규칙, 고시, 훈령, 조례 등

■ 영업자 준수사항
- 위생적 취급기준
- 위해식품 등의 판매금지
- 업종별 시설기준
- 영업자 준수사항
- 건강진단, 위생교육
- 식품 기준·규격 : 원료구비요건, 제조·가공기준, 제품규격, 보관·유통기준
- 식품첨가물 기준·규격
- 기구, 용기·포장 기준·규격
- 자가품질검사
- 표시기준
- 허위·과대광고기준
- HACCP, 이물보고, 회수 등

2. 제품검사기법

■ **제품 검사**
- 완제품
- 원료, 포장재
- (제조·가공) 공정품
* 위생상태

■ **자가품질검사**
- 검사인력, 검사장비 필요
- 검사소요시간으로 위해요소의 사전예방 곤란

3. GMP/GHP 운용

■ **Good Manufacturing Practices**
● 시설·설비 중심
- H/W
- Plant산업
● 미국
- cGMP
- 수산물
● 우리나라
- 의약품 : KGMP
- 건강기능식품

■ **Good Hygiene Practices**
Sanitation **S**tandard **O**perating **P**rocedures
* **P**rerequisite **P**rogram (PRP, PP, 선행요건)
● 위생관리활동 중심
- S/W
● 미국
- 축산물
● 우리나라
- 축산물 및 그 가공품
- 수산물 및 그 가공품
- 가공식품
  . 영업장, 위생, 제조·가공시설·설비, 냉장·냉동시설·설비,
  용수, 보관·운송, 검사, 회수

4. HACCP 운용

■ **Hazard Analysis and Critical Control Point System**
((식품 및 축산물)안전관리인증기준(위해요소중점관리기준))
● Process control
● 연혁

- 1959년, 미국 NASA, 우주개발계획에서 유래
- 1989년, NACMCF, HACCP지침 제시
- 1993년, CODEX, HACCP적용지침 권고
● 외국
- 미국 : 축산물 및 가공품, 수산물 및 가공품, 비가열 주스류에 의무적용
- EU, 캐나다, 호주, 뉴질랜드, 일본, 중국 등에서 법제화 도입
● 우리나라
- 축산물 (의무적용) / 축산물 가공품 (자율적용) / 농장, 사료 등
- 가공식품(수산물가공품 포함) : 의무적용 / 고시품목 / 비고시품목
- 학교급식   = 자율적용

5. RACCP 운용

■ **Risk Analysis (위해 분석)**

● 분석단계

- Risk assessment (위해성 평가)
- Risk management (위해성 관리)
- Risk communication (위해성 의사전달)

● 현황

- 식품안전기본법에 반영
- CODEX, 미국, 우리나라 등에서 연구, 제도화 진행

6. FSMS 상관성

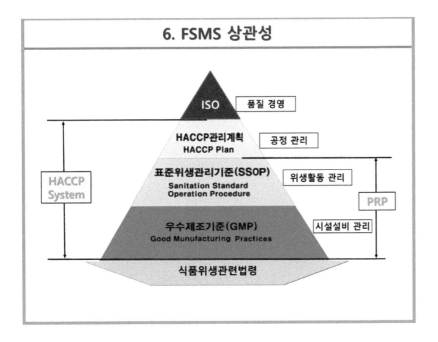

비누를 사용하여
30초 손씻기

물 끓여 마시기

채소, 과일은 깨끗한
물로 세척 하기

주변 환경
청결히 하기

도구는 끓이거나
염소 소독 하기

생식은 삼가고
85℃ 1분 이상
가열 하기

식품위생 관련 법규

IV-1. 식품위생 관련 법규 종류

1. 식품위생법 위반 단속사례 (2019.03)

http://www.babytimes.co.kr/news/articleView.html?idxno=26091

2. 식품위생법 위반 보도사례

뉴스 경제

연합뉴스TV

'알록달록' 마카롱에 불법색소.. 업자 무더기 적발

유희경

입력 2017.06.21 22:46

마카롱 과자는 알록달록한 색과 달콤한 맛으로 인기를 얻고 있습니다.

https://www.yonhapnewstv.co.kr/news/MYH20170621021100038?did=1947m

뉴스 경제

■'無글루텐 빵이라더니'...30개 중 5개 제품 글루텐 함량 기준 초과

한국소비자원이 한 포털에서 '글루텐 프리'로 검색되는 제품 가운데 소비자 후기가 많은 30개의 성분을 조사했습니다.

관련 규정에 따르면 글루텐 함량이 20mg/kg 이하인 식품에만 '무글루텐(글루텐 프리)' 표시를 할 수 있습니다.

'무글루텐' 표시 기준 부적합 제품

https://news.v.daum.net/v/20211102120100136?f=o

뉴스 사회

유통기한 속인 부산 유명 빵집 옵스, 과징금만 2억원

손형주

입력 2021.04.27 14:05

과징금 물고 영업정지는 피해 .홈페이지에 사과문

(부산=연합뉴스) 손형주 기자 = 유통기한이 지난 원료를 사용·보관하거나 유통기한이 더

https://www.yna.co.kr/view/AKR20210427103000051?input=1179m

2. 식품위생법 위반 보도사례

자유방송

홈 > 뉴스/자유TV > 보건/의학

식약청, 케이크 제조 판매 업체 식품 위생법위반 15곳 행정 처분 의뢰

식품의약품안전청(청장 이희성)은 연말연시를 맞이하여 '케이크 제조 판매업체' 49곳을 점검한 결과, 유통기한 임의초과 표시 등 식품위생법을 위반한 15곳을 적발, 관할 지방자치단체에 행정처분 의뢰했다고 밝혔다.

주요 위반내용은 ▲유통기한이 경과된 제품을 조리 목적으로 사용·보관(3곳) ▲유통기한 임의초과 표시(1곳) ▲품목보고 미보고 생산(2곳) ▲위생취급 불량 업체(3곳) 등이다.

뉴스 경제

연합뉴스

경기도, 식품위생법 위반 대형 베이커리 업소 16곳 적발 …

김경태

(수원=연합뉴스) 김경태 기자 = 유통기지난 음식 재료를 보관하거나 정기적으질 검사를 하지 않은 대형 베이커리 업소들이 경기도 단속에 적발됐다.

경기도 민생특별사법경찰단은 이달 9일부터 2주간 도내 제과·제빵 제조·가공·판매업소 102개소를 대상으로 수사해 식품위생법을 위반한 16개 업소를 적발했다고 26일 밝혔다.

이번 단속 대상은 주로 단독 건물에서 영업하는 대형 업소들로, 이른바 동네빵집이나 프랜차이즈 가맹업소들은 제외됐다.

https://www.yna.co.kr/view/AKR20211224126300061?input=1179m

업소용 달걀까지 선별·포장 의무 확대 시행
2022년 1월 1일부터

https://blog.naver.com/kfdazzang/222579487962   4/5

3. 식품위생 관련 법규 종류 및 체제

■ 식품위생 관련 법규 종류

- 식품위생법   식품의약품안전처
- 건강기능식품에관한법률   식품의약품안전처
- 축산물위생관리법   식품의약품안전처
- 농수산물품질관리법   농축식품부(농산물),
                           해양수산부(수산물),
                           식품의약품안전처(안전성)
- 먹는물관리법   환경부
- 학교급식법   교육부, 교육청
- 주세법   기획재정부, 국세청
- 소금산업진흥법   해양수산부
- 보건범죄단속에관한특별조치법   법무부
- 식품안전기본법   식품의약품안전처

* 식품 등의 표시·광고에 관한 법률, 감염병 예방 및 관리법, 제조물책임법, 농약관리법, 비료관리법, 가축방역법, 사료관리법, 인삼산업법, 양곡관리법, 친환경농업육성법, 약사법 중 동물약품관리사항, 식품산업육성법, 대외무역법, 소비자보호법, 토양환경보전법, 수질환경보전법, 대기환경보전법, 의료법, ……

3. 식품위생 관련 법규 종류 및 체제

■ 법 체제

- 헌법   국민
- 법   국회
- 시행령   대통령
- 시행규칙   장관
- 고시   부처장
- 지침, 훈령, 요령, 예규, 조례 등

➡

식품위생법
식품위생법 시행령
식품위생법 시행규칙
식품 및 축산물안전관리인증기준
HACCP교육훈련기관 지정절차 등

✎메모

IV-2. 식품위생법
(Food Sanitation Act)

---

1. 식품위생법 개요

■ **목적** (법 제1조)

- 식품으로 인하여 생기는 위생상의 위해를 방지하고
  식품영양의 질적 향상을 도모하며
  식품에 관한 올바른 정보를 제공하여
  국민보건의 증진에 이바지함.

■ **영업자 준수사항**

- 불특정다수에게 제공하거나 판매를 목적으로 식품 등을
  제조·수입·가공·사용·조리·저장·운반·보존 또는 진열 등을 하는 영업자는
  법에서 정하는 기본적인 사항을 준수하여야 함.

---

1. 식품위생법 개요

■ **주요 내용**

● 준수내용

- 식품 등 취급 시 원칙 (제3조)
- 비위생적인 식품 등 배제 (제4조, 제5조, 제6조, 제8조)
- 화학적 합성품 지정 및 사용금지 (제6조)
- 식품 등 기준·규격 제정 및 위반품 배제 (제7조, 제9조, 제14조)
- 표시기준 제정 및 위반표시 등 금지 (제10조, 제11조, 제13조)
- 자가품질검사
- 수입식품 관리
- 식품위생감시
- 영업 등 관리
  . 영업허가(신고, 등록), 시설기준
  . 건강진단 및 위생교육
  . 영업자 준수사항, 품질 보고, 회수, 이물 보고, HACCP, 이력추적 등

1. 식품위생법 개요

■ 주요 내용

● 행정제재

- 시정명령, 폐기처분 등, 공표, 시설개수명령 등, 허가취소 등, 품목(류)제조정지, 영업허가
  등 취소요청, 폐쇄조치 등, 면허취소, 행정제재 승계, 과징금, 청문

● 벌칙

- 벌칙, 과태료, 양벌규정

● 기타

- 조리사·영양사, 식품위생심의위원회, 식품위생단체, 국고보조, 식중독 조사보고, 집단급식소,
  식품진흥기금, 위임 및 수수료 등

---

2. 영 업

■ 영업 종류 (시행령 제21조)

● 식품제조·가공업

● 즉석판매제조·가공업

● 식품첨가물제조업 : 화학적합성품, 천연첨가물, 식품첨가물 혼합제재, 기구·용기·포장의
  살균·소독물질

● 식품운반업

● 식품소분·판매업 : 식품소분업, 식품판매업(식용얼음, 식품자동판매기, 유통전문, 집단
  급식소 식품판매, 기타식품판매)

● 식품보존업 : 식품조사처리업, 식품냉장·냉동업

● 용기·포장류제조업 : 용기·포장지, 옹기류

● 식품접객업

- **제과점** : 주로 빵, 떡, 과자 등을 제조·판매하는 영업으로서 음주행위가 허용되지 아니하는
  영업

- **휴게음식점** : 주로 다류, 아이스크림류 등을 조리·판매하거나 패스트푸드점, 분식점 형태의
  영업 등 음식류를 조리·판매하는 영업으로서 음주행위가 허용되지 아니하는 영업. 다만,
  편의점·슈퍼마켓·휴게소 기타 음식류를 판매하는 장소에서 컵라면, 1회용 다류, 기타 음식
  류에 뜨거운 물을 부어주는 경우 제외

- 일반음식점, 단란주점, 유흥주점, 위탁급식

---

2. 영 업

■ 영업 허가, 신고, 등록 (법 제37조, 규칙 제40조~제47조)

● 대상업종

- **허가**

  . 식품조사처리업(식약처), 단란주점·유흥주점(시·도 또는 시·군·구)

- **신고**

  . 즉석판매제조·가공업, 식품운반업, 식품소분·판매업, 식품냉장·냉동업, 용기·포장류제조업, 휴게음식점,
  일반음식점, 제과점

- **등록**

  . 식품제조·가공업, 식품첨가물제조업

● 변경 허가사항 등

- **허가**

  . 영업소 소재지

- **신고**

  . 영업소 소재지, 영업자 성명(법인인 경우 대표자 성명), 영업소 명칭 또는 상호, 영업장 면적, (즉석판매
  제조·가공업자) 새로운 식품유형 제조·가공 경우(자가품질검사 대상인 경우만)

- **등록**

  . 영업소 소재지, (식품제조·가공업자) 추가시설로 새로운 식품군 제조·가공 경우, (식품첨가물제조업자)
  추가시설로 새로운 식품첨가물 제조 경우

2. 영 업

■ 영업 허가, 신고, 등록 (법 제37조, 규칙 제40조~제47조)

3. 품목제조보고

■ 품목제조보고 (식품 또는 식품첨가물의 제조·가공영업자, 규칙 제45조)

3. 품목제조보고

[유통기한 지난 우유 먹어도 될까요?]

* 출처 : 연합뉴스 디지털뉴스, https://tv.kakao.com/v/409645507 2020.06.05 17:58

4. 위생교육

■ **위생교육** (규칙 제52조)

● 신규교육시간
- 식품제조·가공업, 즉석판매식품제조·가공업, 식품첨가물제조업의 영업자 : 8시간
- 식품운반업, 식품소분·판매업, 식품보존업, 용기·포장류제조업의 영업자 : 4시간
- 식품접객업의 영업자 : 6시간
- 집단급식소의 설치·운영자 : 6시간

● 보수교육시간
- 식품제조·가공업, 즉석판매식품제조·가공업, 식품첨가물제조업, 식품운반업, 식품소분·
판매업, 식품보존업, 용기·포장류제조업, 식품접객업의 영업자 : 3시간
- 유흥주점영업의 유흥종사자 : 2시간
- 집단급식소의 설치·운영자 : 3시간

5. 영업에 종사하지 못하는 질병 종류 (규칙 제50조)

■ 질병 종류
- 「감염병의 예방 및 관리에 관한 법률」 제2조 제3호 가목에 따른 결핵(비감염성 제외)
- 「감염병의 예방 및 관리에 관한 법률 시행규칙」 제33조 제1항 각 호의 어느 하나에 해당
하는 감염병(콜레라, 장티푸스, 파라티푸스, 세균성이질, 장출혈성대장균감염증, A형 간염)
- 피부병 또는 그 밖 화농성(化膿性)질환
- 후천성면역결핍증(「감염병의 예방 및 관리에 관한 법률」 제19조에 따라 성병에 관한 건강
진단을 받아야 하는 영업에 종사하는 사람만 해당)

■ 정기 건강진단
● 식품위생 분야 종사자의 건강진단 규칙
- 건강진단 결과서(보건증)
● 진단 대상자
- 식품 또는 식품첨가물(화학적 합성품 또는 기구 등의 살균·소독제는 제외)을 채취·제조·
가공·조리·저장·운반 또는 판매하는 일에 직접 종사하는 영업자 및 종업원
(제외 : 완전 포장된 식품 또는 식품첨가물을 운반하거나 판매하는 일에 종사하는 사람)
● 진단 시기
- 영업 시작 전 또는 영업에 종사하기 전, 년 1회
● 진단 기준일
- 검사일?, 판정일?, 발급일?

6. 위해식품 등의 **판매** 등 금지 (법 제4조)

판매하거나 판매 목적으로 채취·제조·수입·가공·사용·조리·저장·소분·운반 또는 진열

순번	규 정	행정처분
1	썩거나 상하거나 설익어서 인체의 건강을 해칠 우려가 있는 것	영업정지 15일(7일)과 해당 음식물 폐기
2	유독·유해물질이 들어 있거나 묻어 있는 것 또는 그러할 염려가 있는 것	영업허가 취소 또는 영업소 폐쇄와 해당 음식물 폐기
3	병(病)을 일으키는 미생물에 오염되었거나 그러할 염려가 있어 인체의 건강을 해칠 우려가 있는 것	영업정지 1개월과 해당 음식물 폐기
4	불결하거나 다른 물질이 섞이거나 첨가(添加)된 것 또는 그 밖의 사유로 인체의 건강을 해칠 우려가 있는 것	영업정지 15일과 해당 음식물 폐기
5	법 제18조(유전자변형식품 등의 안전성 심사 등)에 따른 안전성 심사 대상인 농·축·수산물 등 가운데 안전성 심사를 받지 아니 하였거나 안전성 심사에서 식용(食用)으로 부적합하다고 인정된 것	영업정지 2개월과 해당 음식물 폐기
6	수입이 금지된 것 또는 「수입식품안전관리특별법」 제20조 제1항에 따른 수입신고를 하지 아니하고 수입한 것	
7	영업자가 아닌 자가 제조·가공·소분한 것	영업정지 1개월과 해당 음식물 폐기

7. 식품 등의 위생적인 취급에 관한 기준 (규칙 별표 1)

순번	규 정	과태료
1	식품 등을 취급하는 원료보관실·제조가공실·조리실·포장실 등의 내부는 항상 청결하게 관리하여야 한다.	50만원
2	식품 등의 원료 및 제품 중 부패·변질이 되기 쉬운 것은 냉동·냉장시설에 보관·관리 하여야 한다.	30만원
3	식품 등의 보관·운반·진열 시에는 식품 등의 기준 및 규격이 정하고 있는 보존 및 유통 기준에 적합하도록 관리하여야 하고, 이 경우 냉동·냉장시설 및 운반시설은 항상 정상 적으로 작동시켜야 한다.	100만원
4	식품 등의 제조·가공·조리 또는 포장에 직접 종사하는 사람은 위생모 및 마스크를 착용하는 등 개인위생관리를 철저히 하여야 한다.	20만원
5	제조·가공(수입품을 포함한다)하여 최소판매 단위로 포장된 식품 또는 식품첨가물을 허가를 받지 아니하거나 신고를 하지 아니하고 판매의 목적으로 포장을 뜯어 분할 하여 판매하여서는 아니 된다.	20만원
6	식품 등의 제조·가공·조리에 직접 사용되는 기계·기구 및 음식기는 사용 후에 세척· 살균하는 등 항상 청결하게 유지·관리하여야 하며, 어류·육류·채소류를 취급하는 칼· 도마는 각각 구분하여 사용하여야 한다.	50만원
7	유통기한이 경과된 식품 등을 판매하거나 판매의 목적으로 진열·보관하여서는 아니 된다.	30만원

8. 업종별 시설기준 (식품접객업, 규칙 별표 14)

■ 공통시설기준
● 영업장
- 독립된 건물이거나 식품접객업의 영업허가 또는 영업신고를 한 업종 외의 용도로 사용되는 시설과 분리, 구획 또는 구분되어야 한다. (일반음식점에서 「축산물위생관리법 시행령」 제21조 제7호 가목의 식육판매업을 하려는 경우, 휴게음식점에서 「음악산업진흥에 관한 법률」 제2조 제10호에 따른 음반·음악영상물판매업을 하는 경우 및 관할 세무서장의 의제 주류판매 면허를 받고 제과점에서 영업을 하는 경우는 제외한다). 다만, 다음의 어느 하나에 해당하는 경우에는 분리되어야 한다.
  . 식품접객업의 영업허가를 받거나 영업신고를 한 업종과 다른 식품접객업의 영업을 하려는 경우. 다만, 휴게음식점에서 일반음식점영업 또는 제과점영업을 하는 경우, 일반음식점에서 휴게음식점영업 또는 제과점영업을 하는 경우 또는 제과점에서 휴게음식점영업 또는 일반음식점영업을 하는 경우는 제외
  . 「음악산업진흥에 관한 법률」 제2조 제13호의 노래연습장업을 하려는 경우
  . 「다중이용업소의 안전관리에 관한 특별법 시행규칙」 제2조 제3호의 콜라텍업을 하려는 경우
  . 「체육시설의 설치·이용에 관한 법률」 제10조 제1항 제2호에 따른 무도학원업 또는 무도장업을 하려는 경우
  . 「동물보호법」 제2조 제1호에 따른 동물의 출입, 전시 또는 사육이 수반되는 영업을 하려는 경우

8. 업종별 시설기준 (식품접객업)

■ 공통시설기준
● 영업장
- 영업장은 연기·유해가스 등의 환기가 잘 되도록 하여야 한다.
- 음향 및 반주시설을 설치하는 영업자는 「소음·진동관리법」 제21조에 따른 생활 소음·진동이 규제기준에 적합한 방음장치 등을 갖추어야 한다.
- 공연을 하려는 휴게음식점·일반음식점 및 단란주점의 영업자는 무대시설을 영업장 안에 객석과 구분되게 설치하되, 객실 안에 설치하여서는 아니 된다.
- 「동물보호법」 제2조 제1호에 따른 동물의 출입, 전시 또는 사육이 수반되는 시설과 직접 접한 영업장의 출입구에는 손을 소독할 수 있는 장치, 용품 등을 갖추어야 한다.
● 조리장
- 조리장은 손님이 그 내부를 볼 수 있는 구조로 되어 있어야 한다. 다만, 영 제21조 제8호 바목에 따른 제과점영업소로서 같은 건물 안에 조리장을 설치하는 경우와 「관광진흥법 시행령」 제2조 제1항 제2호 가목 및 같은 항 제3호 마목에 따른 관광호텔업 및 관광공연 장업의 조리장의 경우에는 그러하지 아니하다.
- 조리장 바닥에 배수구가 있는 경우에는 덮개를 설치하여야 한다.
- 조리장 안에는 취급하는 음식을 위생적으로 조리하기 위해 필요한 조리시설·세척시설· 폐기물용기 및 손 씻는 시설을 각각 설치하여야 하고, 폐기물용기는 오물·악취 등이 누출 되지 아니하도록 뚜껑이 있고 내수성 재질로 된 것이어야 한다.

8. 업종별 시설기준 (식품접객업)

■ 공통시설기준
● 조리장
- 1명의 영업자가 하나의 조리장을 둘 이상의 영업에 공동으로 사용할 수 있는 경우는 다음과 같다.
. 같은 건물 안의 같은 통로를 출입구로 사용하여 휴게음식점·제과점영업 및 일반음식점 영업을 하려는 경우
. 제과점 영업자가 식품제조·가공업의 제과·제빵류 품목을 제조·가공하려는 경우
. 제과점 영업자가 다음의 구분에 따라 둘 이상의 제과점영업을 하는 경우
  - 기존 제과점의 영업신고관청과 같은 관할구역에서 제과점영업을 하는 경우
  - 기존 제과점의 영업신고관청과 다른 관할구역에서 제과점영업을 하는 경우로 제과점 간 거리가 <u>5킬로미터</u> 이내인 경우
- 조리장에는 주방용 식기류를 소독하기 위한 자외선 또는 전기살균소독기를 설치하거나 열탕세척소독시설(식중독을 일으키는 병원성 미생물 등이 살균될 수 있는 시설이어야 한다.)을 갖추어야 한다. 다만, 주방용 식기류를 기구 등의 살균·소독제로만 소독하는 경우에는 그러하지 아니하다.
- 충분한 환기를 시킬 수 있는 시설을 갖추어야 한다. 다만, 자연적으로 통풍이 가능한 구조의 경우에는 그러하지 아니하다.
- 식품 등의 기준 및 규격 중 식품별 보존 및 유통기준에 적합한 온도가 유지될 수 있는 냉장시설 또는 냉동시설을 갖추어야 한다.

8. 업종별 시설기준 (식품접객업)

■ 공통시설기준
● 급수시설
- 수돗물이나 「먹는물관리법」 제5조에 따른 먹는물의 수질기준에 적합한 지하수 등을 공급할 수 있는 시설을 갖추어야 한다.
- 지하수를 사용하는 경우 취수원은 화장실·폐기물처리시설·동물사육장, 그 밖에 지하수가 오염될 우려가 있는 장소로부터 영향을 받지 아니하는 곳에 위치하여야 한다.
● 화장실
- 화장실은 콘크리트 등으로 내수처리를 하여야 한다. 다만, 공중화장실이 설치되어 있는 역·터미널·유원지 등에 위치하는 업소, 공동화장실이 설치된 건물 안에 있는 업소 및 인근에 사용하기 편리한 화장실이 있는 경우에는 따로 화장실을 설치하지 아니할 수 있다.
- 화장실은 조리장에 영향을 미치지 아니하는 장소에 설치하여야 한다.
- 정화조를 갖춘 수세식 화장실을 설치하여야 한다. 다만, 상·하수도가 설치되지 아니한 지역에서는 수세식이 아닌 화장실을 설치할 수 있다.
- 위 단서에 따라 수세식이 아닌 화장실을 설치하는 경우에는 변기의 뚜껑과 환기시설을 갖추어야 한다.
- 화장실에는 손을 씻는 시설을 갖추어야 한다.

8. 업종별 시설기준 (식품접객업)

■ 공통시설기준
● 공통시설기준의 적용특례
- 백화점, 슈퍼마켓 등에서 휴게음식점영업 또는 제과점영업을 하려는 경우와 음식물을 전문으로 조리하여 판매하는 백화점 등의 일정장소(식당가를 말한다)에서 휴게음식점영업·일반음식점영업 또는 제과점영업을 하려는 경우로서 위생상 위해발생의 우려가 없다고 인정되는 경우에는 각 영업소와 영업소 사이를 분리 또는 구획하는 별도의 차단벽이나 칸막이 등을 설치하지 아니할 수 있다.
- 「관광진흥법」 제70조에 따라 시·도지사가 지정한 관광특구에서 휴게음식점영업, 일반음식점영업 또는 제과점영업을 하는 경우에는 영업장 신고면적에 포함되어 있지 아니한 옥외시설에서 해당 영업별식품을 제공할 수 있다. 이 경우 옥외시설 기준에 관한 사항은 시장·군수 또는 구청장이 따로 정하여야 한다.
- 「관광진흥법」 제3조 제1항 제2호 가목의 호텔업을 영위하는 장소 또는 시·도지사 또는 시장·군수·구청장이 별도로 지정하는 장소에서 휴게음식점영업, 일반음식점영업 또는 제과점영업을 하는 경우에는 공통시설기준에도 불구하고 시장·군수 또는 구청장이 시설기준 등을 따로 정하여 영업장 신고면적 외 옥외 등에서 음식을 제공할 수 있다.

메모

✐메모

8. 업종별 시설기준 (식품접객업)

■ 업종별 시설기준

● 휴게음식점영업·일반음식점영업 및 제과점영업

- 휴게음식점 또는 제과점에는 객실(투명한 칸막이 또는 투명한 차단벽을 설치하여 내부가 전체적으로 보이는 경우는 제외한다)을 둘 수 없으며, 객석을 설치하는 경우 객석에는 높이 1.5미터 미만의 칸막이(이동식 또는 고정식)를 설치할 수 있다. 이 경우 2면 이상을 완전히 차단하지 아니하여야 하고, 다른 객석에서 내부가 서로 보이도록 하여야 한다.
- 영업장으로 사용하는 바닥면적(「건축법 시행령」 제119조 제1항 제3호에 따라 산정한 면적을 말한다)의 합계가 100제곱미터(영업장이 지하층에 설치된 경우에는 그 영업장의 바닥면적 합계가 66제곱미터) 이상인 경우에는 「다중이용업소의 안전관리에 관한 특별법」 제9조 제1항에 따른 소방시설 등 및 영업장 내부 피난통로 그 밖의 안전시설을 갖추어야 한다. 다만, 영업장(내부계단으로 연결된 복층구조의 영업장을 제외한다)이 지상 1층 또는 지상과 직접 접하는 층에 설치되고 그 영업장의 주된 출입구가 건축물 외부의 지면과 직접 연결되는 곳에서 하는 영업을 제외한다.
- 휴게음식점·일반음식점 또는 제과점의 영업장에는 손님이 이용할 수 있는 자막용 영상장치 또는 자동반주장치를 설치하여서는 아니 된다. 다만, 연회석을 보유한 일반음식점에서 회갑연, 칠순연 등 가정의 의례로서 행하는 경우에는 그러하지 아니하다.

8. 업종별 시설기준 (식품제조·가공업, 규칙 별표 14)

■ 식품의 제조시설과 원료 및 제품의 보관시설 등이 설비된 건축물(이하 "건물"이라 한다)의 위치 등

- 건물의 위치는 축산폐수·화학물질, 그 밖에 오염물질의 발생시설로부터 식품에 나쁜 영향을 주지 아니하는 거리를 두어야 한다.
- 건물의 구조는 제조하려는 식품의 특성에 따라 적정한 온도가 유지될 수 있고, 환기가 잘 될 수 있어야 한다.
- 건물의 자재는 식품에 나쁜 영향을 주지 아니하고 식품을 오염시키지 아니하는 것이어야 한다.

■ 작업장

- 작업장은 독립된 건물이거나 식품제조·가공 외의 용도로 사용되는 시설과 분리(별도의 방을 분리함에 있어 벽이나 층 등으로 구분하는 경우를 말한다. 이하 같다)되어야 한다.
- 작업장은 원료처리실·제조가공실·포장실 및 그 밖에 식품의 제조·가공에 필요한 작업실을 말하며, 각각의 시설은 분리 또는 구획(칸막이·커튼 등으로 구분하는 경우를 말한다. 이하 같다)되어야 한다. 다만, 제조공정의 자동화 또는 시설·제품의 특수성으로 인하여 분리 또는 구획할 필요가 없다고 인정되는 경우로서 각각의 시설이 서로 구분(선·줄 등으로 구분하는 경우를 말한다. 이하 같다)될 수 있는 경우에는 그러하지 아니하다.

8. 업종별 시설기준 (식품제조·가공업, 규칙 별표 14)

■ 작업장

- 작업장의 바닥·내벽 및 천장 등은 다음과 같은 구조로 설비되어야 한다.
  . 바닥은 콘크리트 등으로 내수처리를 하여야 하며, 배수가 잘 되도록 하여야 한다.
  . 내벽은 바닥으로부터 1.5미터까지 밝은 색의 내수성 설비하거나 세균방지용 페인트로 도색하여야 한다. 다만, 물을 사용하지 않고 위생상 위해발생의 우려가 없는 경우에는 그러하지 아니하다.
  . 작업장의 내부 구조물, 벽, 바닥, 천장, 출입문, 창문 등은 내구성, 내부식성 등을 가지고, 세척·소독이 용이하여야 한다
- 작업장 안에서 발생하는 악취·유해가스·매연·증기 등을 환기시키기에 충분한 환기시설을 갖추어야 한다.
- 작업장은 외부의 오염물질이나 해충, 설치류, 빗물 등의 유입을 차단할 수 있는 구조이어야 한다.
- 작업장은 폐기물·폐수 처리시설과 격리된 장소에 설치하여야 한다.

8. 업종별 시설기준 (식품제조·가공업)

■ 식품취급시설

- 식품을 제조·가공하는데 필요한 기계·기구류 등 식품취급시설은 식품 의 특성에 따라 식품 등의 기준 및 규격에서 정하고 있는 제조·가공기준에 적합한 것이어야 한다.
- 식품취급시설 중 식품과 직접 접촉하는 부분은 위생적인 내수성재질[스테인레스·알루미늄·에프알피(FRP)·테프론 등 물을 흡수하지 아니하 는 것을 말한다. 이하 같다]로서 씻기 쉬운 것이거나 위생적인 목재로서 씻는 것이 가능한 것이어야 하며, 열탕·증기·살균제 등으로 소독·살균이 가능한 것이어야 한다.
- 냉동·냉장시설 및 가열처리시설에는 온도계 또는 온도를 측정할 수 있는 계기를 설치하여야 한다.

■ 급수시설

- 수돗물이나 「먹는물관리법」 제5조에 따라 먹는물의 수질기준에 적합한 지하수 등을 공급할 수 있는 시설을 갖추어야 한다.
- 지하수 등을 사용하는 경우 취수원은 화장실·폐기물처리시설·동물사육장, 그 밖에 지하수가 오염될 우려가 있는 장소로부터 영향을 받지 아니하는 곳에 위치하여야 한다.
- 먹기에 적합하지 않은 용수는 교차 또는 합류되지 않아야 한다.

8. 업종별 시설기준 (식품제조·가공업)

■ 화장실

- 작업장에 영향을 미치지 아니하는 곳에 정화조를 갖춘 수세식화장실을 설치하여야 한다. 다만, 인근에 사용하기 편리한 화장실이 있는 경우에는 화장실을 따로 설치하지 아니할 수 있다.
- 화장실은 콘크리트 등으로 내수처리를 하여야 하고, 바닥과 내벽(바닥으로부터 1.5미터까지)에는 타일을 붙이거나 방수페인트로 색칠하여야 한다.

■ 창고 등의 시설

- 원료와 제품을 위생적으로 보관·관리할 수 있는 창고를 갖추어야 한다. 다만, 창고에 갈음할 수 있는 냉동·냉장시설을 따로 갖춘 업소에서는 이를 설치하지 아니할 수 있다.
- 창고의 바닥에는 양탄자를 설치하여서는 아니 된다.

■ 운반시설

- 식품을 운반하기 위한 차량, 운반도구 및 용기를 갖춘 경우 식품과 직접 접촉하는 부분의 재질은 인체에 무해하며 내수성·내부식성을 갖추어야 한다.

8. 업종별 시설기준 (식품제조·가공업)

■ 검사실

- 식품 등의 기준 및 규격을 검사할 수 있는 검사실을 갖추어야 한다. 다만, 다음 각 호의 어느 하나에 해당하는 경우에는 이를 갖추지 아니할 수 있다.
  . 법 제31조 제2항에 따라 「식품·의약품분야 시험·검사 등에 관한 법률」에 따른 자가품질 위탁시험·검사기관 등에 위탁검사
  . 같은 영업자가 다른 장소에 영업신고한 같은 업종의 영업소에 검사실을 갖추고 그 검사실에서 자가품질검사
  . 같은 영업자가 설립한 식품 관련 연구·검사기관에서 자가품질검사
  . 「독점규제 및 공정거래에 관한 법률」에 따른 기업집단에 속하는 식품관련 연구·검사기관 또는 계열회사가 영업신고한 같은 업종의 영업소의 검사실에서 자가품질검사
  . 같은 영업자, 동일한 기업집단에 속하는 식품관련 연구·검사기관 또는 영업자의 계열회사가 식품첨가물제조업, 축산물가공업, 건강기능식품전문제조업, 의약품·의약외품을 제조하는 영업 또는 화장품의 전부 또는 일부를 제조하는 영업을 하면서 해당 영업소에 검사실 또는 시험실을 갖추고 자가품질검사
- 검사실을 갖추는 경우에는 자가품질검사에 필요한 기계·기구 및 시약류를 갖추어야 한다.

✎ 메모

✎메모

9. 영업자 및 종업원 준수사항 (식품접객업, 규칙 별표 17)

● 물수건, 숟가락, 젓가락, 식기, 찬기, 도마, 칼, 행주, 그 밖의 주방용구는 기구 등의 살균·소독제 또는 열탕, 자외선살균 또는 전기살균의 방법으로 소독한 것을 사용하여야 한다.

● 「식품 등의 표시·광고에 관한 법률」 제4조 및 제5조에 따른 표시사항을 모두 표시하지 않은 축산물, 「축산물 위생관리법」 제7조 제1항을 위반하여 허가받지 않은 작업장에서 도축·집유·가공·포장 또는 보관된 축산물, 같은 법 제12조 제1항·제2항에 따른 검사를 받지 않은 축산물, 같은 법 제22조에 따른 영업 허가를 받지 아니한 자가 도축·집유·가공·포장 또는 보관된 축산물 또는 같은 법 제33조 제1항에 따른 축산물 또는 실험 등의 용도로 사용한 동물은 음식물의 조리에 사용하여서는 아니 된다.

● 업소 안에서는 도박이나 그 밖의 사행행위 또는 풍기문란행위를 방지하여야 하며, 배달판매 등의 영업행위 중 종업원의 이러한 행위를 조장하거나 묵인하여서는 아니 된다.

● 제과점영업자가 별표 14 제8호 가목 2) 라) (5)에 따라 조리장을 공동 사용하는 경우 빵류를 실제 제조한 업소명과 소재지를 소비자가 알아볼 수 있도록 별도로 표시하여야 한다. 이 경우 게시판, 팻말 등 다양한 방법으로 표시할 수 있다.

● 간판에는 영 제21조에 따른 해당업종명과 허가를 받거나 신고한 상호를 표시하여야 한다. 이 경우 상호와 함께 외국어를 병행하여 표시할 수 있으나 업종구분에 혼동을 줄 수 있는 사항은 표시하여서는 아니 된다.

9. 영업자 및 종업원 준수사항 (식품접객업)

● 손님이 보기 쉽도록 영업소의 외부 또는 내부에 가격표(부가가치세 등이 포함된 것으로서 손님이 실제로 내야 하는 가격이 표시된 가격표를 말한다)를 붙이거나 게시하되, 신고한 영업장 면적이 150제곱미터 이상인 휴게음식점 및 일반음식점은 영업소의 외부와 내부에 가격표를 붙이거나 게시하여야 하고, 가격표대로 요금을 받아야 한다.

● 영업허가증·영업신고증·조리사면허증(조리사를 두어야 하는 영업에만 해당한다)을 영업소 안에 보관하고, 허가관청 또는 신고관청이 식품위생·식생활개선 등을 위하여 게시할 것을 요청하는 사항을 손님이 보기 쉬운 곳에 게시하여야 한다.

● 식품의약품안전처장 또는 시·도지사가 국민에게 혐오감을 준다고 인정하는 식품을 조리·판매하여서는 아니 되며, 「멸종위기에 처한 야생동식물종의 국제거래에 관한 협약」에 위반하여 포획·채취한 야생동물·식물을 사용하여 조리·판매하여서는 아니 된다.

● 유통기한이 경과된 제품·식품 또는 그 원재료를 조리·판매의 목적으로 운반·진열·보관하거나 이를 판매 또는 식품의 조리에 사용해서는 안 되며, 해당 제품·식품 또는 그 원재료를 진열·보관할 때에는 폐기용 또는 교육용이라는 표시를 명확하게 해야 한다.

● 허가를 받거나 신고한 영업 외의 다른 영업시설을 설치하거나 다음에 해당하는 영업행위를 하여서는 아니 된다.
  - 식품접객업소의 영업자 또는 종업원이 영업장을 벗어나 시간적 소요의 대가로 금품을 수수하거나, 영업자가 종업원의 이러한 행위를 조장하거나 묵인하는 행위

9. 영업자 및 종업원 준수사항 (식품접객업)

● 손님을 꾀어서 끌어들이는 행위를 하여서는 아니 된다.

● 업소 안에서 선량한 미풍양속을 해치는 공연, 영화, 비디오 또는 음반을 상영하거나 사용하여서는 아니 된다.

● 수돗물이 아닌 지하수 등을 먹는 물 또는 식품의 조리·세척 등에 사용하는 경우에는 「먹는물관리법」 제43조에 따른 먹는 물 수질검사기관에서 다음의 검사를 받아 마시기에 적합하다고 인정된 물을 사용하여야 한다. 다만, 둘 이상의 업소가 같은 건물에서 같은 수원을 사용하는 경우에는 하나의 업소에 대한 시험결과로 해당 업소에 대한 검사에 갈음할 수 있다.
  - 일부 항목 검사 : 1년(모든 항목 검사를 하는 연도는 제외함) 마다 「먹는물 수질기준 및 검사 등에 관한 규칙」 제4조에 따른 마을상수도의 검사기준에 따른 검사(잔류염소검사는 제외함)를 하여야 한다. 다만, 시·도지사가 오염의 염려가 있다고 판단하여 지정한 지역에서는 같은 규칙 제2조에 따른 먹는물의 수질기준에 따른 검사를 하여야 한다.
  - 모든 항목 검사 : 2년마다 「먹는물 수질기준 및 검사 등에 관한 규칙」 제2조에 따른 먹는물의 수질기준에 따른 검사

● 식품접객업영업자는 손님이 먹고 남긴 음식물이나 먹을 수 있게 진열 또는 제공한 음식물에 대해서는 다시 사용·조리 또는 보관(폐기용이라는 표시를 명확하게 하여 보관하는 경우는 제외함)해서는 안 된다. 다만, 식품의약품안전처장이 인터넷 홈페이지에 별도로 정하여 게시한 음식물에 대해서는 다시 사용·조리 또는 보관할 수 있다.

9. 영업자 및 종업원 준수사항 (식품접객업)

● 식품접객업자는 공통찬통, 소형찬기 또는 복합찬기를 사용하거나 손님이 남은 음식물을 싸서 가지고 갈 수 있도록 포장용기를 비치하고 이를 손님에게 알리는 등 음식문화개선을 위해 노력하여야 한다.

● 법 제15조 제2항에 따른 위해평가가 완료되기 전까지 일시적으로 금지된 식품 등을 사용·조리하여서는 아니 된다.

● 조리·가공한 음식을 진열하고, 진열된 음식을 손님이 선택하여 먹을 수 있도록 제공하는 형태(이하 "뷔페"라 한다)로 영업을 하는 일반음식점영업자는 제과점영업자에게 당일 제조·판매하는 빵류를 구입하여 구입 당일 이를 손님에게 제공할 수 있다. 이 경우 당일 구입하였다는 증명서(거래명세서나 영수증 등을 말한다)를 6개월간 보관하여야 한다.

● 법 제47조 제1항에 따른 모범업소가 아닌 업소의 영업자는 모범업소로 오인·혼동할 우려가 있는 표시를 하여서는 아니 된다.

● 손님에게 조리하여 제공하는 식품의 주재료, 중량 등이 아록에 따른 가격표에 표시된 내용과 달라서는 아니 된다.

● 음식판매자동차를 사용하는 휴게음식점영업자 및 제과점영업자는 신고한 장소가 아닌 장소에서 그 음식판매자동차로 휴게음식점영업 및 제과점영업을 하여서는 아니 된다.

● 법 제47조의2 제1항에 따라 위생등급을 지정받지 아니한 식품접객업소의 영업자는 위생등급 지정업소로 오인·혼동할 우려가 있는 표시를 해서는 아니 된다.

9. 영업자 및 종업원 준수사항 (식품제조가공업)

● 생산 및 작업기록에 관한 서류와 원료의 입고·출고·사용에 대한 원료수불 관계서류를 작성하여야 하고, 최종 기재일부터 3년간 보관하여야 한다.

● 식품제조·가공업자는 제품의 거래기록을 작성하여야 하고, 최종 기재일부터 3년간 보관하여야 한다.

● 유통기한이 경과된 제품·식품 또는 그 원재료를 제조·가공·판매의 목적으로 운반·진열·보관(대리점으로 하여금 진열·보관하게 하는 경우를 포함함)하거나 이를 판매(대리점으로 하여금 판매하게 하는 경우를 포함함) 또는 식품의 제조·가공에 사용해서는 안 되며, 해당 제품·식품 또는 그 원재료를 진열·보관할 때에는 폐기용 또는 교육용이라는 표시를 명확하게 해야 한다.

● 식품을 텔레비전·인쇄물 등으로 광고하는 경우에는 제품명 및 업소명을 포함하여야 하고, 유통기한을 확인하여 제품을 구입하도록 권장하는 내용을 포함시켜야 한다. 다만, 유통기한과 제조연월일이 따로 표시되지 아니한 제품에 대한 광고의 경우에는 그러하지 아니하다.

● 식품제조·가공업자는 장난감 등을 식품과 함께 포장하여 판매하는 경우 장난감 등이 식품의 보관·섭취에 사용되는 경우를 제외하고는 식품과 구분하여 별도로 포장하여야 한다. 이 경우 장난감 등은 「품질경영 및 공산품안전관리법」 제14조 제3항에 따른 제품검사의 안전기준에 적합한 것이어야 한다.

9. 영업자 및 종업원 준수사항 (식품제조가공업)

● 식품제조·가공업자 또는 식품첨가물제조업자는 별표 14 제1호 아목 2)에 따라 식품제조·가공업 또는 식품첨가물제조업의 영업신고를 한 자에게 위탁하여 식품 또는 식품첨가물을 제조·가공하는 경우에는 위탁한 그 제조·가공업자에 대하여 반기별 1회 이상 위생관리상태 등을 점검하여야 한다. 다만, 위탁하려는 식품과 동일한 식품에 대하여 법 제48조에 따라 식품안전관리인증기준적용업소로 인증받거나 「어린이 식생활안전관리 특별법」 제14조에 따라 품질인증을 받은 영업자에게 위탁하는 경우는 제외한다.

● 식품제조·가공업자 및 식품첨가물제조·가공업자는 이물이 검출되지 아니하도록 필요한 조치를 하여야 하고 소비자로부터 이물 검출 등 불만사례 등을 신고 받은 경우 그 내용을 기록하여 2년간 보관하여야 하며 이 경우 소비자가 제시한 이물과 증거품(사진, 해당 식품 등을 말한다)은 6개월간 보관하여야 한다. 다만, 부패하거나 변질될 우려가 있는 이물 또는 증거품은 2개월간 보관할 수 있다.

● 식품제조·가공업자는 「식품 등의 표시·광고에 관한 법률」 제4조 및 제5조에 따른 표시사항을 모두 표시하지 않은 축산물, 「축산물 위생관리법」 제7조 제1항을 위반하여 허가받지 않은 작업장에서 도축·집유·가공·포장 또는 보관된 축산물, 같은 법 제12조 제1항·제2항에 따른 검사를 받지 않은 축산물, 같은 법 제22조에 따른 영업 허가를 받지 아니한 자가 도축·집유·가공·포장 또는 보관된 축산물 또는 같은 법 제33조 제1항에 따른 축산물 또는 실험 등의 용도로 사용한 동물을 식품의 제조 또는 가공에 사용하여서는 아니 된다.

메모

9. 영업자 및 종업원 준수사항 (식품제조가공업)

● 수돗물이 아닌 지하수 등을 먹는물 또는 식품의 제조·가공 등에 사용하는 경우에는 「먹는물 관리법」 제43조에 따른 먹는물 수질검사기관에서 1년(음료류 등 마시는 용도의 식품인 경우에는 6개월)마다 「먹는물관리법」 제5조에 따른 먹는물의 수질기준에 따라 검사를 받아 마시기에 적합하다고 인정된 물을 사용하여야 한다.

● 모유대용으로 사용하는 식품, 영유아의 이유 또는 영양보충의 목적으로 제조·가공한 식품(이하 "이유식 등"이라 함)을 신문·잡지·라디오 또는 텔레비전을 통하여 광고하는 경우에는 조제분유와 동일한 명칭 또는 유사한 명칭을 사용하여 소비자가 혼동할 우려가 있는 광고를 하여서는 아니 된다.

● 법 제15조 제2항에 따라 위해평가가 완료되기 전까지 일시적으로 금지된 제품에 대하여는 이를 제조·가공·유통·판매하여서는 아니 된다.

● 식품제조·가공업자가 자신의 제품을 만들기 위하여 수입한 반가공 원료 식품 및 용기·포장과 「대외무역법」에 따른 외화획득용 원료로 수입한 식품 등을 부패하거나 변질되어 또는 유통기한이 경과하여 폐기한 경우에는 이를 증명하는 자료를 작성하고, 최종 작성일부터 2년간 보관하여야 한다.

● 법 제47조 제1항에 따라 우수업소로 지정받은 자 외의 자는 우수업소로 오인·혼동할 우려가 있는 표시를 하여서는 아니 된다.

● 법 제31조 제1항에 따라 자가품질검사를 하는 식품제조·가공업자 또는 식품첨가물제조업자는 검사설비에 검사결과의 변경 시 변경내용이 기록·저장되는 시스템을 설치·운영하여야 한다.

10. 표시기준 (식품 등의 표시·광고에 관한 법률)

■ 표시 의무자 (규칙 제4조)

● 「식품위생법」 시행령 제21조에 따른 다음 영업자
- 식품제조·가공업
- 즉석판매제조·가공업
- 식품첨가물제조업
- 식품소분업, 식용얼음판매업(5킬로그램 이하로 유통 또는 판매자), 집단급식소 식품판매업
- 용기·포장류제조업

● 「축산물 위생관리법 시행령」 제21조에 따른 다음 영업자
- 도축업(닭·오리 식육 포장자만)
- 축산물가공업
- 식용란선별포장업
- 식육포장처리업
- 식육판매업, 식육부산물전문판매업, 식용란수집판매업
- 식육즉석판매가공업

● 「건강기능식품에 관한 법률」 제4조 제1호에 따른 건강기능식품제조업 영업자

● 「수입식품안전관리 특별법 시행령」 제2조 제1호에 따른 수입식품 등 수입·판매업 영업자

● 「축산법」 제22조 제1항 제4호에 따른 가축사육업 영업자 중 식용란 출하자

● 농산물·임산물·수산물 또는 축산물의 용기·포장 후 출하·판매자

● 법 제2조 제3호에 따른 기구 생산, 유통 또는 판매자

10. 표시기준

■ 표시사항 (과자류, 빵류 또는 떡류, 식품 등의 표시기준)

● 유형
- 과자, 캔디류, 추잉껌, 빵류, 떡류

● 표시사항
- 제품명
- 식품유형
- 영업소(장)의 명칭(상호) 및 소재지
- 유통기한 (즉석섭취식품 중 도시락·김밥·햄버거·샌드위치·초밥은 제조연월일 및 유통기한)
- 소비기한
- 내용량 및 내용량에 해당하는 열량(단, 열량은 과자, 캔디류, 빵류에 한하며 내용량 뒤에 괄호로 표시)
- 원재료명
- 영양성분(과자, 캔디류, 빵류에 한함)
- 용기·포장 재질
- 품목보고번호
- 성분명 및 함량(해당 경우에 한함)
- 보관방법(해당 경우에 한함)

10. 표시기준

■ 표시사항 (과자류, 빵류 또는 떡류)

● 표시사항

- 주의사항
 . 부정·불량식품신고표시
 . 알레르기 유발물질(해당 경우에 한함)
 . 기타(해당 경우에 한함)
- 조사처리식품(해당 경우에 한함)
- 유전자변형식품(해당 경우에 한함)
- 기타 표시사항
 . 유탕 또는 유처리한 제품은 "유탕처리제품" 또는 "유처리제품"으로 표시하여야 한다. (과자, 캔디류, 주잉껌에 한함)
 . 유산균 함유 과자, 캔디류는 그 함유된 유산균수를 표시하여야 하며, 특정균의 함유 사실을 표시하고자 할 때에는 그 균의 함유균수를 표시하여야 한다.
 . 한입크기로 작은 용기에 담겨져 있는 젤리제품(미니컵젤리제품)에 대하여 잘못 섭취에 따른 질식을 방지하기 위한 경고문구를 표시하여야 한다.
  (예시) "얼려서 드시지 마십시오. 한번에 드실 경우 질식의 위험이 있으니 잘 씹어 드십시오. 5세 이하 어린이 및 노약자는 섭취를 금하여 주십시오" 등

10. 표시기준

■ 표시사항 (과자류, 빵류 또는 떡류)

● 표시사항

- 기타 표시사항
 . 식품제조·가공업 영업자가 냉동식품인 빵류 및 떡류를 해동하여 유통하려는 경우에는 제조연월일, 해동연월일, 냉동식품으로서의 소비기한 이내로 설정한 해동 후 소비기한, 해동한 제조업체의 명칭과 소재지(냉동제품의 제조업체와 동일한 경우는 생략할 수 있다), 해동 후 보관방법 및 주의사항을 표시하여야 한다. 다만, 이 경우에는 스티커, 라벨(Label) 또는 꼬리표(Tag)를 사용할 수 있으나 떨어지지 아니하게 부착하여야 한다.
 . 식품제조·가공업 영업자가 냉동식품인 빵류 및 떡류를 해동하여 유통할 때는 "이 제품은 냉동식품을 해동한 제품이니 재 냉동시키지 마시길 바랍니다" 등의 표시를 하여야 한다.

* 소비자 안전을 위한 주의사항 표시, 글씨 크기 등 표시방법은 규칙 제5조 관련 별표 2 및 별표 3을 따르고, 주표시면 및 정보표시면의 표시사항 및 표시방법, 장기보존식품의 표시, 인삼 또는 홍삼성분 함유 식품의 표시, 조사처리식품의 표시는 Ⅱ. 공통표시기준에 따른다.

10. 표시기준

■ 표시서식도안 사례

8 801043 036177

영양정보 총 내용량 90 g
30 g당 150 kcal

30 g당	1일 영양성분 기준치에 대한 비율	총 내용량당	
나트륨 75 mg	4%	230 mg	12%
탄수화물 21 g	6%	64 g	20%
당류 8 g	8%	24 g	24%
지방 7 g	13%	20 g	37%
트랜스지방 0.5 g미만		0.5 g미만	
포화지방 2.2 g	15%	7 g	47%
콜레스테롤 0 mg	0%	0 mg	0%
단백질 1 g미만	2%	3 g	5%
1일 영양성분 기준치에 대한 비율(%)은 2,000 kcal 기준이므로 개인의 필요 열량에 따라 다를 수 있습니다.			

제품명	꼬깔콘
식품유형	과자 (유탕처리제품)

원재료명 소맥분(밀:미국산), 정백당, 미강유(태국산), 옥수수전분(옥수수:외국산(러시아, 헝가리, 세르비아 등)), 혼합제제(타피오카산화전분, 말토덱스트린), 팜유, 알파옥수수전분, 고소미즈씨분말, 아카시아꿀(국산), 발효사과농축액(국산), 감초농축액, 현미조청, 정제염, 합성향료, 밀, 우유 함유

유통기한	후면 표기일까지	포장재질	폴리프로필렌

품목보고번호 1976034200123(안양), 1991046110179(아산), 1972015400137(부산)

• 이 제품은 땅콩, 대두, 돼지고기, 닭고기, 오징어, 쇠고기, 토마토, 게, 새우, 계란, 잣, 조개류(굴, 전복, 홍합 포함)를 사용한 제품과 같은 제조 시설에서 제조하고 있습니다.
• 본 제품은 소비자기본법에 의거 교환, 환불해 드립니다. •보관상 주의사항: 직사광선을 피하고 서늘하고 건조한 곳에 보관하십시오. 흡습되기 쉬운 제품이므로 개봉 후 바로 드십시오. •부정·불량식품 신고는 국번없이 1399 ♻OTHER

농심 •본사: 서울특별시 동작구 여의대방로 112(신대방동)
http://www.nongshim.com

2020.07.02 까지
안양2B27 000 0641

•(주)농심 고객상담팀: 수신자요금부담전화 ☎080-023-5181
•반품 및 교환장소: 본사, 각 공장, 각 영업지점 및 특약점.

제품의 신선도 유지를 위해 질소충전포장을 하였습니다.

10. 표시기준 (영양표시) (규칙 제6조, 별표 4)

■ 영양표시 대상식품

- 레토르트식품(축산물 제외)
- 빵류 및 만두류
- 잼류
- 면류
- 음료류(볶은커피, 인스턴트커피 제외)
- 어육가공품 중 어육소시지
- 장류(한식메주, 한식된장, 청국장, 한식메주 이용한 한식간장 제외)
- 시리얼류
- 식육가공품 중 햄류, 소시지류
- 건강기능식품
- 위에 해당하지 않는 식품 및 축산물로 영업자가 스스로 영양표시를 하는 식품 및 축산물

- 과자류 중 과자, 캔디류 및 빙과·아이스크림류
- 코코아가공품류 및 초콜릿류
- 식용유지류(모조치즈, 식물성크림, 기타식용유지가공품 제외)
- 특수용도식품
- 즉석섭취식품 및 즉석조리식품
- 유가공품 중 우유류·가공유류·발효유류·분유류·치즈류

* 제외 식품

- 즉석판매제조·가공업자가 제조·가공하는 식품
- 최종 소비자에게 제공되지 않는 식품, 축산물 및 건강기능식품
- 포장 또는 용기의 주표시면 면적이 30제곱센티미터 이하인 식품 및 축산물

10. 표시기준

■ 부당한 표시 또는 광고행위의 금지 (법 제8조)
- 질병의 예방·치료에 효능이 있는 것으로 인식할 우려가 있는 표시 또는 광고
- 식품 등을 의약품으로 인식할 우려가 있는 표시 또는 광고
- 건강기능식품이 아닌 것을 건강기능식품으로 인식할 우려가 있는 표시 또는 광고
- 거짓·과장된 표시 또는 광고
- 소비자를 기만하는 표시 또는 광고
- 다른 업체나 다른 업체의 제품을 비방하는 표시 또는 광고
- 객관적인 근거 없이 자기 또는 자기의 식품 등을 다른 영업자나 다른 영업자의 식품 등과 부당하게 비교하는 표시 또는 광고
- 사행심을 조장하거나 음란한 표현을 사용하여 공중도덕이나 사회윤리를 현저하게 침해하는 표시 또는 광고
- 제10조 제1항에 따라 심의를 받지 아니하거나 같은 조 제4항을 위반하여 심의 결과에 따르지 아니한 표시 또는 광고

11. 자가품질검사 (규칙 제31조 별표 12)

■ 식품 등
- 품목별로 실시
- 식품공전에서 정한 동일한 검사항목을 적용받은 품목 : 식품유형별로 실시 가능

■ 기구 및 용기·포장
- 동일한 재질의 제품으로 크기나 형태가 다를 경우 : 재질별 실시 가능

■ 적용시점
- 제품제조일을 기준

■ 검사항목
- 식약처장이 고시하는 식품유형별 항목
- 특정 식품첨가물을 사용하지 아니한 경우 : 검사 생략 가능

■ 검사자
- 위탁제조 시, 식품 등을 제조하게 하는 자 또는 직접 그 식품 등을 제조하는 자

11. 자가품질검사

■ 검사주기 및 항목
● 식품제조·가공업

1) 과자류, 빵류 또는 떡류(과자, 캔디류, 추잉껌 및 떡류만), 코코아가공품류, 초콜릿류, 잼류, 당류, 음료류[다류(茶類) 및 커피류만], 절임류 또는 조림류, 수산가공식품류(젓갈류, 건포류, 조미김, 기타 수산물가공품만), 두부류 또는 묵류, 주류, 면류, 조미식품(고춧가루, 실고추 및 향신료가공품, 식염만), 즉석식품류(만두류, 즉석섭취식품, 즉석조리식품만), 장류, 농산가공식품류(전분류, 밀가루, 기타농산가공품류 중 곡류가공품, 두류가공품, 서류가공품, 기타 농산가공품만), 식용유지가공품(모조치즈, 식물성크림, 기타 식용유지가공품만), 동물성가공식품류(추출가공식품만), 기타가공품, 선박에서 통·병조림을 제조하는 경우 및 단순가공품(자연산물을 그 원형을 알아볼 수 없도록 분해·절단 등의 방법으로 변형시키거나 1차 가공처리한 식품원료를 식품첨가물을 사용하지 아니하고 단순히 서로 혼합만 하여 가공한 제품이거나 이 제품에 식품제조·가공업의 허가를 받아 제조·포장된 즉미식품을 포장된 상태 그대로 첨부한 것)만을 가공하는 경우 : 3개월마다 1회 이상 식약처장이 정하여 고시하는 식품유형별 검사항목

2) 식품제조·가공업자가 자신의 제품을 만들기 위해 수입한 반가공 원료식품 및 용기·포장
   - 반가공 원료식품 : 6개월마다 1회 이상 식약처장이 고시하는 식품유형별 검사항목
   - 용기·포장 : 동일재질별로 6개월마다 1회 이상 재질별 성분에 관한 규격

11. 자가품질검사

■ 검사주기 및 항목
● 식품제조·가공업

3) 빵류, 식육함유가공품, 알함유가공품, 동물성가공식품류(기타식육 또는 기타알제품), 음료류(과일·채소류음료, 탄산음료류, 두유류, 발효음료류, 인삼·홍삼음료, 기타음료만, 비가열음료 제외), 식용유지류(들기름, 추출들깨유만) : 2개월마다 1회 이상 식약처장이 정하여 고시하는 식품유형별 검사항목

4) 1)~3)의 규정 외의 식품 : 1개월마다 1회 이상 식약처장이 정하여 고시하는 식품유형별 검사항목

5) 법 제48조 제8항에 따른 전년도의 조사·평가 결과가 만점의 90퍼센트 이상인 식품 : 1), 3), 4)에도 불구하고 6개월마다 1회 이상 식약처장이 정하여 고시하는 식품유형별 검사항목

6) 식약처장이 식중독 발생위험이 높다고 인정하여 지정·고시한 기간에는 1) 및 2)에 해당하는 식품은 1개월마다 1회 이상, 3)에 해당하는 식품은 15일마다 1회 이상, 4)에 해당하는 식품은 1주일마다 1회 이상 실시

7) 「주세법」 제51조에 따른 검사 결과 적합 판정을 받은 주류는 자가품질검사를 실시하지 않을 수 있음. 이 경우 해당 검사는 제4호에 따른 주류의 자가품질검사 항목에 대한 검사를 포함하여야 함.

11. 자가품질검사

■ 검사주기 및 항목
● 즉석판매제조·가공업

1) 빵류(크림을 위에 바르거나 안에 채워 넣은 것만), 당류(설탕류, 포도당, 과당류, 올리고당류만), 식육함유가공품, 어육가공품류(연육, 어묵, 어육소시지, 기타 어육가공품만), 두부류 또는 묵류, 식용유지류(압착식용유만), 특수용도식품, 소스, 음료류(커피, 과일·채소류음료, 탄산음료류, 두유류, 발효음료류, 인삼·홍삼음료, 기타음료만), 동물성가공식품류(추출가공식품만), 빙과류, 즉석섭취식품(도시락, 김밥류, 햄버거류 및 샌드위치류만), 즉석조리식품(순대류만), 「축산물위생관리법」 제2조 제2호에 따른 유가공품, 식육가공품 및 알가공품 : 9개월 마다 1회 이상 식약처장이 정하여 고시하는 식품 및 축산물가공품 유형별 검사항목

2) 별표 15 제2호에 따른 영업을 하는 경우 : 자가품질검사를 실시하지 않을 수 있음.
   * **제외 대상식품** : 영 제21조 제1호에 따른 식품제조·가공업 영업자 및 「축산물위생관리법 시행령」 제21조 제3호에 따른 축산물가공업의 영업자가 제조·가공한 식품 또는 수입식품안전관리특별법 제15조 제1항에 따라 등록한 수입식품 등 수입·판매업 영업자가 수입·판매한 식품으로 즉석판매제조·가공소 내에서 소비자가 원하는 만큼 덜어서 직접 최종 소비자에게 판매하는 식품 (제외 : 통·병조림제품, 레토르트식품, 냉동식품, 어육제품, 특수용도식품(체중조절용 조제식품 제외), 식초, 전분, 알가공품, 유가공품)

11. 자가품질검사

■ 검사주기 및 항목

● 식품첨가물

- 기구 등 살균소독제 : 6개월마다 1회 이상 살균소독력
- 외의 식품첨가물 : 6개월마다 1회 이상 식품첨가물별 성분에 관한 규격

● 기구 또는 용기·포장

- 동일재질별로 6개월마다 1회 이상 재질별 성분에 관한 규격

■ 기록 보관

- 2년

■ 면제

- 식품안전관리인증기준적용업소 : 조사·평가 결과, 만점의 95퍼센트 이상인 경우

12. 기 타

■ 생산실적 보고 (법 제42조)

- 식품 및 식품첨가물 제조·가공 영업자
- 해당 연도 종료 후 1개월 이내

■ 위해식품 등 회수 (법 제45조)

■ 식품 등의 이물 발견보고 (법 제46조)

● 보고대상 영업자

- 식품제조·가공업자, 식품첨가물제조업자, 식품소분업자, 유통전문판매업자, 수입식품 등 수입·판매업자, 축산물가공업자, 식육포장처리업자, 축산물유통전문판매업자

● 보고대상 이물

- 금속성 이물, 유리조각 등 섭취과정에서 인체에 직접적인 위해나 손상을 줄 수 있는 재질 또는 크기의 물질
- 기생충 및 그 알, 동물의 사체 등 섭취과정에서 혐오감을 줄 수 있는 물질
- 그 밖에 인체의 건강을 해칠 우려가 있거나 섭취하기에 부적합한 물질로서 식약처장이 인정하는 물질

* 보고 대상 이물의 범위와 조사·절차 등에 관한 규정

12. 기타 규정

■ 식품 등의 이물 발견보고

● 보고대상 이물 범위

- 섭취과정에서 인체에 직접적인 위해나 손상을 줄 수 있는 재질이나 크기의 이물 : 3mm 이상 크기의 유리·플라스틱·사기 또는 금속성 재질의 물질
- 섭취과정에서 혐오감을 줄 수 있는 이물
  . 쥐 등 동물의 사체 또는 그 배설물
  . 파리, 바퀴벌레 등 곤충류(발견 당시 살아있는 곤충은 제외)
  . 기생충 및 그 알(수산물을 주원료로 제조한 식품에서 발견되는 원생물에 기생하는 기생충으로서 제조· 가공과정에서 사멸되어 인체의 건강을 해칠 우려가 없는 것은 제외)
- 그 밖에 인체의 건강을 해칠 우려가 있거나 섭취하기에 부적합한 이물
  . 컨베이어벨트 등 고무류   · 이쑤시개(전분재질은 제외) 등 나무류   . 돌, 모래 등 토사류
  . 그 밖에 위 각 목에 준하는 것으로서 식약처장이 인정하는 이물

● 이물 발견 사실 보고방법

- 소비자로부터 이물 발견 사실을 신고(전화, 전자문서 등 포함)받은 날부터 7일 이내(토요일 및 법정 공휴일은 제외)에 조사기관에 보고
- 미보고 가능 경우
  . 소비자가 이물 또는 증거제품(포장지 포함)을 제공하지 않는 경우
  . 유통기한이 지난 제품을 신고한 경우
  . 이물 발견 후 10일 이상 지난 제품을 신고한 경우(개봉된 제품에 한함)

13. 행정제재 및 벌칙 (제93조 등)

■ 행정처분 종류

- 영업소 폐쇄
- 영업허가(신고, 등록) 취소
- 영업정지(7일, 15일, 1월, 2월, 3월)
- 당해 음식물 폐기, 당해 제품 폐기, 당해 원료 폐기
- 품목류 제조정지
- 품목 제조정지
- 시설개수명령
- 시정명령
- 과징금

13. 행정제재 및 벌칙 (제93조 등)

■ 1년 이상 징역 및 벌금 병과

- 3년 이상 : 소해면상뇌증(광우병), 탄저병, 가금 인플루엔자
- 1년 이상 : 마황, 부자, 천오, 초오, 백부자, 섬수, 백선피, 사리풀
- 판매 소매가격의 2배 이상 5배 이하의 벌금

■ 10년 이하 징역 또는 1억원 이하 벌금

- 제4조 (위해식품 등의 판매 등 금지)
- 제5조 (병든 동물 고기 등의 판매 등 금지)
- 제6조 (고시되지 아니한 화학적 합성품 등의 판매 등 금지)
- 제8조 (유독기구 등의 판매·사용금지)
- 제13조 제1항 제1호(질병의 예방 및 치료에 효능효과가 있거나 의약품 또는 건강기능식품 으로 오인·혼동할 우려가 있는 내용의 표시광고) 위반
- 제37조 제1항 (영업허가, 변경허가) 위반

■ 과태료

- 1,000만원 이하 부과

14. 주요 고시

■ 기준 및 규격

- 식품 등의 기준 및 규격 (법 제7조)
- 식품첨가물의 기준 및 규격 (법 제7조)
- 기구 및 용기·포장의 기준 및 규격 (법 제9조)

■ 식품 등의 표시기준

■ 식품 및 축산물 안전관리인증기준 (법 제48조)

* 식품 등 회수 및 공표에 관한 규칙, 유전자재조합식품 등의 표시기준, 광고사전 심의 운영지침, 위생분야종사자의 건강진단규칙, 농산물 원산지 표시요령, 이물 보고지침 등

* 축산물가공품의 가공기준 및 성분규격(농림부)

* 먹는물 수질기준 (환경부)

* **CODEX**

✎메모

✎메모

IV-3. 식품공전
(Food Code)

식품공전 목차

제 1. 총칙
1. 일반원칙
2. 기준 및 규격의 적용
3. 용어의 풀이
4. 식품원료 분류

제 2. 식품일반에 대한 공통기준 및 규격
1. 식품원료기준
2. 제조·가공기준
3. 식품일반의 기준 및 규격
4. 보존 및 유통기준

제 3. 영·유아 또는 고령자를 섭취대상으로 표시하여 판매하는 식품의 기준 및 규격

제 4. 장기보존식품의 기준 및 규격
1. 통·병조림식품
2. 레토르트식품
3. 냉동식품

제 4. 규격외 일반가공식품의 기준 및 규격

식품공전 목차

제 5. 식품별 기준 및 규격
1. 과자류, 빵류 또는 떡류
2. 빙과류(2-1 아이스크림류, 2-3 빙과, 2-4 얼음류)
3. 코코아가공품류 또는 초콜릿류
4. 당 류
5. 잼 류
6. 두부류 또는 묵류
7. 식용유지류
8. 면 류
9. 음료류(9-1 다류, 9-2 커피, 9-3 과일채소류음료)
10. 특수용도식품
11. 특수의료용도식품
12. 장 류
13. 조미식품(13-6 식염)
14. 절임류 및 조림류
15. 주 류
16. 농산가공식품류(16-2 밀가루류)
17. 식육가공품 및 포장육
18. 알가공품류
19. 유가공품류
20. 수산가공식품류
21. 동물성가공식품류
22. 벌꿀 및 화분가공품류
23. 즉석식품류(23-2 즉석섭취·편의식품류, 23-3 만두류)
24. 기타식품류

식품공전 목차

* 기구 및 용기·포장의 기준 및 규격

제 6. 식품접객업소(집단급식소 포함)의 조리식품 등에 대한 기준 및 규격
  1. 정의
  3. 원료기준
  4. 조리 및 관리기준
  5. 규격

제 7. 검체의 채취 및 취급방법

* 일반시험법
* 시약·시액·표준용액 및 용량분석용 규정용액
* 부 표
* 빌 표

1. 총 칙

1. 일반원칙

 2) 가공식품에 대하여 식품군(대분류), 식품종(중분류), 식품유형(소분류)으로 분류
  - 식품군 : '제 5. 식품별 기준 및 규격' 에서 대분류하고 있는 음료류, 조미식품 등
  - 식품종 : 식품군에서 분류하고 있는 다류, 과일·채소류음료, 식초, 햄류 등
  - 식품유형 : 식품종에서 분류하고 있는 농축과·채즙, 과·채주스, 발효식초, 합성식초 등
 5) 이 고시에서 기준 및 규격이 정하여지지 아니한 것은 잠정적으로 식품의약품안전처장이 해당 물질에 대한 국제식품규격위원회(Codex Alimentarius Commission, CAC) 규정 또는 주요 외국의 기준·규격과 일일섭취허용량(Acceptable Daily Intake, ADI), 해당 식품의 섭취량 등 해당 물질별 관련 자료를 종합적으로 검토하여 적·부 판정 가능
 8) 표준온도는 20℃, 상온은 15~25℃, 실온은 1~35℃, 미온은 30~40℃
 13) (2) 따로 규정이 없는 한 찬물은 15℃ 이하, 온탕은 60~70℃, 열탕은 약 100℃의 물
 13) (7) 강산성은 pH 3.0 미만, 약산성은 pH 3.0 이상 5.0 미만, 미산성은 pH 5.0 이상 6.5 미만, 중성은 pH 6.5 이상 7.5 미만, 미알카리성은 pH 7.5 이상 9.0 미만, 약알카리성은 pH 9.0 이상 11.0 미만, 강알카리성은 pH 11.0 이상

1. 총 칙

3. 용어의 풀이

 3) A 또는 B : A와 B, A나 B, A 단독 또는 B 단독으로 해석 가능
 4) A 및 B : A와 B를 동시에 만족
 20) 유통기간 : 소비자에게 판매가 가능한 기간

<고시 제2022-31호, 2022.4.20. > [시행일 2023. 1. 1.]
 20) 소비기한 : 식품에 표시된 보관방법을 준수할 경우 섭취하여도 안전에 이상이 없는 기한

 33) 이물 : 정상식품의 성분이 아닌 물질을 말하며, 동물성으로 절족동물 및 그 알, 유충과 배설물, 설치류 및 곤충의 흔적물, 동물의 털, 배설물, 기생충 및 그 알 등이 있고, 식물성으로 종류가 다른 식물 및 그 종자, 곰팡이, 짚, 겨 등이 있고, 광물성으로 흙, 모래, 유리, 금속, 도자기파편 등
 35) '냉장' 또는 '냉동'이라 함은 이 고시에서 따로 정하여진 것을 제외하고는 냉장은 0~10℃, 냉동은 -18℃ 이하
 36) 차고 어두운 곳(냉암소)이라 함은 따로 규정이 없는 한 0~15℃의 빛이 차단된 장소
 37) 냉장·냉동온도측정값 : 냉장·냉동고 또는 냉장·냉동설비 등의 내부온도를 측정한 값 중 가장 높은 값
 38) 살균 : 따로 규정이 없는 한 세균, 효모, 곰팡이 등 미생물의 영양세포를 불활성화시켜 감소시키는 것
 39) 멸균 : 따로 규정이 없는 한 미생물의 영양세포 및 포자를 사멸시키는 것

1. 총 칙

3. 용어의 풀이

43) 가공식품 : 식품원료(농, 임, 축, 수산물 등)에 식품 또는 식품첨가물을 가하거나, 그 원형을 알아볼 수 없을 정도로 변형(분쇄, 절단 등) 시키거나 이와 같이 변형시킨 것을 서로 혼합 또는 이 혼합물에 식품 또는 식품첨가물을 사용하여 제조·가공·포장한 식품. 다만, 식품첨가물이나 다른 원료를 사용하지 아니하고 원형을 알아볼 수 있는 정도로 농·임·축·수산물을 단순히 자르거나 껍질을 벗기거나 소금에 절이거나 숙성하거나 가열(살균 목적 또는 성분의 현격한 변화를 유발하는 경우 제외) 등의 처리과정 중 위생상 위해 발생의 우려가 없고 식품의 상태를 관능으로 확인할 수 있도록 단순처리한 것은 제외

63) 미생물 규격에서 사용하는 용어(n, c, m, M)는 다음과 같다.

(1) n : 검사하기 위한 검체의 수

(2) c : 최대허용검체수, 허용기준치(m)를 초과하고 최대허용한계치(M) 이하인 검체의 수로서 결과가 m을 초과하고 M 이하인 검체의 수가 c 이하일 경우는 적합으로 판정

(3) m : 미생물 허용기준치로서 결과가 모두 m 이하인 경우 적합으로 판정

(4) M : 미생물 최대허용한계치로서 결과가 하나라도 M을 초과하는 경우는 부적합으로 판정

※ m, M에 특별한 언급이 없는 한 1 g 또는 1 ml 당의 집락수(Colony Forming Unit, CFU)

1. 총 칙

4. 식품원료 분류

1) 식물성 원료

- 곡류, 서류, 두류, 견과종실류(땅콩 또는 견과류, 유지종실류, 음료 및 감미종실류), 과실류(인과류, 감귤류, 핵과류, 장과류, 열대과일류), 채소류(결구엽채류, 엽채류, 엽경채류, 근채류, 박과 과채류, 박과 이외 과채류), 버섯류, 향신식물, 차, 호프, 조류, 기타식물류

2) 동물성 원료

- 축산물(식육류, 우유류, 알류), 수산물(어류(민물어류, 회유어류, 해양어류), 어란류, 무척추동물(갑각류, 연체류, 극피류, 피낭류)), 기타동물(파충류 및 양서류)

2. 식품일반에 대한 공통기준 및 규격

2. 제조·가공기준

1) 식품 제조·가공에 사용되는 기계·기구류와 부대시설물 : 항상 위생적으로 유지·관리

2) 식품용수 : 「먹는물관리법」의 먹는물 수질기준에 적합한 것이거나, 「해양심층수의 개발 및 관리에 관한 법률」의 기준·규격에 적합한 원수, 농축수, 미네랄탈염수, 미네랄농축수

3) 식품용수 : 먹는물관리법에서 규정하고 있는 수처리제를 사용하거나, 각 제품의 용도에 맞게 응집침전, 여과[활성탄, 모래, 세라믹, 맥반석, 규조토, 마이크로필터, 한외여과(Ultra Filter), 역삼투막, 이온교환수지], 오존살균, 자외선살균, 전기분해, 염소소독 등의 방법으로 수처리하여 사용 가능

6) 식품 제조·가공·조리 중에 이물의 혼입이나 병원성 미생물 등이 오염되지 않도록 해야 함.

7) 식품 : 물, 주정 또는 물과 주정의 혼합액, 이산화탄소만을 사용하여 추출 가능

8) 냉동된 원료 해동 : 별도의 청결한 해동공간에서 위생적으로 실시

9) 식품의 제조, 가공, 조리, 보존 및 유통 중에는 동물용의약품 사용 불가

10) 가공식품 : 미생물 등에 오염되지 않도록 위생적으로 포장

11) 캡슐 또는 정제 형태로 제조 불가, 다만, 과자, 캔디류, 추잉껌, 초콜릿류, 식염, 장류, 복합조미식품, 당류가공품은 정제형태로, 식용유지류 및 식용유지가공품은 캡슐형태로 제조 가능하나 이 경우 의약품으로 오인·혼동할 우려가 없어야 함.

11) 유탕유처리 시에 사용하는 유지 : 산가 2.5 이하, 과산화물가 50 이하

18) 식육가공품 또는 포장육 작업장의 실내온도 : 15℃ 이하로 유지관리(가열처리작업장 제외)

2. 식품일반에 대한 공통기준 및 규격

2. 제조·가공기준

14) 유가공품의 살균 또는 멸균 공정 : 따로 정하여진 경우를 제외하고 저온장시간 살균법 (63~65℃에서 30분간), 고온단시간 살균법(72~75℃에서 15초 내지 20초간), 초고온순간 처리법(130~150℃에서 0.5초 내지 5초간) 또는 이와 동등 이상의 효력 방법으로 실시

15) 살균제품 : 중심부 온도를 63℃ 이상에서 30분간 가열살균, 멸균제품 : 중심부 온도를 120℃ 이상에서 4분 이상 멸균처리

16) 멸균하여야 하는 제품 중 pH 4.6 이하인 산성식품 : 살균하여 제조 가능. 이 경우 해당 제품은 멸균제품에 규정된 규격에 적합

23) 식품포장 내부의 습기, 냄새, 산소 등을 제거하여 제품의 신선도를 유지시킬 목적으로 사용되는 물질 : 기구 및 용기·포장의 기준·규격에 적합한 재질로 포장, 식품에 이행되지 않도록 포장

24) 식품의 용기·포장 : 용기·포장류 제조업 신고를 필한 업소에서 제조한 것 다만, 그 자신이 제품을 포장하기 위하여 용기·포장류를 직접 제조하는 경우는 제외

25) 식품 제조·가공에 원료로 사용하는 톳과 모자반의 경우, 생물은 끓는 물에 충분히 삶고, 건조된 것은 물에 불린 후 충분히 삶는 등 무기비소 저감 공정을 거친 후 사용

30) 달걀을 물로 세척하는 경우 다음의 요건을 모두 충족하는 방법으로 세척
  (1) 30℃ 이상이면서 달걀의 품온보다 5℃ 이상의 물 사용
  (2) 100~200 ppm 차아염소산나트륨을 함유한 물 사용. 이때 차아염소산나트륨을 사용하지 않는 경우 150 ppm 차아염소산나트륨과 동등 이상의 살균효력이 있는 방법 사용 가능

2. 식품일반에 대한 공통기준 및 규격

3. 식품일반의 기준 및 규격

1) 성상
  제품은 고유의 형태, 색택을 가지고 이미·이취가 없어야 한다.

2) 이물
  (1) 식품은 원료의 처리과정에서 ① 그 이상 제거되지 아니하는 정도 이상의 이물, ② 오염된 비위생적인 이물, ③ 인체에 위해를 끼치는 단단하거나 날카로운 이물을 함유하여서는 아니 된다. 다만, 다른 식물이나 원료식물의 표피 또는 토사, 원료육의 털, 뼈 등과 같이 실제에 있어 정상적인 제조·가공상 완전히 제거되지 아니하고 잔존하는 경우의 이물로서 그 양이 적고 위해 가능성이 낮은 경우는 제외
  (2) **금속성 이물**로서 쇳가루는 제8. 1.2.1 마. 금속성 이물(쇳가루)에 따라 시험하였을 때 식품 중 10.0 mg/kg 이상 검출되서는 아니되며, 또한 금속이물은 2 mm 이상인 금속성 이물이 검출되어서는 아니됨.

4) 위생지표균 및 식중독균
  (1) 위생지표균
    가. 식품일반

항목	규격	제품 특성		n	c	m	M
세균수		멸균제품		5	0	0	-
대장균군		살균제품	분말제품 제외	5	1	0	10
			분말제품	5	2	0	10

2. 식품일반에 대한 공통기준 및 규격

3. 식품일반의 기준 및 규격
  4) 위생지표균 및 식중독균
    (2) 식중독균
      가) 살모넬라, 장염비브리오, 리스테리아 모노사이토제네스, 장출혈성 대장균, 캠필로박터 제주니/콜리, 여시니아 엔테로콜리티카

대상 식품	규격
식육(제조가공용원료는 제외), 살균 또는 멸균처리하였거나 더 이상의 가공, 가열조리를 하지 않고 그대로 섭취하는 가공식품	n=5, c=0, m=0/25g

      나) 바실루스 세레우스

대상 식품	규격
① 가)의 대상식품 중 장류(메주 제외) 및 소스, 복합조미식품, 김치류, 젓갈류, 절임류, 조림류	g 당 10,000 이하 (멸균제품은 음성)
② 위 ①을 제외한 가)의 대상식품	g 당 1,000 이하 (멸균제품은 음성)

2. 식품일반에 대한 공통기준 및 규격

3. 식품일반의 기준 및 규격
　4) 위생지표균 및 식중독균
　　(2) 식중독균
　　　다) 클로스트리디움 퍼프린젠스

대상 식품	규격
① 가)의 대상식품 중 햄류, 소시지류, 식육추출 가공품, 알가공품	n=5, c=1, m=10, M=100 (멸균제품은 n=5, c=0, m=0/25g)
③ 가)의 대상식품 중 장류(메주 제외), 젓갈류, 고춧가루 또는 실고추, 향신료가공품, 김치류, 절임류, 조림류, 복합조미식품, 식초, 카레분 및 카레(액상 제품 제외)	n=5, c=2, m=100, M=1,000 (멸균제품은 n=5, c=0, m=0/25g)
④ 위 ①, ②, ③을 제외한 가)의 대상식품	n=5, c=0, m=0/25g

　　　라) 황색포도상구균

대상 식품	규격
① 가)의 대상식품 중 햄류, 소시지류, 식육추출 가공품, 건포류	n=5, c=1, m=10, M=100 (멸균제품은 n=5, c=0, m=0/25g)
③ 위 ①, ②를 제외한 가)의 대상식품	n=5, c=0, m=0/25g

* 식품접객업소 등의 노로바이러스 기준

2. 식품일반에 대한 공통기준 및 규격

3. 식품일반의 기준 및 규격
　4) 위생지표균 및 식중독균
　　(1) 위생지표균
　　　나. 식품자동판매기 음료류에 대한 미생물 기준(밀봉제품 제외)
　　　　가) 세균수 : n=5, c=2, m=1,000, M=10,000(다만, 유가공품, 유산균, 발표제품 및 가열하지 아니한 과일·채소류음료가 함유된 경우 제외)
　　　　나) 대장균 : n=5, c=2, m=0, M=10
　5) (2) **중금속** 기준 : 농산물(납, 카드뮴, 무기비소), 축산물(납, 카드뮴), 수산물(어류(납, 카드뮴, 수은, 메틸수은), 연체류(납, 카드뮴, 수은), 갑각류(납, 카드뮴), 해조류(납, 카드뮴)), 가공식품(식용유지(납, 비소, 무기비소))
　　　(3) **곰팡이독** 기준 : 총아플라톡신, 아플라톡신 M_1, 파튤린, 푸모니신, 오크라톡신 A, 데옥시니발레놀, 제랄레논
　　　(4) 다이옥신　　(5) **폴리염화비페닐(PCBs)**　　(6) **Benzo(a)pyrene**
　　　(7) 3-MCPD　　(8) Melamine　　(9) 패독소　　(10) **방사능** 기준 : ^{131}I, ^{134}Cs + ^{137}Cs
　6) **식품조사처리** 기준 : ^{60}Co의 감마선　　**7)** 농산물의 **농약**의 잔류허용기준
　8) 동물용의약품의 잔류허용기준　　**9)** 축·수산물의 잔류물질 잔류허용기준
　10) 부정물질　**14)** 식육의 휘발성염기질소　**15)** 원유 규격　**16)** 수산물 규격(히스타민)

2. 식품일반에 대한 공통기준 및 규격

4. 보존 및 유통기준
　1) 일반기준
　　(1) 모든 식품(식품제조에 사용되는 원료 포함) : 위생적으로 취급하여 보존 및 유통, 그 보존 및 유통 장소 : 불결한 곳에 위치 금지
　　(2) 식품을 보존 및 유통하는 장소 : 방서 및 방충관리 철저히
　　(3) 식품 : 직사광선이나 비·눈 등으로부터 보호될 수 있고, 외부오염을 방지할 수 있는 취급 장소에서 유해물질, 협잡물, 이물(곰팡이 등 포함) 등이 오염되지 않도록 적절한 관리
　　(4) 식품 : 인체에 유해한 화공약품, 농약, 독극물 등과 같은 것을 함께 보존 및 유통 금지
　　(5) 식품 : 제품의 풍미에 영향을 줄 수 있는 다른 식품 및 식품첨가물 및 식품을 오염시키거나 품질에 영향을 미칠 수 있는 물품 등과는 분리하여 보존 및 유통
　2) 보존 및 유통온도
　　(1) 따로 보존 및 유통방법을 정하지 않은 제품 : 직사광선을 피한 실온에서 보존 및 유통
　　(2) 상온에서 7일 이상 보존성 없는 식품 : 가능한 한 냉장 또는 냉동시설에서 보존 및 유통
　　(3) 이 고시에서 별도로 보존 및 유통온도를 정하고 있지 않은 경우, 실온제품은 1~35℃, 상온제품은 15~25℃, 냉장제품은 0~10℃, 냉동제품은 -18℃ 이하, 온장제품은 60℃ 이상에서 보존 및 유통. 다만 아래의 경우 그러하지 않을 수 있음.
　　　① 냉동제품을 소비자(영업을 목적으로 해당 제품을 사용하기 위한 경우 제외)에게 운반하는 경우 -18℃를 초과할 수 있으나, 이 경우라도 냉동제품은 어느 일부라도 녹아 있는 부분이 없어야 함.

2. 식품일반에 대한 공통기준 및 규격

4. 보존 및 유통기준

2) 보존 및 유통온도

(4) 아래에서 보존 및 유통 온도를 규정하고 있는 제품 : 규정된 온도에서 보존 및 유통

	식품 종류	보존 및 유통온도
①	㉯ 우유류·가공유류·산양유·버터유·농축유류·유청류의 살균제품 ㉱ 물로 세척한 달걀	냉장
②	㉶ 알가공품(액란제품 제외) ㉷ 발효유류 ㉸ 치즈류 ㉹ 버터류 ㉺ 신선편의식품(샐러드제품 제외)	냉장 또는 냉동
③	㉮ 식육(분쇄육, 가금육 제외) ㉯ 포유류(베이컨 또는 가금육이 포장육 제외) ㉰ 식육가공품(분쇄가공육제품 제외)	냉장(-2~10℃) 또는 냉동
④	㉮ 식육(분쇄육, 가금육) ㉯ 포장육(분쇄육 또는 가금육의 포장육) ㉰ 분쇄가공육제품	냉장(-2~5℃) 또는 냉동
⑤	㉮ 신선편의식품(샐러드 제품) ㉯ 훈제연어 ㉰ 알가공품(액란제품)	냉장(0~5℃) 또는 냉동
⑥	㉯ 얼음류	-10℃ 이하

2. 식품일반에 대한 공통기준 및 규격

4. 보존 및 유통기준

3) 보존 및 유통방법   * 2023.1.1 : 유통기한 => 소비기한

(1) 냉장제품, 냉동제품 또는 온장제품을 보존 및 유통할 때에는 일정한 온도 관리를 위하여 냉장 또는 냉동차량 등 규정된 온도로 유지가 가능한 설비를 이용하거나 또는 이와 동등 이상의 효력이 있는 방법으로 하여야 함.

(2) 흡습의 우려가 있는 제품 : 흡습되지 않도록 주의

(3) 냉장제품 : 실온에서 보존 및 유통하거나 실온제품 또는 냉장제품 : 냉동에서 보존 및 유통 금지. 다만, 아래에 해당되는 경우 실온제품 또는 냉장제품의 유통기한 이내에서 냉동으로 보존 및 유통 가능

② 수분 흡습이 방지되도록 포장된 수분 15% 이하의 제품으로서 당해 제품의 제조·가공업자가 제품에 냉동할 수 있도록 표시한 경우

③ 냉동식품을 보조하기 위해 냉동식품과 함께 포장되는 포장단위 20 g 이하의 소스류, 장류, 식용유지류, 향신료가공품

④ 살균 또는 멸균 처리된 음료류와 발효유류 중 해당 제품의 제조·가공업자가 제품에 냉동하여 판매가 가능하도록 표시한 제품(다만, 유리병 용기 제품과 탄산음료류 제외)

⑤ ③~④에 따라 냉동된 실온제품 또는 냉장제품 : 해동하여 보존 및 유통 금지(다만, 상기 ②의 요건에 해당하는 제품 제외)

2. 식품일반에 대한 공통기준 및 규격

4. 보존 및 유통기준

3) 보존 및 유통방법   * 2023.1.1 : 유통기한 => 소비기한

(4) 냉동제품 : 해동시켜 실온제품 또는 냉장제품으로 보존 및 유통 금지. 다만, 아래에 해당하는 경우로서 제품에 냉동포장완료일자, 해동일자, 해동일로부터 유통조건에서의 유통기한(냉동제품으로서의 유통기한 이내)을 별도로 표시한 경우 그러하지 아니할 수 있음.

① 식품제조·가공업 영업자가 냉동제품인 빵류, 떡류, 초콜릿류, 젓갈류, 과·채주스, 또는 기타 수산물가공품(살균 또는 멸균하여 진공포장된 제품에 한함)을 해동시켜 실온제품 또는 냉장제품으로 보존 및 유통하는 경우

② 축산물가공업 중 유가공업 영업자가 냉동된 치즈류 또는 버터류를 해동시켜 실온제품 또는 냉장제품으로 보존 및 유통하는 경우

(7) 해동된 냉동제품 : 재냉동 금지. 다만, 아래의 작업을 하는 경우에는 그러하지 아니할 수 있으나, 작업 후 즉시 냉동 (냉동수산물·냉동식육 가공)

(10) 제품의 운반 및 포장과정에서 용기·포장이 파손되지 않도록 주의, 가능한 한 심한 충격을 주지 않도록 하여야 함. 또한 관제품은 외부에 녹이 발생하지 않도록 보존 및 유통

✎메모

2. 식품일반에 대한 공통기준 및 규격

4. 보존 및 유통기준

4) 유통기간 설정   * 2023.1.1 : 유통기한 => 소비기한

(1) 제품의 유통기간을 설정할 수 있는 영업자의 범위

   ① 식품제조·가공업 영업자   ② 즉석판매제조·가공업 영업자

   ⑧ 수입업자(수입 냉장식품 중 보존 및 유통온도가 국내와 상이하여 국내의 보존 및 유통 온도조건에서 유통하기 위한 경우 또는 수입식품 중 제조자가 정한 유통기한 내에서 별도로 유통기한을 설정하는 경우에 한함)

(2) 유통기간 : 해당제품의 포장재질, 보존조건, 제조방법, 원료배합비율 등 제품의 특성과 냉장 또는 냉동보존 등 유통실정을 고려하여 위해방지와 품질을 보장할 수 있도록 설정

(3) "유통기간"의 산출 : 포장완료(다만, 포장 후 제조공정을 거치는 제품은 최종공정 종료) 시점으로 하고 캡슐제품은 충전·성형완료시점으로 함. 다만, 달걀은 '산란일자'를 유통기간 산출시점으로 함.

(4) 해동하여 출고하는 냉동제품(빵류, 떡류, 초콜릿류, 젓갈류, 과·채주스, 치즈류, 버터류, 기타 수산물가공품(살균 또는 멸균하여 진공포장된 제품에 한함)) : 해동시점을 유통기간 산출시점으로 봄.

(5) 선물세트와 같이 유통기한이 상이한 제품이 혼합된 경우와 단순절단, 식품 등을 이용한 단순결착 등 원료제품의 저장성이 변하지 않는 단순가공처리만을 하는 제품 : 유통기한이 먼저 도래하는 원료제품의 유통기한을 최종제품의 유통기한으로 설정함.

(6) 소분판매하는 제품 : 소분하는 원료제품의 유통기한을 따름.

3. 영·유아 및 고령자를 섭취대상으로 표시·판매 식품의 기준 및 규격

1. 영·유아를 섭취대상으로 표시하여 판매하는 식품

3) 제조·가공기준

(1) 미생물로 인한 위해가 발생하지 않도록 살균 또는 멸균공정을 거쳐야 함.

(5) 타르색소와 사카린나트륨은 사용하여서는 아니됨.

4) 규격

(1) 위생지표균 및 식중독균

규격 항목	제품 특성	n	c	m	M
세균수	① 멸균제품	5	0	0	-
	위 ①, ② 이외의 식품 (분말제품 또는 유산균첨가제품, 치즈류 제외)	5	1	10	100
대장균군 (멸균제품 제외)		5	0	0	-
바실루스 세레우스 (멸균제품 제외)		5	0	100	-
크로노박터 (영아용제품에 한하며, 멸균제품은 제외)		5	0	0/60g	-

(2) 나트륨 : 200 이하(mg/100g) (다만 치즈류는 300 이하)

3. 영·유아 및 고령자를 섭취대상으로 표시·판매 식품의 기준 및 규격

2. 고령자를 섭취대상으로 표시하여 판매하는 식품(고령친화식품)

3) 제조·가공기준

(1) 고령자의 섭취, 소화, 흡수, 대사, 배설 등의 능력을 고려하여 제조·가공

(2) 미생물로 인한 위해가 발생하지 아니하도록 과일류 및 채소류 : 충분히 세척한 후 식품첨가물로 허용된 살균제로 살균 후 깨끗한 물로 충분히 세척(다만, 껍질을 제거하여 섭취하는 과일류, 과채류와 세척 후 가열과정이 있는 과일류 또는 채소류는 제외)

(3) 육류, 식용란 또는 동물성수산물을 원료로 사용하는 경우 충분히 익도록 가열

(4) 고령자의 식품 섭취를 돕기 위하여 다음 중 어느 하나에 적합하도록 제조·가공

   ① 제품 100 g 당 단백질, 비타민 A, C, D, 리보플라빈, 나이아신, 칼슘, 칼륨, 식이섬유 중 3개 이상의 영양성분을 제8. 일반시험법 12. 부표 12.10 한국인 영양소 섭취기준 중 성인 남자 50~64세의 권장 섭취량 또는 충분섭취량의 10% 이상이 되도록 원료식품을 조합하거나 영양성분을 첨가. 다만, 특정 성별·연령군을 대상으로 하는 제품임을 명시하는 경우 해당 인구군의 영양소 섭취기준을 사용 가능

   ② 고령자가 섭취하기 용이하도록 경도 500,000 N/m² 이하로 제조

4) 규격

① 대장균군 : n=5, c=0, m=0 (살균제품에 한함)

② 대장균 : n=5, c=0, m=0 (비살균제품에 한함)

③ 경도 : 500,000 N/m² 이하 (경도조절제품에 한함)

④ 점도 : 1,500 mpa·s 이상 (경도 20,000 N/m² 이하의 점도조절 액상제품에 한함)

4. 장기보존식품의 기준 및 규격

(1) **살균제품** : 그 중심부의 온도를 63℃ 이상에서 30분 가열하거나 이와 같은 수준 이상의 효력이 있는 방법으로 가열 살균하여야 함.

■ **규격** (식육, 포장육, 유가공품, 식육가공품, 알가공품, 식육함유가공품(비살균제품), 어육가공품류(비살균제품), 기타 동물성가공식품(비살균제품)은 제외)

(1) 가열하지 않고 섭취하는 냉동식품

① 세균수 : n=5, c=2, m=100,000, M=500,000(발효제품, 발효제품 첨가 또는 유산균 첨가제품 제외)
② 대장균군 : n=5, c=2, m=10, M=100(살균제품)
③ 대장균 : n=5, c=2, m=0, M=10(살균제품 제외)
④ 유산균수 : 표시량 이상(유산균 첨가제품)

> 통·병조림식품
> 레토르트식품
> 냉동식품

(2) 가열하여 섭취하는 냉동식품

① 세균수 : n=5, c=2, m=1,000,000, M=5,000,000(살균제품은 n=5, c=2, m=100,000, M=500,000, 발효제품, 발효제품 첨가 또는 유산균 첨가제품 제외)
② 대장균군 : n=5, c=2 m=10, M=100(살균제품)
③ 대장균 : n=5, c=2, m=0, M=10(살균제품 제외)
④ 유산균수 : 표시량 이상(유산균 첨가제품)

4. 규격외 일반가공식품의 기준 및 규격

1. 식품유형

1) 곡류가공품 : 곡류를 주원료로 하여 가공한 것
2) 두류가공품 : 두류　　　"
3) 서류가공품 : 서류　　　"
4) 전분가공품 : 전분　　　"
5) 식용유지가공품 : 식용유지(압착한 참기름, 압착한 들기름 제외)
6) 당류가공품 : 당류　　　"
7) 수산물가공품 : 수산물　"
8) 기타가공품:상기 1)~7)에 해당하지 않는 가공식품

2. 규격

1) 성상 : 적합　　　　　　　　2) 이물 : 적합
3) 산가
- 식용유지가공품 : 3.0 이하　　　- 참깨분 및 대두분 : 4.0 이하
- 식용번데기 가공품 또는 유탕·유처리식품 : 5.0 이하
4) 과산화물가 : 60 이하(식용번데기 가공품 또는 유탕·유처리식품)
5) 중금속(mg/kg) : 10 이하(식용유지가공품 또는 당류가공품)
6) 대장균군 : n=5, c=1, m=0, M=10(살균제품)　　　7) 세균수 : n=5, c=0, m=0(멸균제품)
8) 타르색소, 합성보존료, 산화방지제 : 식품첨가물공전에 사용기준이 정하여진 식품에 한하여 검사하며 중요성에 따라 선별 적용 가능
9) 대장균 : n=5, c=1, m=0, M=10(비살균제품 중 더 이상 가공, 가열 조리를 하지 않고 그대로 섭취하는 제품)

5. 식품별 기준 및 규격 - 1. 과자류, 빵류 및 떡류

■ **정의**

- 곡분, 설탕, 계란, 유제품 등을 주원료로 하여 가공한 과자, 캔디류, 추잉껌, 빵류, 떡류

■ **원료 등의 구비요건**

- 부패·변질이 용이한 원료는 냉장 또는 냉동 보관

■ **제조·가공기준**

- 흡입하여 섭취할 수 있는 컵모양 등 젤리 크기 : 다음의 어느 하나에 적합
. 뚜껑과 접촉하는 면의 최소내경이 5.5 cm 이상이고 높이와 바닥면의 최소 내경은 각각 3.5 cm 이상
. 긴 변의 길이가 10 cm 이상이고 너비와 두께가 각각 1.5 cm 미만
. 젤리 내 두 지점을 잇는 가장 긴 직선의 길이가 5.5 ㎝ 이상이고 젤리의 중량이 60 g 이상
- 컵모양 등 젤리의 원료로 다음의 겔화제는 사용할 수 없음.
. 곤약, 글루코만난

✎메모

✎메모

5. 식품별 기준 및 규격 - 1. 과자류, 빵류 및 떡류

■ 식품유형
- 과자
  - 곡분 등을 주원료로 하여 굽기, 팽화, 유탕 등의 공정을 거친 것이거나 이에 식품 또는 식품 첨가물을 가한 것으로 비스킷, 웨이퍼, 쿠키, 크래커, 한과류, 스낵과자 등
- 캔디류
  - 당류, 당알코올, 앙금 등을 주원료로 하여 이에 식품 또는 식품첨가물을 가하여 성형 등 가공한 것으로 사탕, 캐러멜, 양갱, 젤리 등
- 추잉껌
  - 천연 또는 합성수지 등을 주원료로 한 껌베이스에 다른 식품 또는 식품첨가물을 가하여 가공한 것
- 빵류
  - 밀가루 또는 기타 곡분, 설탕, 유지, 계란 등을 주원료로 하여 이를 발효시키거나 발효하지 않고 반죽한 것 또는 크림, 설탕, 계란 등을 주원료로 하여 반죽하여 냉동한 것과 이를 익힌 것으로서 식빵, 케이크, 카스텔라, 도넛, 피자, 파이, 핫도그, 티라미스, 무스케익 등
- 떡류
  - 쌀가루, 찹쌀가루, 감자가루 또는 전분이나 기타 곡분 등을 주원료로 하여 이에 식염, 당류, 곡류, 두류, 채소류, 과일류 또는 주류 등을 가하여 반죽한 것 또는 익힌 것

5. 식품별 기준 및 규격 - 1. 과자류, 빵류 및 떡류

■ 규격
- 산가 : 2.0 이하(유탕·유처리 과자, 한과류는 3.0 이하)
- 허용외 타르색소 : 불검출(캔디류, 추잉껌, 빵류)
- ~~사카린나트륨 : 불검출(떡류)~~
- 산화방지제(g/kg) : 다음에서 정하는 것 이외의 산화방지제 불검출(추잉껌)
- 보존료(g/kg) : 다음에서 정하는 것 이외의 보존료 불검출(빵류)
  - 프로피온산, 프로피온산나트륨, 프로피온산칼슘 : 2.5 이하(프로피온산 기준, 빵류)
- 세균수 : n=5, c=2, m=10,000, M=50,000(과자, 캔디류 밀봉제품, 발효제품 또는 유산균 함유제품 제외)
- 황색포도상구균, 살모넬라 : n=5, c=0, m=0/10g(크림(우유, 달걀, 유크림, 식용유지를 주원료로 이에 식품이나 식품첨가물을 가하여 혼합 또는 공기혼입 등의 가공공정을 거친 것)을 도포 또는 충전 후 가열살균하지 않고 그대로 섭취하는 빵류)
- 대장균 : n=5, c=1, m=0, M=10(떡류)
- 압착강도(Newton) : 5 이하(컵모양, 막대형 등 젤리)
- 총 아플라톡신(μg/kg) : 15.0 이하(B_1, B_2, G_1 및 G_2 합, 단 B_1은 10.0 μg/kg 이하, 땅콩 및 견과류 함유 과자, 캔디류, 추잉껌)
- 푸모니신(mg/kg) : 1 이하(B_1 및 B_2 합, 단, 옥수수 50% 이상 함유 과자, 캔디류, 추잉껌)
- 납(mg/kg) : 0.2 이하(캔디류)

5. 식품별 기준 및 규격 - 2-4. 얼음류

■ 식품유형
- 식용얼음
  - 식품의 제조·가공·조리 등에 직접 사용하거나 그대로 먹기 위하여 먹는물을 얼린 얼음

■ 규격

구분 항목	식용얼음	어업용 얼음
염소이온(mg/L)	250 이하	-
질산성질소(mg/L)	10.0 이하	-
암모니아성질소(mg/L)	0.5 이하	-
과망간산칼륨소비량(mg/L)	10.0 이하	-
pH	5.8~8.5	5.8~8.5
증발잔류물(mg/L)	-	1,500 이하
세균수	n=5, c=2, m=100, M=1,000	n=5, c=2, m=100, M=1,000
대장균군	n=5, c=2, m=0, M=10/50mL	n=5, c=2, m=0, M=10/50mL

5. 식품별 기준 및 규격 - 3. 코코아가공품류 및 초콜릿류

■ 정의
- 테오브로마 카카오(*Theobroma cacao*)의 씨앗으로부터 얻은 코코아매스, 코코아버터, 코코아분말 등이거나 이에 식품 또는 식품첨가물을 가하여 가공한 기타 코코아가공품, 초콜릿, 밀크초콜릿, 화이트초콜릿, 준초콜릿, 초콜릿가공품

3-1. 코코아가공품류

■ 식품유형
- 코코아매스 : 카카오씨앗을 껍질을 벗겨서 곱게 분쇄시킨 것
- 코코아버터 : 카카오씨앗의 껍질을 벗긴 후 압착 또는 용매추출하여 얻은 지방
- 코코아분말 : 카카오씨앗을 볶은 후 껍질을 벗겨 지방을 제거한 덩어리를 분말화한 것
- 기타 코코아가공품 : 카카오열씨앗에서 얻은 원료를 분쇄, 압착 등 단순가공한 것이나, 이에 식품 또는 식품첨가물 등을 혼합한 것으로 코코아매스, 코코아버터, 코코아분말 이외의 것, 초콜릿류, 과자류, 빵류 또는 떡류에 속하는 것은 제외

■ 규격
- 납(mg/kg) : 2.0 이하(코코아분말)
- 요오드가 : 33~42(코코아버터)
- 살모넬라 : n=5, c=0, m=0/25 g

5. 식품별 기준 및 규격 - 3. 코코아가공품류 및 초콜릿류

3-2 초콜릿류

■ 식품유형
- 초콜릿 : 코코아가공품류에 식품 또는 식품첨가물 등을 가하여 가공한 것으로 코코아 고형분 함량 30% 이상(코코아버터 18% 이상, 무지방 코코아 고형분 12% 이상)
- 밀크초콜릿 : 식품 또는 식품첨가물 등을 가하여 가공한 것으로 코코아 고형분을 20% 이상 (무지방 코코아 고형분 2.5% 이상) 함유하고 유고형분이 12% 이상(유지방 2.5% 이상)인 것
- 화이트초콜릿 : 코코아가공품류에 식품 또는 식품첨가물 등을 가하여 가공한 것으로서, 코코아버터를 20% 이상 함유하고, 유고형분이 14% 이상(유지방 2.5% 이상)인 것
- 준초콜릿 : 식품 또는 식품첨가물 등을 가하여 가공한 것으로서 코코아 고형분 함량 7% 이상인 것
- 초콜릿가공품 : 견과류, 캔디류, 비스킷류 등 식용 가능한 식품에 (초콜릿) ~ (준초콜릿)의 초콜릿류를 혼합, 코팅, 충전 등의 방법으로 가공한 복합제품으로 코코아 고형분 함량 2% 이상인 것

5. 식품별 기준 및 규격 - 3. 코코아가공품류 및 초콜릿류

■ 제조·가공기준
- 알코올성분을 첨가할 수 없음. 다만, 제조공정상 알코올성분으로 제품의 맛, 향의 보조, 냄새 제거 등의 목적으로 사용하고자 하는 경우에는 알코올성분 기준으로 할 때 1% 미만으로 사용 가능

■ 규격
- 허용외 타르색소 : 불검출
- 세균수 : n=5, c=2, m=10,000, M=50,000(밀봉제품에 한하며, 발효제품 또는 유산균 첨가 제품 제외)
- 유산균수 : 표시량 이상(유산균 함유제품)
- 살모넬라 : n=5, c=0, m=0/25 g

5. 식품별 기준 및 규격 - 4-1. 설탕류

■ 규격

항목 \ 유형	설탕	기타설탕
성상	무색~갈색의 단맛을 가진 결정, 결정성 분말, 덩어리 형태	-
당도(%)	99.7 이상 (단, 갈색설탕은 97.0 이상)	86.0 이상
사카린나트륨	불검출	
납(mg/kg)	0.5 이하	1.0 이하
이산화황(g/kg)	0.020 미만	

5. 식품별 기준 및 규격 - 5. 잼류

■ 규격

- 타르색소 : 불검출
- 납(mg/kg) : 1.0 이하
- 보존료(g/kg) : 다음이 정하는 것 이외의 보존료는 불검출

소브산 소브산칼륨 소브산칼슘	1.0 이하(소브산으로서)
안식향산 안식향산나트륨 안식향산칼륨 안식향산칼슘	1.0 이하(안식향산으로서)
파라옥시안식향산메틸 파라옥시안식향산에틸	1.0 이하(파라옥시안식향산으로서)
프로피온산 프로피온산나트륨 프로피온산칼슘	1.0 이하(프로피온산으로서)
상기의 보존료를 병용 사용 시	1.0 이하(소브산, 안식향산, 파라옥시안식향산 및 프로피온산의 합으로서)

5. 식품별 기준 및 규격 - 7. 식용유지류

■ 규격

항목 유형	콩기름	옥수수기름	채종유	미강유
산가	0.6 이하(압착유는 4.0 이하)			
요오드가	123~142(고올레산 제품은 75~95)	103~130	95~127	92~115

항목 유형	참기름	추출참깨유	들기름	추출들깨유
산가	4.0 이하	0.6 이하	5.0 이하	0.6 이하
요오드가	103~118	103~118	160~209	160~209
산화방지제 (g/kg)	-	-	다음에서 정하는 것 이외의 산화방지제는 불검출	
			부틸히드록시아니솔 디부틸히드록시톨루엔 터셔리부틸히드로퀴논	0.2 이하(병용할 때는 부틸 히드록시 아니솔, 디부틸 히드록시톨루엔 및 터셔리 부틸히드로 퀴논으로서의 사용량의 합계가 0.2 이하)
			몰식자산프로필	0.1 이하
리놀렌산(%)*	0.5 이하	-	-	-
에루스산(%)	불검출	-	-	-

5. 식품별 기준 및 규격 - 9-1. 다류

■ 정의
- 식물성 원료를 주원료로 제조·가공한 기호성 식품으로서 침출차, 액상차, 고형차

■ 식품유형
- 침출차 : 식물의 어린 싹이나 잎, 꽃, 줄기, 뿌리, 열매 또는 곡류 등을 주원료로 하여 가공한 것으로서 물에 침출하여 그 여액을 음용하는 기호성 식품
- 액상차 : 식물성 원료를 주원료로 추출 등 방법으로 가공한 것(추출액, 농축액 또는 분말)이거나 이에 식품 또는 식품첨가물을 가한 시럽상 또는 액상의 기호성 식품
- 고형차 : 식물성 원료를 주원료로 가공한 것으로 분말 등 고형의 기호성 식품

■ 규격
- 타르색소 : 불검출
- 납(mg/kg) : 침출차 5.0 이하, 액상차 0.3 이하, 고형차 2.0 이하
- 카드뮴(mg/kg) : 0.1 이하(액상차)
- 주석(mg/kg) : 150 이하(알루미늄 캔 이외의 액상 캔제품)
- 세균수 : n=5, c=1, m=100, M=1,000(액상제품)
- 대장균군 : n=5, c=1, m=0, M=10(액상제품)

5. 식품별 기준 및 규격 - 9-2. 커피

■ 정의
- 커피원두를 가공한 것이거나 또는 이에 식품 또는 식품첨가물을 가한 것으로서 볶은커피(커피원두를 볶은 것 또는 이를 분쇄한 것), 인스턴트커피(볶은커피의 가용성추출액을 건조한 것), 조제커피, 액상커피(유가공품에 커피를 혼합하여 음용하도록 만든 것으로서 커피 고형분 0.5% 이상인 제품 포함)

■ 규격
- 납(mg/kg) : 2.0 이하
- 주석(mg/kg) : 150 이하(알루미늄 캔 이외의 액상 캔제품)
- 허용외 타르색소 : 불검출
- 세균수 : n=5, c=1, m=100, M=1,000(액상제품 중 더 이상 제조·가공하지 않고 그대로 섭취하는 제품)
- 대장균군 : n=5, c=1, m=0, M=10(액상제품 중 더 이상 제조·가공하지 않고 그대로 섭취하는 제품)

5. 식품별 기준 및 규격 - 9-3. 과일·채소류음료

■ 정의
- 과일 또는 채소를 주원료로 하여 가공한 것으로서 직접 또는 희석하여 음용하는 것으로 농축과·채즙, 과·채주스, 과·채음료

■ 제조·가공기준
- 과일 및 채소류는 물로 충분히 세척

■ 규격
- 납(mg/kg) : 0.05 이하
- 카드뮴(mg/kg) : 0.1 이하
- 주석(mg/kg) : 150 이하(알루미늄 캔 이외의 캔 제품)
- 세균수 : n=5, c=1, m=100, M=1,000 (다만, 가열하지 아니한 제품 또는 가열하지 아니한 원료가 함유된 제품은 n=5, c=1, m=100,000, M=500,000 이하)
- 대장균군 : n=5, c=1, m=0, M=10 (다만, 가열하지 아니한 제품 또는 가열하지 아니한 원료가 함유된 제품 제외)
- 장출혈성 대장균 : n=5, c=1, m=0, M=10 (가열하지 아니한 제품 또는 가열하지 아니한 원료 함유제품)
- 보존료(g/kg) : 다음에서 정하는 것 이외의 보존료 불검출
- 바실러스 세레우스 : 1 mL 당 1,000 이하(비가열제품 또는 비가열함유 제품)

5. 식품별 기준 및 규격 - 13-6. 식염

■ 식품유형

- **천일염** : 염전에서 해수를 자연 증발시켜 얻은 염화나트륨이 주성분인 결정체와 이를 분쇄, 세척, 탈수 또는 건조한 염
- 재제소금(재제조소금) : 원료 소금(100%)을 정제수, 해수 또는 해수농축액 등으로 용해, 여과, 침전, 재결정, 탈수의 과정을 거쳐 제조한 소금
- 태움·용융소금 : 원료 소금(100%)을 태움·용융 등의 방법으로 그 원형을 변형한 소금. 다만, 원료 소금을 세척, 분쇄, 압축의 방법으로 가공한 것은 제외
- 정제소금 : 해수(해양심층수 포함)를 농축·정제한 농축함수 또는 원료소금(100%)을 용해한 물을 증발설비 등에 넣어 제조한 소금
- 기타소금 : 식염 중 위 식품유형 이외의 소금으로 암염이나 호수염 등을 식용에 적합하도록 가공하여 분말, 결정형 등으로 제조한 소금
- 가공소금 : 유형이 상이한 식염을 서로 혼합하거나 천일염, 재제소금, 태움·용융소금, 정제소금, 기타소금을 50% 이상 사용하여 식품 또는 식품첨가물을 가해 가공한 소금

■ 규격

- 염화나트륨(%), 수분(%), 불용분(%), 황산이온(%), 비소(mg/kg), 납, 카드뮴, 수은, 페로시안화이온(g/kg)

5. 식품별 기준 및 규격 - 15-4. 주정

■ 규격

항 목	주 정	곡물주정
성 상	무색투명하고 부유물 및 이미, 이취가 없을 것	무색투명하고 고유 향미가 있을 것
에탄올(v/v%)	95 이상	85~90
증발잔류물(mg/100 g)	2.5 이하	2.5 이하
총산(초산 w/v%)	0.002 이하	0.05 이하
알데히드(아세트알데히드 mg/100 mL)	1 이하	10 이하
메탄올(mg/mL)	0.15 이하	0.5 이하
퓨젤유(v/v%)	0.01 이하	0.5 이하
구리(mg/kg)	-	3 이하
과망간산 환원성 물질	5분 이내에 표준액보다 퇴색되지 않을 것	-
황산정색물	불검출	-
염화물	불검출	-

5. 식품별 기준 및 규격 - 16-2. 밀가루류

■ 식품유형

- 밀가루
- 영양강화 밀가루 : 밀가루에 영양강화와 관련된 식품 및 식품첨가물을 가한 밀가루
- 기타 밀가루

■ 규격

구 분\n\n항 목	밀가루				영양강화 밀가루
	1등급	2등급	3등급	기 타	
수 분(%)	15.5 이하				
회 분(%)	0.6 이하	0.9 이하	1.6 이하	2.0 이하	2.0 이하
사 분(%)	0.03 이하				
납(mg/kg)	0.2 이하				
카드뮴(mg/kg)	0.2 이하				

5. 식품별 기준 및 규격 - 16-3. 땅콩 또는 견과류가공품류

✎메모

■ 정의
- 땅콩 또는 견과류를 단순가공하거나 이에 식품 또는 식품첨가물을 가하여 가공한 땅콩버터, 땅콩 또는 견과류가공품

■ 식품유형
- 땅콩버터 : 땅콩을 볶아 분쇄하여 식품, 식품첨가물을 가하여 가공한 것
- 땅콩 또는 견과류가공품 : 땅콩 또는 견과류를 단순가공하거나 이를 주원료로 하여 설탕, 식용유지 등의 식품이나 식품첨가물을 가하여 가공한 것

■ 규격
- 총 아플라톡신(μg/kg) : 15.0 이하(B_1, B_2, G_1 및 G_2의 합으로서, 단 B_1은 10.0 μg/kg 이하)
- 살모넬라 : n=5, c=0, m=0/25 g

5. 식품별 기준 및 규격 - 16-7. 기타농산물가공품류

■ 정의
- 과일, 채소, 곡류, 두류, 서류, 버섯 등 농산물을 가공한 것을 말한다. 다만, 따로 기준 및 규격이 정하여진 것은 제외

■ 식품유형
- 과·채가공품 : 과일류, 채소류 또는 버섯류를 주원료로 하여 제조·가공하거나 이에 식품 또는 식품첨가물을 가하여 가공한 것
- 곡류가공품 : 쌀, 밀, 옥수수 등 곡류를 주원료로 하여 제조·가공하거나 이에 식품 또는 식품첨가물을 가하여 가공한 것
- 두류가공품 : 콩, 녹두, 팥 등 두류를 주원료로 하여 제조·가공하거나 이에 식품 또는 식품첨가물을 가하여 가공한 것
- 서류가공품 : 감자, 고구마, 토란 등 서류를 주원료로 하여 제조·가공하거나 이에 식품 또는 식품첨가물을 가하여 가공한 것
- 기타 농산가공품 : 농산물을 주원료로 하여 제조·가공하거나 이에 식품 또는 식품첨가물을 가하여 가공한 것으로서 다른 유형에 속하지 않는 것

5. 식품별 기준 및 규격 - 16-7. 기타농산물가공품류

■ 규격
- 성상 : 적합
- 이물 : 적합
- 산가 : 4.0 이하(참깨분, 대두분), 5.0 이하(유탕·유처리식품)
- 과산화물가 : 60 이하(유탕·유처리식품)
- 타르색소 : 불검출(과·채가공품)
- 대장균군 : n=5, c=1, m=0, M=10(살균제품)
- 세균수 : n=5, c=0, m=0(멸균제품)
- 대장균 : n=5, c=1, m=0, M=10(비살균제품 중 더 이상 가공, 가열 조리를 하지 않고 그대로 섭취하는 비살균제품)
- 총 아플라톡신(μg/kg) : 15.0 이하(B_1, B_2, G_1 및 G_2의 합으로서, 단 B_1은 10.0 μg/kg 이하 이어야 하며 곡류가공품 중 팝콘용옥수수가공품)

✎메모

5. 식품별 기준 및 규격 - 17-2. 소시지류

■ 규격

- 아질산 이온(g/kg) : 0.07 이하
- 보존료(g/kg) : 다음에서 정하는 이외의 보존료 불검출

소브산 소브산칼륨 소브산칼슘	2.0 이하(소브산으로서)

- 세균수 : n=5, c=0, m=0(멸균제품)
- 대장균 : n=5, c=2, m=10, M=100(발효소시지)
- 대장균군 : n=5, c=2, m=10, M=100(살균제품)
- 장출혈성 대장균 : n=5, c=0, m=0/25 g(식육을 분쇄하여 케이싱에 충전 후 냉장·냉동한 제품)
- 살모넬라 : n=5, c=0, m=0/25g(살균제품 또는 그대로 섭취하는 제품)
- 리스테리아 모노사이토제네스 : n=5, c=0, m=0/25g(살균제품 또는 그대로 섭취하는 제품)
- 황색포도상구균 : n=5, c=1, m=10, M=100(살균제품 또는 그대로 섭취하는 제품. 다만, 발효소시지는 n=5, c=2, m=10, M=100)

5. 식품별 기준 및 규격 - 19-1. 우유류

■ 규격

- 산 도(%) : 0.18 이하(젖산으로)
- 유지방(%) : 3.0 이상(다만, 저지방제품은 0.6 ~ 2.6, 무지방제품은 0.5 이하)
- 세균수 : n=5, c=2, m=10,000, M=50,000(멸균제품은 55℃에서 1주 또는 30℃에서 2주 보관 후 일반세균수 시험법에 의할 때 n=5, c=0, m=0. 다만, 유산균 첨가제품은 제외)
- 대장균군 : n=5, c=2, m=0, M=10(멸균제품은 제외)
- 포스파타제 : 음성(저온장시간 살균제품, 고온단시간 살균제품)
- 살모넬라 : n=5, c=0, m=0/25g
- 리스테리아 모노사이토제네스 : n=5, c=0, m=0/25g
- 황색포도상구균 : n=5, c=0, m=0/25g

5. 식품별 기준 및 규격 - 19-8. 버터류

■ 규격

항목	버터	가공버터	버터오일
수 분(%)	18.0 이하	18.0 이하	0.3 이하
유지방(%)	80.0 이상	30.0 이상	99.6 이상
산 가	2.8 이하(단, 발효제품 제외)	2.8 이하(단, 발효제품 제외)	2.8 이하
지방의 낙산가	20.0±2	-	20.0±2
타르색소	불검출		
대장균군	n=5, c=2, m=0, M=10		
살모넬라	n=5, c=0, m=0/25g		
리스테리아 모노사이토제네스	n=5, c=0, m=0/25g		
황색포도상구균	n=5, c=0, m=0/25g		
산화방지제(g/kg) : 다음에서 정하는 이외의 산화방지제 불검출			
부틸히드록시아니솔 디부틸히드록시톨루엔 터셔리부틸히드로퀴논	0.2 이하(병용할 때에는 부틸히드록시아니솔, 디부틸히드록시톨루엔 및 터셔리부틸히드로퀴논으로서의 사용량의 합계가 0.2이하)		
몰식자산 프로필	0.1 이하		
보존료(g/kg) : 다음에서 정하는 이외의 보존료 불검출			
데히드로초산나트륨	0.5 이하(데히드로초산으로서)		

5. 식품별 기준 및 규격 - 19-9. 치즈류

■ 규격

유 형 항 목	자연치즈	가공치즈
대장균	n=5, c=1, m=10, M=100	-
대장균군	-	n=5, c=2, m=10, M=100
살모넬라	n=5, c=0, m=0/25g	
리스테리아 모노사이토제네스	n=5, c=0, m=0/25g	
황색포도상구균	n=5, c=2, m=10, M=100	
클로스트리디움 퍼프린젠스	n=5, c=2, m=10, M=100 (비살균원유로 만든 치즈에 한함)	
장출혈성 대장균	n=5, c=0, m=0/25g(비살균원유로 만든 치즈에 한함)	
보존료(g/kg) : 다음에서 정하는 이외의 보존료 불검출		
데히드로초산나트륨	0.5 이하(데히드로초산으로서)	
소브산 소브산칼륨 소브산칼슘	3.0 이하(소브산으로서 기준하며, 프로피온산칼슘 또는 프로피온산나트륨을 병용할 때에는 소브산 및 프로피온산의 사용량의 합계가 3.0 이하)	
프로피온산 프로피온산칼슘 프로피온산나트륨	3.0 이하(프로피온산으로서 기준하며, 소브산, 소브산칼륨 또는 소브산칼슘을 병용할 때에는 프로피온산 및 소브산의 사용량의 합계가 3.0 이하)	

5. 식품별 기준 및 규격 - 23-2. 즉석섭취편의식품류

■ 정의

- 소비자가 별도의 조리과정 없이 그대로 또는 단순조리과정을 거쳐 섭취할 수 있도록 제조·가공·포장한 즉석섭취식품, 신선편의식품, 즉석조리식품, 간편조리세트
- 다만, 따로 기준 및 규격이 정하여져 있는 식품은 그 기준·규격에 의함

■ 식품유형

- 즉석섭취식품 : 동·식물성 원료를 식품이나 식품첨가물을 가하여 제조·가공한 것으로서 더 이상의 가열, 조리과정 없이 그대로 섭취할 수 있는 도시락, 김밥, 햄버거, 선식 등
- 신선편의식품 : 농·임산물을 세척, 박피, 절단 또는 세절 등의 가공공정을 거치거나 이에 단순히 식품 또는 식품첨가물을 가한 것으로서 그대로 섭취할 수 있는 샐러드, 새싹채소 등
- 즉석조리식품 : 동·식물성 원료를 식품이나 식품첨가물을 가하여 제조·가공한 것으로서 단순가열 등의 조리과정을 거치거나 이와 동등한 방법을 거쳐 섭취할 수 있는 국, 탕, 수프, 순대 등 (다만, 간편조리세트에 속하는 것은 제외)
- 간편조리세트 : 조리되지 않은 손질된 농·축·수산물과 가공식품 등 조리에 필요한 정량의 식재료와 양념 및 조리법으로 구성되어, 제공되는 조리법에 따라 소비자가 가정에서 간편하게 조리하여 섭취할 수 있도록 제조한 제품

5. 식품별 기준 및 규격 - 23-2. 즉석섭취편의식품류

■ 규격

유 형 항 목	신선편의식품	즉석섭취식품	즉석조리식품	간편조리세트
세균수	n=5, c=0, m=0(멸균제품)			-
대장균군	-		n=5, c=1, m=0, M=10 (살균제품)	-
대장균	n=5, c=1, m=10, M=100	n=5, c=1, m=0, M=10	n=5, c=1, m=0, M=10 (살균, 멸균제품 제외)	n=5, c=1, m=0, M=10
황색포도상구균	1 g당 100 이하			
살모넬라	n=5, c=0, m=0/25 g			
장염비브리오	1 g당 100 이하(살균 또는 멸균 처리되지 않은 해산물 함유제품)		-	1 g당 100 이하(살균 또는 멸균처리 되지 않은 해산물 함유제품)
장출혈성 대장균	n=5, c=0, m=0 /25 g	-		n=5, c=0, m=0/25 g (가열 조리하지 않고 섭취하는 농축수산물 함유제품)
바실루스 세레우스	1 g당 1,000 이하		-	-
클로스트리디움 퍼프린젠스	1 g당 100 이하		-	-

6. 식품접객업소 조리식품 등에 대한 기준 및 규격

■ 정의

- 식품접객업소(집단급식소 포함)의 조리식품 : 유통판매를 목적으로 하지 아니하고 조리 등의 방법으로 손님에게 직접 제공하는 모든 음식물(음료수, 생맥주 등 포함)

■ 원료 기준

● 원료의 구비요건

(1) 원료는 선도가 양호한 것으로서 부패·변질되었거나 유독·유해물질 등에 오염되지 아니한 것이어야 한다.

(2) 원료 및 기구 등의 세척, 식품의 조리, 먹는물 등으로 사용되는 물은 「먹는물 관리법」의 수질기준에 적합한 것이어야 하며, 노로바이러스가 검출되어서는 아니된다(수돗물 제외).

(3) 식품접객업소에서 사용하는 얼음은 세균수가 1 ㎖당 1,000 이하, 대장균 및 살모넬라가 250 ㎖당 음성이어야 하며, 기타 이화학적 규격은 제 4. 식품별 기준 및 규격 2-4 얼음류의 기준 및 규격에 적합한 것이어야 한다.

(4) 식용을 목적으로 채취, 취급, 가공, 제조 또는 관리되지 아니한 동·식물성 원재료는 식품의 조리용으로 사용하여서는 아니 된다.

6. 식품접객업소 조리식품 등에 대한 기준 및 규격

■ 원료 기준

● 원료의 보관 및 저장

- 공통

(1) 모든 식품 등은 위생적으로 취급하여야 하며 쥐, 바퀴벌레 등 위해생물에 의하여 오염되지 않도록 보관하여야 한다.

(2) 식품 등은 세척제나 인체에 유해한 화학물질, 농약, 독극물 등과 함께 보관하여서는 아니 된다.

(3) 기준규격이 정해진 식품 등은 정해진 기준에 따라 보관·저장하여야 하며, 농·임·축·수산물 중 선도를 유지해야 하는 원료의 경우에는 냉장 또는 냉동 보관하여야 한다.

(4) 세척 등 전처리를 거쳐 식품에 바로 사용할 수 있는 식품이나 가공식품은 바닥으로부터 오염되지 않도록 용기 등에 담아서 청결한 장소에 보관하여야 한다.

(5) 개별표시된 식품 등을 제외하고, 냉장으로 보관하여야 하는 경우에는 10℃ 이하, 냉동으로 보관하여야 하는 경우에는 -18℃ 이하에서 보관하여야 한다.

(6) 냉동식품의 해동
① 냉동식품의 해동은 위생적으로 실시하여야 한다.
② 해동 후 바로 사용하지 않는 경우 조리 시까지 냉장 보관하여야 한다.
③ 한 번 해동한 식품의 경우 다시 냉동하여서는 아니 된다.

6. 식품접객업소 조리식품 등에 대한 기준 및 규격

■ 원료 기준

● 원료의 보관 및 저장

- 식품별

(1) 곡류(쌀, 보리, 밀가루 등)
① 건조하고 서늘한 곳에 위생적으로 보관하여야 한다.
② 곰팡이가 피거나 색깔이 변하지 않도록 보관하여야 한다.

(2) 유지류(참기름, 들기름, 현미유, 옥수수기름, 콩기름 등) 및 유지함유량이 많은 견과류 등은 직사광선을 받지 아니하는 서늘한 곳에 보관하거나 냉장 또는 냉동 보관하여야 한다.

(3) 축·수산물(쇠고기, 돼지고기, 생선 등)은 각각 위생적으로 포장하여 다른 식품과 용기, 포장 등으로 구분하여 냉장 또는 냉동 보관하여야 한다.

(4) 과일 및 채소류(사과, 배, 복숭아, 포도, 배추, 무, 양파, 오이, 양배추, 시금치 등)는 세척한 과일·채소와 세척하지 않은 과일·채소가 섞이지 않도록 따로 보관하여야 한다.

(5) 기타식품
① 조미식품은 이물의 혼입이나 오염방지를 위하여 마개나 덮개를 닫아 보관하여야 한다.

6. 식품접객업소 조리식품 등에 대한 기준 및 규격

✎메모

■ 조리 및 관리기준

(1) 사용 중인 튀김용 유지는 산가 3.0 이하이어야 한다.

(2) 식품의 조리에 직접 접촉하는 기구류는 부식 등으로 인한 오염이 되지 않도록 관리하여야 한다.

(3) 조리한 식품은 위생적인 용기 등에 넣어 조리하지 않은 식품과 교차오염되지 않도록 관리하여야 한다.

(4) 가능한 한 조리한 식품 중 냉면육수 등 찬 음식의 보관은 10℃ 이하에서, 따뜻한 음식의 보관은 60℃ 이상에서 보관하여야 한다.

(6) 야채 또는 과실의 세척에 세척제를 사용하는 경우에는 「위생용품의 규격 및 기준」(보건복지부 고시)에 따른 야채 또는 과실용 세척제의 규격에 적합한 것을 사용하여야 하며, 야채 또는 과실 외에는 세척제를 사용하여서는 아니 된다.

(7) 소비자가 그대로 섭취할 수 있는 냉동제품은 해동 후 24시간 이내에 한하여 해동 판매할 수 있다.

6. 식품접객업소 조리식품 등에 대한 기준 및 규격

■ 규격
● 조리식품 등
- **성상** : 고유의 색택과 향미를 가지고 이미·이취가 없어야 한다.
- **이물** : 식품은 원료의 처리과정에서 그 이상 제거되지 아니하는 정도 이상의 이물과 오염된 비위생적인 이물을 함유하여서는 아니 된다. 다만 다른 식품이나 원료식물의 표피 또는 토사 등과 같이 실제에 있어 정상적인 조리과정 중 완전히 제거 되지 아니 하고 잔존하는 경우의 이물로서 그 양이 적고 일반적으로 인체의 건강을 해할 우려가 없는 정도는 제외한다.
- **식중독균** : 식품접객업소(집단급식소 포함)에서 조리된 식품은 살모넬라(Salmonella spp.), 황색포도상구균(Staphylococcus aureus), 리스테리아 모노사이토제네스(Listeria mono-cytegenes), 장출혈성 대장균(Enterohemorrhagic Escherichia coli), 캠필로박터 제주니/콜리(Camplyobacter jejuni/coli), 여시니아 엔테로콜리티카(Yersinia entero-colitica) 등 식중독균이 음성이어야 하며, 장염비브리오균(Vibrio parahaemolyticus), 클로스트리디움 퍼프린젠스(Clostridium perfringens) g당 100 이하, 바실러스 세레우스(Bacillus cereus) g당 10,000 이하이어야 한다. 다만, 조리과정 중 가열처리를 하지 않거나 가열 후 조리한 식품 경우 황색포도상구균(Staphylococcus aureus)은 g당 100 이하이어야 한다.

6. 식품접객업소 조리식품 등에 대한 기준 및 규격

■ 규격
● 조리식품 등
- **대장균** : 1g당 10 이하(단순 절단을 포함하여 직접 조리한 식품에 한함)
- **세균수** : 3,000/g 이하이어야 한다(슬러쉬에 한한다. 단, 유가공품, 유산균, 발효식품 및 비가열제품이 함유된 경우에는 제외)
- 산가 및 과산화물가(유탕 또는 유처리한 조리식품에 한함)
  ① 산가 : 5.0 이하　② 과산화물가 : 60.0 이하
- *** 얼음** : 세균수 1,000 이하/ml, 대장균 및 살모넬라 음성/250 ml
- *** 튀김용 유지** : 산가 3.0 이하
● 접객용 음용수
- **대장균** : 음성/250 mL
- **살모넬라** : 음성/250 mL
- **여시니아 엔테로콜리티카** : 음성/250 mL
● 조리기구 등
- **행주**(사용 중인 것은 제외) : 대장균 음성
- **칼·도마 및 숟가락, 젓가락, 식기, 찬기 등 음식을 먹을 때 사용하거나 담는 것**(사용 중인 것은 제외) : 살모넬라 음성, 대장균 음성

IV-4. 식품첨가물공전
(Food Additive Code)

1. 식품첨가물 종류

■ **식품첨가물** (법 제2조 2호)
- 식품을 제조·가공 또는 보존하는 과정에서 식품에 넣거나 섞는 물질 또는 식품을 적시는 등에 사용되는 물질
- 이 경우 기구·용기·포장을 살균·소독하는 데에 사용되어 간접적으로 식품으로 옮아갈 수 있는 물질을 포함
  ● **화학적 합성품** (법 제2조 3호)
  - 화학적 수단으로 원소(元素) 또는 화합물에 분해반응 외의 화학반응을 일으켜서 얻은 물질
  ● **천연첨가물**
  - 천연인 동물, 식물, 광물 등으로부터 유용한 성분을 추출·농축·분리·정제 등의 방법으로 얻은 물질
  ● **혼합제제류**
  - 식품첨가물을 2종 이상 혼합하거나 1종 또는 2종 이상 혼합한 것을 희석제와 혼합 또는 희석한 것
  ● **기구 등의 살균소독제**
  - 기구 및 용기·포장의 살균·소독 목적으로 사용되는 것

1. 식품첨가물 종류

■ **사용목적 및 용도에 따른 분류**

- 감미료	- 응고제
- 고결방지제	- 제조용제
- 거품제거제	- 젤형성제
- 껌기초제	- 증점제
- 밀가루개량제	- 착색료
- 발색제	- 청관제
- 보존료	- 추출용제
- 분사제	- 충전제
- 산도조절제	- 팽창제
- 산화방지제	- 표백제
- 살균제	- 표면처리제
- 습윤제	- 피막제
- 안정제	- 향미증진제
- 여과보조제	- 향료
- 영양강화제	- 효소제
- 유화제	- 가공보조제(살균제, 여과보조제, 이형제,
- 이형제	제조용제, 청관제, 추출용제, 효소제)

2. 사용목적 및 사용방법

■ 사용목적
- 식품의 풍미, 외관 향상
- 식품의 보존성 향상, 식중독 예방
- 식품의 품질 향상
- 식품의 제조·가공 보조
- 영양소의 보충, 강화 등

■ 사용방법
- 영업자와 종업원 모두 정확한 지식을 가지고 올바르게 사용
- 올바른 식품첨가물 선택
- 효과적이고 경제적인 사용방법 확인
- 사용기준 준수
- 보관에 주의

3. 식품첨가물공전 구성

Ⅰ. 총칙

Ⅱ. 식품첨가물 및 혼합제제류
  1. 제조기준
  2. 일반사용기준
  3. 보존 및 유통기준
  4. 품목별 성분규격
    가. 식품첨가물
    나. 혼합제제류
  5. 품목별 사용기준

Ⅲ. 기구 등의 살균소독제
  1. 제조기준
  2. 일반사용기준
  3. 보존 및 유통기준
  4. 품목별 성분규격
  5. 품목별 사용기준

Ⅳ. 일반시험법
Ⅴ. 시약·시액·용량분석용 표준용액 및 표준용액
부 록

4. 제조기준

■ 첨가물 일반
- 제조 또는 가공에 필요불가결한 경우 이외에는 산성백토, 백도토, 벤토나이트, 탈크, 모래, 규조토, 탄산마그네슘 또는 이와 유사한 불용성의 광물성물질을 사용 금지

■ 혼합제제
- 사용하는 첨가물은 식품첨가물공전에 수재된 품목으로 개별규격에 적합한 것
- 그 사용목적이 타당하며, 원래 성분에 변화를 주는 제조방법이어서는 아니 됨.
- 희석제는 전분(가공되어 첨가물로 분류되는 것 제외), 소맥분, 포도당, 설탕과 그 밖에 일반적으로 식품성분으로 인정되는 것
- 품질안정, 형태 형성을 위하여 필요불가결한 경우 산화방지제, 보존료, 유화제, 안정제, 용제 등의 첨가물을 기술적 효과를 달성하는데 필요한 최소량으로 사용 가능
- 면류첨가알칼리제 : 각각 그 성분규격에 적합한 탄산나트륨, 탄산칼륨, 탄산수소나트륨, 인산염의 나트륨염 또는 칼륨염을 원료로 하여 이 중의 1종 또는 2종 이상을 혼합한 것 또는 이들의 수용액 또는 소맥분으로 희석한 것

메모

✎메모

5. 일반사용기준

■ 첨가물 일반

- 식품 중에 첨가되는 첨가물의 양은 물리적, 영양학적 또는 기타 기술적 효과를 달성하는데 필요한 최소량으로 사용
- 식품제조·가공과정중 결함있는 원재료나 비위생적인 제조방법을 은폐하기 위하여 사용 금지
- 「대외무역관리규정」(지식경제부 고시)에 따른 외화획득용 원료 및 제품(주식회사 한국 관광용품센타에서 수입하는 식품 제외), 「관세법」 제143조에 따라 세관장의 허가를 받아 외국으로 왕래하는 선박 또는 항공기 안에서 소비되는 식품 및 선천성 대사이상 질환자용 식품을 제조·가공·수입함에 있어 사용되는 첨가물은 「식품위생법」 제6조 및 이 규격기준의 미적용

* 조제유류, 영아용 조제식, 성장기용 조제식, 영·유아용 곡류조제식, 기타 영·유아식, 영·유아 용 특수제조식품 : 다음 각 호 이외의 첨가물을 사용 금지
  - 영양강화 목적으로 사용 가능한 식품첨가물 : 5'-구아닐산이나트륨 등 105개
  - 영양강화 이외의 목적으로 사용 가능한 식품첨가물 : 구아검 등 37개

6. 품목별 성분규격 및 사용기준

사카린나트륨
Sodium Saccharin
용성 사카린

$C_7H_4O_3NSNa \cdot 2H_2O$ 분자량 241.21

함   량
성   상
확인시험
순도시험
건조감량
정 량 법
사카린나트륨 및 이를 함유하는 제제의 사용기준
  1. 젓갈류, 절임식품 및 조림식품 : 1.0g/kg 이하
  2. 김치류 : 0.2g/kg 이하 등

6. 품목별 성분규격 및 사용기준

■ 사카린나트륨 사용기준

- 사카린나트륨은 아래의 식품에 한하여 사용하여야 한다. 사카린나트륨의 사용량은
  1. 젓갈류, 절임류, 조림류 : 1.0g/kg 이하 (단, 팥 등 앙금류의 경우에는 0.2g/kg 이하)
  2. 김치류 : 0.2g/kg 이하
  3. 음료류(발효음료류, 인삼·홍삼음료, 다류 제외) : 0.2g/kg 이하(다만, 5배 이상 희석하여 사용하는 것은 1.0g/kg 이하)
  4. 어육가공품 : 0.1g/kg 이하   5. 시리얼류 : 0.1g/kg 이하
  6. 뻥튀기 : 0.5g/kg 이하   7. 특수의료용도등식품 : 0.2g/kg 이하
  8. 체중조절용조제식품 : 0.3g/kg 이하 9. 건강기능식품 : 1.2g/kg 이하
  10. 추잉껌 : 1.2g/kg 이하   11. 잼류 : 0.2g/kg 이하
  12. 장류 : 0.2g/kg 이하   13. 소스 : 0.16g/kg 이하
  14. 토마토케첩 : 0.16g/kg 이하   15. 조제커피, 액상커피 : 0.2g/kg 이하
  15. 탁주 : 0.08g/kg 이하   16. 소주 : 0.08g/kg 이하
  17. 과실주 : 0.08g/kg 이하   18. 기타 코코아가공품, 초콜릿류 : 0.5g/kg 이하
  19. 빵류 : 0.17g/kg 이하   20. 과자 : 0.1g/kg 이하
  21. 캔디류 : 0.5g/kg 이하   22. 빙과 : 0.1g/kg 이하
  23. 아이스크림류 : 0.1g/kg 이하   24. 조미건어포 : 0.1g/kg 이하
  25. 떡류 : 0.2g/kg 이하   26. 복합조미식품 : 1.5g/kg 이하
  27. 마요네즈 : 0.16g/kg 이하   28. 과·채가공품 : 0.2g/kg 이하
  29. 옥수수(삶거나 찐 것에 한함) : 0.2g/kg 이하 30. 당류가공품 : 0.3g/kg 이하

7. 기구 등의 살균소독제

■ 제조기준
- 제조성분 일반
  . 제조에 사용하는 성분 : 과산화수소 등 95개 성분
  . 유해미생물에 대해 살균·소독 작용을 하는 유효성분 함유
- 품목별 기준 및 규격에 적합

■ 일반사용기준
- 기구 및 용기·포장의 살균·소독 목적으로 개별품목에서 정해진 사용기준에 적합하게 사용
- 사용한 살균소독제 용액 : 식품과 접촉 전에 자연건조, 열풍건조 등 방법으로 제거

7. 기구 등의 살균소독제

에탄올 제제
Ethanol Preparation

- 정 의
- 성 상
- 확인시험
- 살균소독력시험
- 보존기준
  . 화기가 없는 냉암소에서 밀봉 보존
- 사용기준
아래의 식품용 기구 등의 살균·소독 목적 이외에 사용하여서는 아니 된다.
  1. 식품조리·판매용 기구 등
  2. 유가공용 기구 등
  3. 식품 등의 제조·가공·소분용 기구 등

✐메모

IV-5. 위생등급제

1. 위생등급제 개요

■ 개요

- 본 제도는 식품접객업소의 위생수준이 우수한 업소에 한하여 등급을 지정하는 제도로서
  식품접객영업자가 자율로 위생등급평가를 신청하고
  평가점수에 따라 등급을 지정받아 홍보하여
  해당 음식점의 위생수준 향상을 도모하고
  소비자에게 음식점 선택권을 제공하는 제도

■ 법적 근거

- 식품위생법 제47조의 2(식품접객업소의 위생등급 지정 등)
- 식품의약품안전처 공고 제2017-33호(2017.5.1, 제정)
  . 음식점 위생등급 지정 및 운영관리 규정

■ 신청 대상자

- 식품접객영업자 중 휴게음식점 영업자, 일반음식점 영업자, 제과점 영업자

■ 희망등급제

- 자율 신청
- 신청 수수료 : 전액 국가 부담

2. 위생등급제 지정절차

■ 지정절차

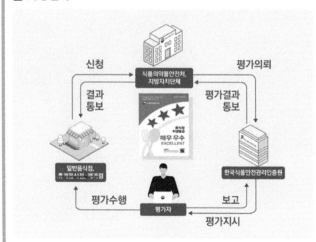

3. 위생등급제 등급

■ 지정 등급 및 표지판

4. 위생등급제 평가기준

■ 평가표 구성

(평가표 구성) 총 3개 분야로 구성(기본분야, 일반분야, 공통분야)

기본분야 : 의무적으로 전 항목 적합하여야하는 분야 (법적사항 등)
일반분야 : 위생 관련 분야의 평가항목 (객석/객실, 조리장, 종사자 위생관리, 화장실) 및 소비자 만족도, 영업자 의식 등
공통분야 : 가 · 감점 분야

기본분야	10항목	식중독 발생 이력 여부, 개인위생관리 준수여부, 원료 등의 보관 기준 준수 등 식품위생법 관련 준수사항
일반분야	46항목	위생분야(시설기준, 위생관리 등), 영업자의식, 소비자만족도 ※샐러드바 및 판매대(4) 및 배달(3)서비스 운영 시 7항목 포함
공통분야(가 · 감점)	8항목	장기간 음식점 운영여부, 식품관련 및 국가기관 자격증 소지자의 고용여부, 자체 위생관리 기준 운영 여부 등에 따라 가 · 감점

■ 지정기준

- 기본분야 : 모두 충족
- 일반분야 + 공통분야 : 매우 우수(95점 이상), 우수(85점 이상), 좋음(80점 이상)

4. 위생등급제 평가기준

■ 세부 평가분야

▸ 평가분야-기본사항

기본사항은 **필수항목**이며 식품위생법 준수사항 위주 - **한가지 항목이라도 부적합한 경우 평가 종결**

분야	평가항목
기본(10)	행정처분 음식물 재사용 개인위생관리 준수여부 식재료의 유통기한 준수 식품용 기구 사용여부 칼/도마 구분사용 등	세척 · 살균 · 소독제 등의 별도보관 및 관리 원료 등의 보관 기준 준수 튀김용 유지의 산가관리 식품용수로 지하수 사용 유무 등

✎메모

✎메모

4. 위생등급제 평가기준

■ 세부 평가분야

› 평가분야 - 일반사항

분야		평가항목
위생분야	객석/객실	환기시설, 장문틀, 방충, 음용수, 행주, 소스통, 샐러드바 및 판매대, 손소독제 및 물수건, 쓰레기통 등
	조리장	후드장치, 조명장치, 채광시설, 냉장·냉동고(청결관리, 식재료 보관방법 준수 및 관리), 해동방법, 식재료의 개봉일자 표시, 양념통 위생관리, 식기 및 도구, 폐기물기구 등
	종사자 위생관리	위생책임자 지정여부, 위생교육 실시, 개인위생 및 위생복 관리
	화장실	청결상태, 손 세척·건조용품 비치
영업자 의식 및 소비자 만족도	영업자 의식	장식용 식품 위생관리, 건물 주위 청결상태
	소비자 만족도	개방형 주방, 덜어먹는 기구, 알레르기 정보 게시, 배달(배달함, 배달원, 포장상태)

4. 위생등급제 평가기준

■ 세부 평가분야

› 평가분야 - 공통사항

· 영업자가 추가적으로 노력하는 부분에 대하여 **가·감점**

분야	평가항목
가·감점(8)	**(가점)** · 장기간 음식점 운영 여부 · 식품관련 및 국가기관 자격증 소지자의 고용여부 · 장기 근속자 근무여부 · 자체 위생관리 기준 운영 여부 · 식품위생법에 따른 의무교육 외 식품관련 교육 이수 여부 · 메뉴설명이 포함된 외국어 메뉴판 또는 전자 메뉴판 구비여부 **(감점)** · 제공되는 기구의 물에 그을린 흔적 여부 · 업소 내 동물출입 허용여부

5. 위생등급제 기대효과

■ 지원 혜택

- 방역, 포충등, 청소비 등 위생관리에 관한 사항
- 물티슈, 손소독제, 쓰레기봉투, 앞치마, 위생복, 행주 등 위생용품에 관한 사항
- 사전컨설팅 비용 등 위생등급 평가에 관한 사항
- 손소독기, 방충·방서시설, 영업장, 조리장, 창고, 간판 등 시설 개선에 관한 사항
- 공통찬통, 소형·복합찬기, 영문 메뉴판 등 음식문화 개선에 관한 사항
- 상하수도 요금 및 지하수 수질 검사비 등 부대비용에 관한 사항
- 광고, 안내책자, 공중파, SNS 등 홍보에 관한 사항
- 기타 시·도지사 또는 시·군·구청장이 필요하다고 정하는 사항

■ 기대효과

- 음식점간 자율경쟁을 통한 위생수준 향상으로 식중독 예방
- 소비자의 음식점 선택권 보장
- 제과점 홍보효과 및 매출 상승 기재
- 제과점 인증제도 통합

비누를 사용하여
30초 손씻기

물 끓여 마시기

채소, 과일은 깨끗한
물로 세척 하기

주변 환경
청결히 하기

도구는 끓이거나
염소 소독 하기

생식은 삼가고
85℃ 1분 이상
가열 하기

HACCP시스템

✎메모

Ⅴ-1. HACCP시스템 개요

---

1. HACCP시스템

■ 식품 및 축산물 안전관리인증기준 (위해요소중점관리기준)

H	A	+	C	C	P
Hazard	Analysis	and	Critical	Control	Point System
위해요소	분석		중점	관리	기준

＊ 식품의약품안전처

「식품위생법」 및 「건강기능식품에 관한 법률」에 따른 「식품안전관리인증기준」과 「축산물
위생관리법」에 따른 「축산물안전관리인증기준」으로서, 식품·축산물의 원료관리, 제조·가공·
조리·선별·처리·포장·소분·보관·유통·판매의 모든 과정에서 위해한 물질이 식품 또는 축산물
에 섞이거나 식품 또는 축산물이 오염되는 것을 방지하기 위하여 각 과정의 위해요소를
확인·평가하여 중점적으로 관리하는 기준

---

2. HACCP 관련 용어

■ 안전관리인증기준 (HACCP)

- 식품·축산물의 원료관리, 제조·가공·조리·선별·처리·포장·소분·보관·유통·판매의 모든 과정에서
위해한 물질이 식품 또는 축산물에 섞이거나 식품 또는 축산물이 오염되는 것을 방지하기
위해 각 과정의 위해요소를 확인·평가하여 중점적으로 관리하는 기준

■ 위해요소 (Hazards)

- 「식품위생법」 제4조(위해식품 등의 판매 등 금지), 「건강기능식품에 관한 법률」 제23조
(위해 건강기능식품 등의 판매 등의 금지) 및 「축산물 위생관리법」 제33조(판매 등의 금지)
의 규정에서 정하고 있는 인체 건강을 해할 우려가 있는 생물학적, 화학적, 물리적 인자나
조건

■ 위해요소 분석 (Hazard analysis)

- 식품·축산물 안전에 영향을 줄 수 있는 위해요소와 이를 유발할 수 있는 조건이 존재하는지
여부를 판별하기 위하여 필요한 정보를 수집하고 평가하는 일련의 과정

■ 중요관리점 (Critical control points, CCP)

- 안전관리인증기준을 적용하여 식품·축산물의 위해요소를 예방·제어하거나 허용수준 이하로
감소시켜 당해 식품·축산물의 안전성을 확보할 수 있는 중요한 단계·과정 또는 공정

2. HACCP 관련 용어

✎메모

■ 한계기준 (Critical limits)

- 중요관리점에서의 위해요소 관리가 허용 범위 이내로 충분히 이루어지고 있는지 여부를 판단할 수 있는 기준이나 기준치

■ 모니터링 (Monitoring procedures)

- 중요관리점에 설정된 한계기준을 적절히 관리하고 있는지 여부를 확인하기 위하여 수행하는 일련의 계획된 관찰이나 측정하는 행위 등

■ 개선조치 (Corrective actions)

- 모니터링 결과 중요관리점의 한계기준을 이탈할 경우에 취하는 일련의 조치

■ 검증 (Verification procedures)

안전관리인증기준(HACCP) 관리계획의 유효성(Validation)과 실행(Implementation) 여부를 정기적으로 평가하는 일련의 활동(적용 방법과 절차, 확인 및 기타 평가 등을 수행하는 행위 포함)

2. HACCP 관련 용어

■ 안전관리인증기준 관리계획 (HACCP Plan)

- 식품·축산물의 원료 구입에서부터 최종 판매에 이르는 전 과정에서 위해가 발생할 우려가 있는 요소를 사전에 확인하여 허용수준 이하로 감소시키거나 제어 또는 예방할 목적으로 안전관리인증기준(HACCP)에 따라 작성한 제조·가공·조리·선별·처리·포장·소분·보관·유통·판매 공정 관리문서나 도표 또는 계획

■ 안전관리인증기준(HACCP) 적용업소

- 「식품위생법」, 「건강기능식품에 관한 법률」에 따라 안전관리인증기준(HACCP)을 적용·준수하여 식품을 제조·가공·조리·소분·유통·판매하는 업소와 「축산물 위생관리법」에 따라 안전관리인증기준(HACCP)을 적용·준수하고 있는 안전관리인증작업장·안전관리인증업소·안전관리인증농장 또는 축산물안전관리통합인증업체 등

3. 제과·제빵의 HACCP 적용사례

■ 제과·제빵의 HACCP Plan 사례

✎메모

3. 제과·제빵의 HACCP 적용사례

■ 제과·제빵의 HACCP Plan 사례

4. HACCP시스템 구성체제

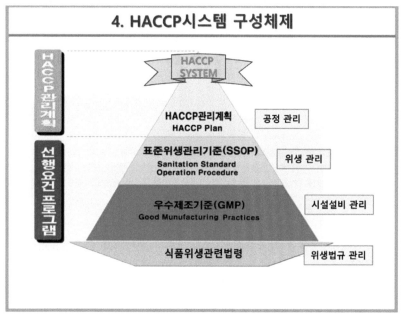

4. HACCP시스템 구성체제

■ HACCP 실천단계

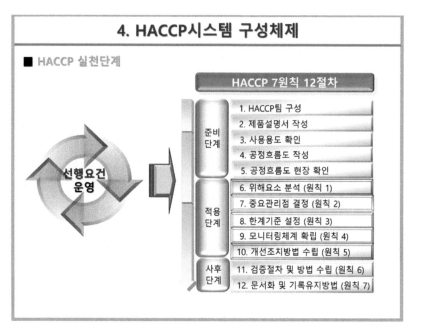

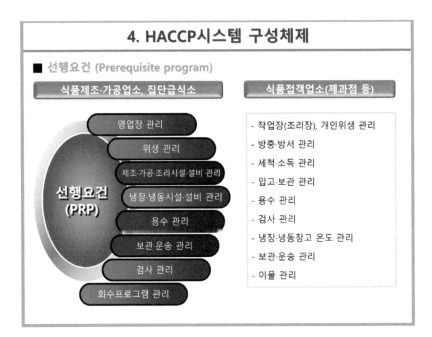

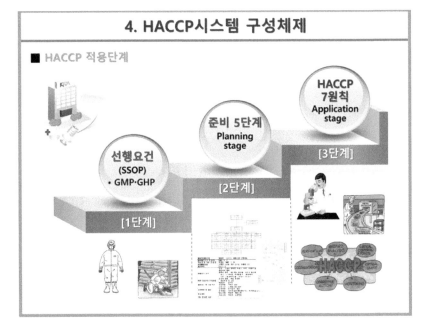

Ⅴ-2. HACCP 도입 역사 및 현황

1. HACCP 도입 역사

■ 국외

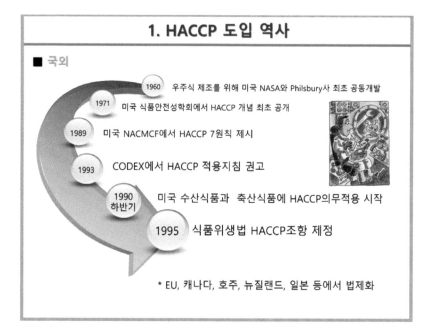

1960	우주식 제조를 위해 미국 NASA와 Philsbury사 최초 공동개발
1971	미국 식품안전성학회에서 HACCP 개념 최초 공개
1989	미국 NACMCF에서 HACCP 7원칙 제시
1993	CODEX에서 HACCP 적용지침 권고
1990 하반기	미국 수산식품과 축산식품에 HACCP의무적용 시작
1995	식품위생법 HACCP조항 제정

* EU, 캐나다, 호주, 뉴질랜드, 일본 등에서 법제화

1. HACCP 도입 역사

■ 국내

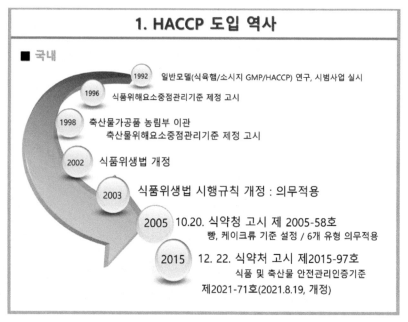

1992	일반모델(식육햄/소시지 GMP/HACCP) 연구, 시범사업 실시
1996	식품위해요소중점관리기준 제정 고시
1998	축산물가공품 농림부 이관 축산물위해요소중점관리기준 제정 고시
2002	식품위생법 개정
2003	식품위생법 시행규칙 개정 : 의무적용
2005	10.20. 식약청 고시 제 2005-58호 빵, 케이크류 기준 설정 / 6개 유형 의무적용
2015	12. 22. 식약처 고시 제2015-97호 식품 및 축산물 안전관리인증기준 제2021-71호(2021.8.19, 개정)

1. HACCP 도입 역사

■ 국내

구 분	일반가공식품	도축장 및 축산물가공품	수산물 및 수산물 가공식품	학교급식
법 적 근 거	식품위생법 제32조의 2 (1995년) 동법 제48조(2009년)	축산물가공처리법 제9조 동법 시행규칙 제7조 (1997년)	수산물품질관리법 제23조 (2001년)	학교급식법
고 시 제 정	식품위해요소 중점관리기준 (1996년) **식품 및 축산물 인민뷘디힌룡기툰 (2015)**	축산물위해요소 중점관리기준 (1998년)	수출을 목적으로 하는 수산물·수산물가공품 위해요소중점 관리기눈 (2002년)	학교급식 위생관리지침서 (2000년)
운 영 주 체	식품의약품안전처	국립수의과학 검역원(시·도)	국립수산물품질검 사원	교육부 (교육청)

2. HACCP 도입 현황

■ 의무적용식품 (규칙 제62조)

1. 수산가공식품류의 어육가공품 중 어묵·어육소시지
2. 기타수산물가공품 중 냉동 어류·연체류·조미가공품
3. 냉동식품 중 피자류·만두류·면류
4. 과자류, 빵류 또는 떡류 중 과자·캔디류·빵류·떡류
5. 빙과류 중 빙과
6. 음료류(다류 및 커피류 제외)
7. 레토르트식품
8. 절임류 또는 조림류의 김치류 중 김치(배추를 주원료로 하여 절임, 양념혼합과정 등을 거쳐 이를 발효시킨 것이나 발효시키지 아니한 것 또는 이를 가공한 것)
9. 코코아가공품 또는 초콜릿류 중 초콜릿류
10. 면류 중 유탕면 또는 곡분, 전분, 전분질 원료를 주원료로 반죽하여 손이나 기계 따위로 면을 뽑아내거나 자른 국수로서 생면·숙면·건면
11. 특수용도식품
12. 즉석섭취·편의식품류 중 즉석섭취식품
12의2. 즉석섭취·편의식품류의 즉석조리식품 중 순대
13. 식품제조·가공업의 영업소 중 전년도 총 매출액이 100억원 이상인 영업소에서 제조·가공하는 식품

2. HACCP 도입 현황

■ 의무적용시기

● 제1호(어육소시지), 제4호(과자·캔디류), 제5호(비가열음료 제외) 및 제8호~제12호

1. 해당 식품유형별 2013년 매출액이 20억원 이상이고, 종업원 수가 51명 이상인 영업소에서 제조·가공하는 식품 : 2014년 12월 1일
2. 해당 식품유형별 2013년 매출액이 5억원 이상이고, 종업원 수가 21명 이상인 영업소(제1호 영업소 제외)에서 제조·가공하는 식품 : 2016년 12월 1일
3. 해당 식품유형별 2013년 매출액이 1억원 이상이고, 종업원 수가 6명 이상인 영업소(제1호, 제2호 및 제13호 영업소 제외)에서 제조·가공하는 식품 : 2018년 12월 1일
4. 제1호~제3호에 해당하지 아니하는 영업소(제13호 영업소 제외)에서 제조·가공하는 식품 : 2020년 12월 1일

● 제12호의2

- 2인 이상(2016.12.1), 기타(2017.12.1)

● 제13호

- 2017.12.1

● 어묵 등

- 2006년(배추김치 : 2008년)

메모

메모

---

2. HACCP 도입 현황

■ HACCP 인증(연장) 신청서

구분	식품	축산물	사료
	식품 인증(연장) 신청서 서식 다운로드	축산물 인증(연장) 신청서 서식 다운로드	지정 신청서 서식 다운로드

인증
(지정)
심사
	› 안전관리인증 계획서
	(HACCP Plan)
	› 영업등록증 사본(앞, 뒤)
	› 사업자등록증 사본
		› 안전관리인증 계획서
		(HACCP Plan)
		› 인허가서류 사본(앞, 뒤)
		 · (가공) 영업허가증
		  (유통) 신고절용
		  (농장) 축산업허가증
		› (가공 유통) 허가(신고)
		  면적 확인을 위한 서류
		 · 인허가서류 첨부면 허가(신고)
		  면적 미기재된 경우 허가(신고)
		  관리대장 등
		› (농장) 평균 사육두수 확인 서류
		 · 사육일(1일, 30일)또는
		  주보(1주, 4주) 등
		› 사업자등록증 사본
		 · 사업자등록이 없는 농업인의
		  경우 전자계산서 발행을 위한
		  주민등록증(사본) 필요
			› 제조업소용 사본(앞, 뒤)
			› 대표자 또는 종업원의
			  교육 훈련 수료증 사본
			  (18시간)
			› 최근 3개월간의 생산실적
			  사본
			› 위생관리프로그램
			› 자체 위해요소중점관리
			  기준
			› 1개월 이상의 위해요소
			  중점관리기준 적용실적
			  사본
			› 사업자등록증 사본

	식품 인증(연장) 신청서 서식 다운로드	축산물 인증(연장) 신청서 서식 다운로드

연장
심사
	› 안전관리인증 계획서
	(HACCP Plan)
	› 영업등록증 사본(앞, 뒤)
	› 사업자등록증 사본
	› 이전 인증서의 유효기간이
	  기재되지 않은 경우 추가
	  제출, 기재된 경우 사본 제출
		› 안전관리인증 계획서
		(HACCP Plan)
		› 인허가서류 사본(앞, 뒤)
		 · (가공) 영업허가증
		  (유통) 신고절용
		  (농장) 축산업허가증
		› (가공 유통) 허가(신고)
		  면적 확인을 위한 서류
		 · 인허가서류 첨부면 허가(신고)
		  면적 미기재된 경우 허가(신고)
		  관리대장 등
		› (농장) 평균 사육두수 확인 서류
		 · 사육일(1일, 30일)또는
		  주보(1주, 4주) 등
		› 사업자등록증 사본
		 · 사업자등록이 없는 농업인의
		  경우 전자계산서 발행을 위한
		  주민등록증(사본) 필요
		› HACCP 인증서 사본

소규모 HACCP을 적용하려는 경우 추가 제출	소규모 인증 판단을 위한 서류(매출액 또는 인원수) › 생산실적보고서 · 생산실적보고서 대상이 아닌 업종의 경우, 소규모임을 증명할 수 있는 객관적인 증빙자료 제출 (국민보험 가입자명부 등)	

---

2. HACCP 도입 현황

■ HACCP 의무적용업체 신규영업 등록절차

◆ HACCP 의무적용 업체 신규 영업등록(허가, 신규 품목제조보고 포함) 시 절차

구분	절차	주체
1	HACCP 인증심사 신청서류 구비하여 접수 * 구비서류 중 영업등록(허가)증 제외	영업자 → 인증원
2	HACCP 인증신청 확인증 발급	인증원 → 영업자
3	신규 영업등록(허가 등) 신청 (확인증 제출)	영업자 → 시·도 또는 시·군·구
4	신규 영업등록(허가 등) 처리	시·도 또는 시·군·구 → 영업자
5	신규 영업등록(허가 등) 서류 제출	영업자 → 인증원
6	HACCP 인증심사(현장심사)	인증원 → 영업자

---

2. HACCP 도입 현황

■ 한국식품안전관리인증원   제과점 : (주)보림로지스틱스천안호두과자

- 인증업소(2022.7.15 기준)
  . 식　품 : 19,838개소(식품제조가공업소 : 19,320, 식품접객업소 : 72, 제과점 : 1)
  . 축산물 : 7,953개소,　　. 농장 : 7,069개소　　. 사료 : 233개소

* 총 업소수 : 약 25,000여 개소, 제과(약 2,500개소), 제빵(약 1,600개소)
  - 제과업체 : 156개사
  - 제빵업체 : 491개사
  - 제분업체 : 22개사

HACCP 축산물안전관리인증원

V-3. HACCP 도입 필요성 및 기대효과

---

1. HACCP 도입 필요성

■ **정부의 식품안전제도 강화 및 위생감시 기능 대폭 증대**

- 식품위생감시
- 회수제도(Recall)
- 제조물 책임법(Product liability, PL)
- 위생등급제
- 이물보고제도
- 식품이력추적제도(Traceability) 등
* 소비자 보호 정책에 적극적인 대처 및 법적 의무사항 준수

■ **HACCP이 고객사의 거래요건으로 대두**

- 입찰, 납품계약에 대한 필수요건화 : OEM업체, 국방부, 학교 등
- 식품판매업소의 HACCP 지정 전망으로 가속화 예상
- 경쟁사에 대해 우월적 지위 확보로 시장 접근성 및 생존능력 제고

■ **소비자의 식품안전에 대한 관심과 욕구 증대**

- 소비자에게 '안전한 식품을 제공한다'는 '**安心感**'을 줄 수 있어 회사 이미지 제고 및 불만 감소

---

1. HACCP 도입 필요성

■ 다국적기업 등에서 Global standard로 HACCP 요구

ISO22000 : **Food Safety Management System (FSMS)**

1. HACCP 도입 필요성

■ 효율적이고 효과적인 자주관리체제 구축·운영 필요
　● 즉각적인 관리
　　- 생산현장 중심
　　- 간단한 장비 사용
　　- 비전문인력
　　- 문제발생 전에 예방적 조치
　● 최소의 투자(인력, 비용, 시간 등)로 최대 효과
　　- CCP 중심으로 관리 집중화
　　- 비용 절약 : 시험검사, 불량품 처리, 회수, 사건사고처리 등

2. HACCP 도입 효과

■ 경영 측면
　- 제품 불량율 축소로 폐기량 및 회수량 감소
　- 제품 품질 향상
　- 제품 출고 전 관리로 사회적 문제 야기 최소화
　- 시설·설비 upgrade 기회
　- 명확한 책임과 권한 규명
　- 경영자 및 종사자의 안전의식 전환 계기

■ 생산현장 측면
　- 협력업체에 대한 관리방식 변경 : 원료 안전성 검토서 작성, 각 공정 및 위생점검 실시
　- 제품의 설계에서부터 안전성 및 공정에 대한 사전검토 실시
　- 중점관리 방식에 의한 관리 효율화
　- 지속적인 관리 및 기록으로 공정 안전성 확보
　- 종업원의 위생관념 및 품질에 대한 인식 제고
　- 각종 설비에 대한 효율적 관리 가능
　- 작업장의 위생청결 향상
　- 예방정비에 따른 비가동율 개선 및 생산성 향상

2. HACCP 도입 효과

■ 비용 측면 - 1-10-100 Rule

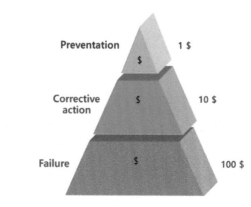

V -4. HACCP 운영방안

1. HACCP 장애요인

■ HACCP 장애요인

• 최고경영자의 인식 부족

• 자원(인력, 자금) 부족

• 시설 및 설비 부족

• 종업원 인식 및 참여 의지 부족

• HACCP 적용기술 부족

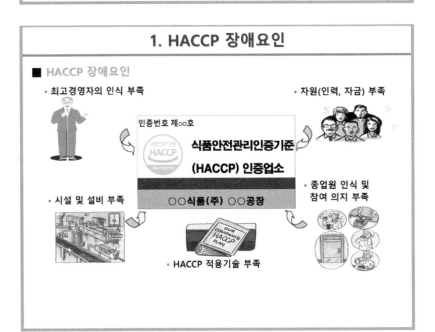

2. 효과적인 HACCP 운용방안

■ HACCP 장애요인 극복방법

- 경영자의 비전 제시 및 강력한 추진력 발휘
- 팀간, 종업원간 협조 및 상호 지원
- 종업원의 적극적이고 지속적인 참여
- 팀 활동
- 경영진과 종업원의 긴밀한 대화
- 종업원 교육·훈련 강화

✎메모

2. 효과적인 HACCP 운용방안

■ 기존 식품위생법령에 대한 이해

HACCP고시

식품위생관련법령

■ 식품위생법, 축산물위생관리법, 농수산물품질관리법, 먹는물관리법,
  식품 등의 표시·광고에 관한 법률, 학교급식법, 건강기능식품에 관한
  특별법 등
* 업종별 시설기준, 영업자 준수사항, 표시기준, 자가품질검사, 건강진단규칙,
  식품의 기준·규격, 식품첨가물의 기준·규격, 기구 및 용기·포장의 기준·규격,
  먹는물 수질기준 등

2. 효과적인 HACCP 운용방안

■ 선행요건 프로그램의 충실한 실천

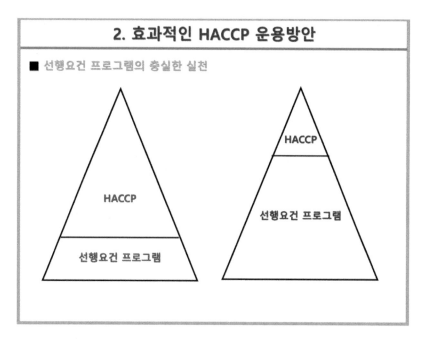

2. 효과적인 HACCP 운용방안

■ 전사적인 참여

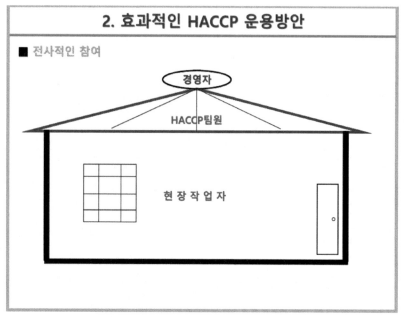

2. 효과적인 HACCP 운용방안

2. 효과적인 HACCP 운용방안

■ 식품의 안전취급을 위한 10규칙

1. 엄격한 개인위생 준수
2. 위험이 높은 식품의 식별, 취급절차 작성
3. 평판이 좋은 공급자로부터 원료 구매
4. 시간-온도 규칙 준수
5. 원료성 식품과 가공식품 분리 취급
6. 교차오염 방지
7. 최소 내부온도 이상으로 가열
8. 뜨거운 식품(60℃ 이상)은 뜨겁게, 찬 식품(5℃ 이하)은 차게 유지
9. 2시간 이내에 4.4℃로 냉각
10. 2시간 이내에 74℃, 15초간 재가열

✎메모

✎메모

V-5. 식품 및 축산물 안전관리인증기준
(식품(축산물)위해요소중점관리기준)

---

1. HACCP기준 주요 내용

■ HACCP팀 구성·운영

■ 관리기준서 작성, 비치
- 선행요건
- HACCP
- 기록 : 2년간 보관

■ 인증사항 변경 보고
- 30일 이내
- 중요관리점 추가·삭제·변경 등 인증사항 변경
- 소재지 이전

■ HACCP 교육훈련
● 신규교육훈련
- 영업자 : 2시간   식약처장 지정 교육훈련기관
- HACCP팀장 : 16시간
- HACCP팀원, 기타 종업원 : 4시간   자체적 실시
● 정기교육훈련(종업원)   HACCP팀장 : 교육훈련기관
- 연 1회 4시간 이내   팀원 및 기타 종업원 : 자체적 실시

---

1. HACCP기준 주요 내용

■ 정기 조사·평가
● 주기 및 방법
- 연 1회 이상, 서류검토 및 현장조사
● 차등 관리
- 전년도 정기 조사·평가 점수의 백분율에 따라 차등 관리 가능
- **95% 이상**
  . 2년간 정기 조사·평가 미실시, 해당업소의 자체적 조사·평가 실시
  . 김치, 즉석섭취식품, 신선편의식품중 비가열식품 제외
- **95% 미만에서 90% 이상**
  . 1년간 정기 조사·평가 미실시, 해당업소의 자체적 조사·평가 실시
  . 김치, 즉석섭취식품, 신선편의식품 중 비가열식품 제외
- **90% 미만에서 85% 이상**
  . 연 1회 이상 정기 조사·평가 실시
- **85% 미만에서 70% 이상**
  . 연 1회 이상 정기 조사·평가 및 연 1회 이상 기술지원
  . 학교 집단급식소 납품 : 연 2회 이상 정기 조사·평가 및 연 1회 이상 기술지원 실시
- **백분율이 70% 미만**
  . 연 1회 이상 정기 조사·평가 및 연 2회 이상 기술지원 실시
  . 학교 집단급식소 납품 : 연 2회 이상 정기 조사·평가 및 연 2회 이상 기술지원 실시

◇메모

1. HACCP기준 주요 내용

■ 시정명령 및 인증취소

1. HACCP 미준수
. 원재료·부재료 입고 시 공급업체로부터 HACCP에서 정한 검사성적서를 받지도 HACCP에서 정한 자체 검사도 미실시
. HACCP에서 정한 작업장 세척 또는 소독 및 종사자 위생관리 미실시
. HACCP에서 정한 중요관리점에 대한 모니터링을 하지 않거나 한계기준의 위반 사실이 있음에도 불구하고 지체 없이 개선조치 미이행
. 지하수를 비가열 섭취식품의 원재료·부재료의 세척용수 또는 배합수로 사용하면서 살균 또는 소독 미실시
. HACCP에서 정한 제조·가공 방법대로 제조·가공 미실시 (시정명령)
. 신규제품 또는 추가공정에 대해 HACCP에서 정한 위해요소 분석을 전혀 미실시
. HACCP적용업소에 대한 조사·평가 결과, 선행요건 또는 HACCP 관리분야에서 만점의 60 퍼센트 미만
. HACCP적용업소에 대한 조사·평가 결과, 선행요건 또는 HACCP 관리분야에서 만점의 60 퍼센트 미만 60퍼센트 이상 (시정명령)

1. HACCP기준 주요 내용

■ 시정명령 및 인증취소

2. 법 제75조에 따라 2개월 이상 영업정지 또는 그에 갈음하여 과징금 부과
3. 영업자 및 종업원이 교육훈련 미이수 (시정명령)
4. 법 제48조 제10항을 위반하여 HACCP적용업소의 영업자가 인증받은 식품을 다른 업소에 위탁 제조·가공
5. 제63조 제4항을 위반하여 변경신청 미실시 (시정명령)
6. 제1호 마목, 제3호 또는 제5호 위반하여 2회 이상 시정명령을 받고도 미이행
7. 제1호 사목을 위반하여 시정명령을 받고도 미이행
8. 거짓이나 그 밖의 부정한 방법으로 인증

■ 명칭 사용 및 인증서 반납

- HACCP 미적용품목에 대한 명칭 사용 금지
- 인증취소를 통보받은 영업자 또는 영업소 폐쇄처분을 받거나 영업을 폐업한 영업자 : 지체 없이 인증서 반납
- 집단급식소 중 위탁 계약 만료 등으로 운영자가 변경된 경우
  . 해당 집단급식소의 HACCP 적용업소 지정 취소
  . 당해 집단급식소 신고자 : 인증서 즉시 반납

2. 제·개정 이력

보건복지부 고시 제1996-75호(제1996.12.03, 제정)	식품의약품안전처 고시 제2013-2호2(제2013.04.05, 개정)
보건복지부 고시 제1997-80호(제1997.10.30, 개정)	식품의약품안전처 고시 제2013-260호(제2013.12.31, 개정)
보건복지부 고시 제1997-84호(제1997.11.08, 개정)	식품의약품안전처 고시 제2014-21호(제2014.02.12, 개정)
보건복지부 고시 제1998-13호(제1998.02.12, 개정)	식품의약품안전처 고시 제2014-192호(제2014.12.01, 개정)
식품의약품안전청 고시 제1998-63호(제1998.05.01, 개정)	식품의약품안전처 고시 제2015-97호(제2015.12.22, 제정)
식품의약품안전청 고시 제1999-17호(제1999.02.23, 개정)	식품의약품안전처 고시 제2016-30호(2016.4.27, 개정)
식품의약품안전청 고시 제1999-33호(제1999.06.21, 개정)	식품의약품안전처 고시 제2017-49호(2017.5.31, 개정)
식품의약품안전청 고시 제2000-50호(제2000.10.20, 개정)	식품의약품안전처 고시 제2017-80호(2017.10.27, 개정)
식품의약품안전청 고시 제2002-33호(제2002.06.25, 개정)	식품의약품안전처 고시 제2018-31호(2018.4.25, 개정)
식품의약품안전청 고시 제2005-58호(제2005.10.20, 전문개정)	식품의약품안전처 고시 제2018-69호(2018.9.18, 개정)
식품의약품안전청 고시 제2008-18호(제2008.04.28, 개정)	식품의약품안전처 고시 제2019-12호(2019.3.4, 개정)
식품의약품안전청 고시 제2008-28호(제2008.05.28, 개정)	식품의약품안전처 고시 제2019-148호(2019.12.30, 개정)
식품의약품안전청 고시 제2008-54호(제2008.08.14, 개정)	식품의약품안전처 고시 제2020-15호(2020.3.11, 개정)
식품의약품안전청 고시 제2009-11호(제2009.03.27, 개정)	식품의약품안전처 고시 제2021-21호(2021.8.19, 개정)
식품의약품안전청 고시 제2009-62호(제2009.08.12, 개정)	
식품의약품안전청 고시 제2009-193호(제2009.12.22, 개정)	
식품의약품안전청 고시 제2010-83호(제2010.11.16, 개정)	
식품의약품안전청 고시 제2011-24호(제2011.06.11, 개정)	
식품의약품안전청 고시 제2011-51호(제2011.09.19, 개정)	
식품의약품안전청 고시 제2012-19호(제2012.05.17, 개정)	
식품의약품안전청 고시 제2012-42호(제2012.07.03, 개정)	

◇메모

✍메모

3. 목적 및 적용대상

제1조 (목적)

이 기준은 「식품위생법」 제48조부터 제48조의3까지, 같은 법 시행규칙 제62조부터 제68조의2까지 및 「건강기능식품에 관한 법률」 제38조에 따른 「식품안전관리인증기준」과 그 적용·운영 및 교육·훈련 등에 관한 사항과 「축산물 위생관리법」 제9조부터 제9조의4까지, 같은 법 시행규칙 제7조부터 제7조의8까지에 따른 「축산물안전관리인증기준」의 적용·운영 및 교육·훈련 등에 관한 사항을 정함을 목적으로 한다.

제2조 (정의)

이 기준에서 사용하는 용어의 정의는 다음과 같다.

제3조 (적용대상 영업자)

이 기준은 「식품위생법」, 「건강기능식품에 관한 법률」 및 「축산물 위생관리법」에 따라 영업허가를 받거나 신고 또는 등록을 한 자와 「축산법」에 따라 축산업의 허가 또는 등록을 한 자 중 안전관리인증기준(HACCP)을 준수하여야 하는 영업자·농업인과 그 밖에 안전관리인증기준의 준수를 원하는 영업자를 대상으로 적용한다. 다만, 국외에 소재하여 식품·축산물을 제조·가공하는 자나 수출을 목적으로 하는 자가 이 기준의 준수를 원하는 경우에는 이 기준을 적용하게 할 수 있다.

4. 적용품목 및 시기

제4조 (적용품목 및 시기 등)

① 적용품목

이 기준은 「식품위생법」 및 같은 법 시행규칙, 「건강기능식품에 관한 법률」, 「축산물위생관리법」 및 같은 법 시행규칙에 따라 의무적으로 안전관리인증기준(HACCP)을 적용해야 하는 식품·축산물에 적용하며, 필요한 경우 그 이외의 영업장 또는 제품에 대해서도 적용할 수 있다. 다만, 생산식품이 해당 지역 내에서만 유통되는 도서지역의 영업자이거나 생산식품을 모두 국외로 수출하는 영업자는 제외한다.

* 의무적용품목-고시품목-비고시품목

② 의무적용시기

안전관리인증기준(HACCP) 의무적용 시기는 각 법에서 정한 바에 따르되, 연매출액 및 종업원수를 기준으로 하여 연매출액과 종업원수의 요건을 동시에 충족하는 시기를 말하며, 연매출액 산정은 해당 사업장에서 제조·가공하는 의무적용 대상 식품 또는 축산물의 총 매출액을 기준으로 하고, 종업원수는 「근로기준법」에 의한 영업장 전체의 상시 근로자를 기준으로 한다.

* 시행규칙 참조

4. 적용품목 및 시기

제4조 (적용품목 및 시기 등)

③ 의무적용시기 예외

제2항의 규정에도 불구하고 신규영업 또는 휴업 등으로 1년간 매출액을 산정할 수 없는 경우에는 매출액 산정이 가능한 최근 3개월의 매출액을 기준으로 1년간 매출액을 산정하여 의무적용 시기를 정할 수 있다. 다만, 식품안전관리인증기준 의무적용 대상업소(소규모업소 중 연장심사를 일반 업소로 받아야 하는 경우 포함) 중 기준 준수에 필요한 시설·설비 등의 개·보수를 위하여 일정기간이 필요하다고 요청하여 식품의약품안전처장이 인정하는 경우에는 1년 범위 내에서 의무적용 및 연장심사를 유예할 수 있다.

④ 의무적용시기 예외

식품의약품안전처장은 다음 각 호 중 어느 하나에 해당하는 「식품위생법 시행규칙」 제62조 제13호에 따른 안전관리인증기준(HACCP) 의무적용 대상업소가 필요하다고 요청한 경우에는 6개월 범위 내에서 의무적용 시기를 유예할 수 있다. 제2호의 경우 전년도 생산실적보고 완료일 이전에 요청하여야 한다.

1. 안전관리인증기준(HACCP) 적용업소가 신규로 식품유형을 추가하려는 경우. 다만, 「식품 위생법 시행규칙」제62조 제1항 제1호부터 제12의2호에 해당하는 식품은 제외한다.
2. 전년도 매출액이 100억원 이상이 되어 해당연도에 신규 의무적용 대상이 된 경우

5. 선행요건 관리

제5조 (선행요건 관리)

① 선행요건

1. **식품(식품첨가물 포함)제조·가공업소, 건강기능식품제조업소, 집단급식소식품판매업소, 축산물작업장·업소**

   가. 영업장 관리　　　　　나. 위생 관리　　　　　다. 제조·가공·조리 시설·설비 관리
   라. 냉장·냉동 시설·설비 관리　마. 용수 관리　　　　　바. 보관·운송 관리
   사. 검사 관리　　　　　　아. 회수 프로그램 관리

2. **집단급식소, 식품접객업소(위탁급식영업), 운반급식(개별 또는 벌크 포장)**

   가. 영업장 관리　　　　　나. 위생 관리　　　　　다. 제조·가공·조리 시설·설비 관리
   라. 냉장·냉동 시설·설비 관리　마. 용수 관리　　　　　바. 보관·운송 관리
   사. 검사 관리　　　　　　아. 회수 프로그램 관리

3. **소규모업소·즉석판매제조가공업소·식품소분업소·식품접객업소(일반음식점·휴게음식점·제과점)**

   가. 작업장(조리장), 개인위생관리　나. 방충·방서관리　　다. 세척·소독관리
   라. 입고·보관관리　　　　마. 용수관리　　　　　바. 검사관리
   사. 냉장냉동창고 온도관리　아. 보관·운송관리　　자. 이물관리

5. 선행요건 관리

제5조 (선행요건 관리)

③ 선행요건관리기준서 작성 비치. 다만, 자체위생관리기준을 작성·비치한 경우 예외

④ 해당 기공품유형의 연매출액 5억원 미만이거나 종업원수가 21인 미만인 식품제조·가공업소, 건강기능식품제조업소 및 축산물가공업소와 해당 영업장의 연 매출액이 5억원 미만이거나 종업원수가 10명 미만인 집단급식소식품판매업소, 식육포장처리업소, 축산물운반업소, 축산물보관업소, 축산물판매업소, 식육즉석판매가공업소 및 식용란선별포장업소(이하 "소규모업소"라 함)는 별표 1의 소규모 업소용 선행요건 준수 가능

⑤ 국외 소재 식품·축산물제조·가공영업자 경우, 국제식품규격위원회(Codex Alimentarius Commission)의 우수위생기준(Good Hygienic Practice)을 선행요건으로 적용 가능

⑥ 제3항에 따른 선행요건관리기준서를 제정하거나 이를 개정한 때는 일자, 담당자 및 HACCP 팀장 또는 영업자의 이름을 적고 서명

6. HACCP 관리

제6조 (HACCP 관리)

① 원·부해요료와 해당 공정에 대한 적절한 HACCP관리계획 수립·운영
   1. 위해요소 분석　　　2. 중요관리점 결정　　　3. 한계기준 설정
   4. 모니터링 체계 확립　5. 개선조치 방법 수립　6. 검증 절차 및 방법 수립
   7. 문서화 및 기록 유지

② HACCP 관리계획 : 과학적 근거나 사실에 기초하여 수립·운영

③ HACCP 관리기준서 작성·비치

   1. 식품(식품첨가물 포함)제조·가공업소, 건강기능식품제조업소
      가. 안전관리인증기준(HACCP)팀 구성
         (1) 조직 및 인력현황　　　(2) HACCP팀 구성원별 역할　　　(3) 교대 근무 시 인수·인계 방법
      나. 제품설명서 작성
         (1) 제품명·제품유형 및 성상　(2) 품목제조보고 연·월·일(해당제품에 한함)
         (3) 작성자 및 작성 연·월·일　(4) 성분(또는 식자재) 배합비율　(5) 제조(포장)단위(해당제품에 한함)
         (6) 완제품 규격　　　　　(7) 보관·유통상(또는 배식상)의 주의사항
         (8) 유통기한(또는 배식시간)　(9) 포장방법 및 재질(해당제품에 한함)
         (10) 표시사항(해당제품에 한함)　(11) 기타 필요한 사항
      다. 용도 확인
         (1) 가열 또는 섭취 방법　　(2) 소비 대상
      라. 공정 흐름도 작성
         (1) 제조·가공·조리 공정도(공정별 가공방법)
         (2) 작업장 평면도(작업특성별 구획, 기계·기구 등의 배치, 제품의 흐름과정, 세척·소독조의 위치, 작업자의 이동경로, 출입문 및 창문 등을 표시한 평면도면)
         (3) 급기 및 배기 등 환기 또는 공조시설 계통도 (4) 급수 및 배수처리 계통도
      마. 공정 흐름도 현장 확인

✎메모

6. HACCP 관리

제6조 (HACCP 관리)

③ HACCP 관리기준서 작성·비치

1. 식품(식품첨가물 포함)제조·가공업소, 건강기능식품제조업소

바. 원·부자재, 제조·가공·조리·유통에 따른 위해요소 분석
  (1) 원·부자재별. 공정별 생물학적·화학적·물리적 위해요소 목록
  (2) 위해평가(각 위해요소에 대한 심각성과 위해발생 가능성 평가)
  (3) 위해평가 결과 및 예방조치·관리 방법

사. 중요관리점 결정
  (1) 확인된 주요 위해요소를 예방·제어(또는 허용수준 이하로 감소)할 수 있는 공정상의 단계·과정 또는 공정 결정
  (2) 중요관리점 결정도 적용 결과

아. 중요관리점의 한계기준 설정

자. 중요관리점별 모니터링 체계 확립

차. 개선조치방법 수립

카. 검증 절차 및 방법 수립
  (1) 유효성 검증 방법(서류조사, 현장조사, 시험검사) 및 절차
  (2) 실행성 평가 방법(서류조사, 현장조사, 시험검사) 및 절차

타. 문서화 및 기록유지방법 설정

6. HACCP 관리

제6조 (HACCP 관리)

③ HACCP 관리기준서 작성. 비치

3. 집단급식소, 식품접객업소, 즉석판매제조가공업소 및 식품소분업소 등

가. 안전관리인증기준(HACCP)팀 구성
  (1) 조직 및 인력현황   (2) HACCP팀 구성원별 역할   (3) 교대 근무 시 인수·인계 방법

나. 조리·제조·소분 공정도(과정 별 조리·제조·소분방법) 작성

다. 원·부자재, 조리·제조·소분·판매에 따른 위해요소 분석
  (1) 원·부자재별. 공정별 생물학적·화학적·물리적 위해요소 목록 및 발생원인
  (2) 위해평가(원·부자재별, 조리·제조·소분공정별 각 위해요소에 대한 심각성과 위해발생 가능성 평가)
  (3) 위해요소 분석결과 및 예방조치·관리 방법

라. 중요관리점 결정
  (1) 확인된 주요 위해요소를 예방·제어(또는 허용수준 이하로 감소)할 수 있는 공정상 단계·과정 또는 공정 결정

마. 중요관리점의 한계기준 설정   바. 중요관리점별 모니터링 체계 확립

사. 개선조치방법 수립   아. 검증 방법 및 절차 수립   자. 문서화 및 기록유지방법 설정

⑤ 소규모 업소는 별도로 정하여진 「소규모 업소용 HACCP 표준관리기준서」를 활용하여 HACCP 관리계획 및 기준서를 작성·비치 가능

⑥ 안전관리인증기준(HACCP) 관리기준서는 업소별 또는 적용대상 식품별로 작성, 제정하거나 개정할 때는 일자, 담당자 및 HACCP팀장 또는 영업자의 이름을 적고 서명

7. 기록관리 및 HACCP팀 구성

제8조 (기록관리)

① 관계 법령에 특별히 규정된 것을 제외하고 관리사항에 대한 기록을 2년간 보관

② 기록을 할 때에 작성자는 작성일자, 시간 및 이름을 적고 서명

③ 기록이 작성일자, 시간, 이름 및 서명 등의 동일함을 보증 가능할 때는 전산 유지 가능

④ 안전관리인증기준(HACCP) 적용업소의 출입·검사업무 등을 수행하는 안전관리인증기준(HACCP) 지도관 또는 시·도 검사관, 식품(축산물)위생감시원은 기록 열람 가능

제9조 (HACCP팀 구성 및 팀장의 책무 등)

① 영업자 : HACCP팀장과 팀원으로 구성된 HACCP팀 구성·운영

② HACCP팀장 : 종업원에 대한 선행요건 및 HACCP 등에 관한 교육·훈련 계획 수립·실시

③ HACCP팀장 : 원·부재료공급업소 등 협력업소의 위생관리 상태 등을 점검하고 그 결과를 기록·유지(공급업소가 HACCP 적용업소일 경우에는 생략 가능)

④ HACCP팀장 : 원·부자재 공급원이나 제조·가공·조리·소분·유통 공정 변경 등 HACCP 관리계획의 재평가 필요성을 수시로 검토, 개정이력 및 개선조치 등 중요사항에 대한 기록 보관·유지

8. HACCP 인증절차

제10조 (HACCP적용업소 인증신청)
① HACCP 적용업소 인증신청서에 업소별 또는 적용대상식품별 식품안전관리인증계획서를 첨부하여 한국식품안전관리인증원장에게 제출
⑥ 식품안전관리인증계획서
  1. 중요관리점 및 한계기준
  2. 모니터링 체계
  3. 개선조치 및 검증 절차 및 방법
⑦ 작업장·업소·농장(축종)별로 신청
⑧ 인증원장은 제출서류가 기준에 미흡한 경우 일정기간을 정하여 (특별한 경우를 제외하고는 15일 이내) 보완 요구 가능

제11조 (HACCP 적용업소의 인증)
① 인증원장은 서류심사 후 별표 4의 HACCP 실시상황평가표에 의한 현장조사를 실시하여 평가, 평가 당시 제출자료 등의 신뢰성이 의심되는 경우 수거 및 검사 등을 통해 확인하여 그 결과 반영 가능
② 평가결과, 보완이 필요한 경우 신청인으로 하여금 3개월 이내에 보완 요구 가능, 보완요구 기한내에 보완되지 아니한 경우 인증 절차를 종결 가능
③ 평가결과, 기준에 적합한 경우 HACCP 적용업소로 인증, 인증서를 발급
④ HACCP지도관에 준하거나 관련교육을 이수한 관계공무원, 관련협회 등으로 HACCP 평가단 구성·운영 가능

8. HACCP 인증절차

제12조 (HACCP적용업소 인증사항 변경)
① 중요관리점을 추가·삭제·변경하는 등 인증사항을 변경하거나 소재지를 이전하는 때에는 변경 또는 이전 날로부터 30일 이내에 변경신청서를 인증원장에게 제출

제13조 (HACCP 인증대상 추가)
① 인증원장은 이미 인증받은 식품 또는 축산물과 동일한 공정을 거쳐 제조된 유사한 유형의 식품 또는 축산물을 HACCP 인증식품 또는 축산물로 추가하고자 하는 신청을 받은 경우 별도의 현장평가 없이 서류검토만으로 HACCP 인증식품 또는 축산물로 추가 가능

제14조 (인증서 반납)
① 인증취소를 통보받은 영업자 또는 영업소 폐쇄처분을 받거나 영업을 폐업한 영업자는 인증서를 인증원장에게 지체 없이 반납
② 집단급식소 중 위탁계약 만료 등으로 운영자가 변경되어 HACCP을 적용하지 않을 경우 해당 집단급식소는 HACCP 적용업소 인증이 취소되며, 집단급식소 신고자는 인증서를 인증원장에게 즉시 반납

제15조 (조사·평가 범위와 주기)
① 지방식품의약품안전청장 또는 한국식품안전관리인증원장은 HACCP적용업소로 인증받은 업소에 대해 HACCP 준수 여부를 연 1회 이상 서류검토 및 현장조사의 방법으로 정기조사·평가 가능
제출자료 등의 신뢰성이 의심되거나 주요 안전조항 검증 등에 필요한 경우 수거 및 검사 등을 통해 확인하여 그 결과 반영 가능

8. HACCP 인증절차

제15조 (조사·평가 범위와 주기)
② 지방청장 또는 인증원장은 「식품위생법」 위반사항이 발견된 업소 등에 대해서는 불시에 수시 조사·평가 실시, HACCP을 준수할 수 있도록 필요한 교육 또는 행정지도 가능
③ 지방청장은 HACCP지도관에 준하거나 관련교육을 이수한 관계공무원, 관련협회 등으로 HACCP 평가단 구성·운영 가능
⑤ 전년도 정기 조사·평가 점수에 따라 다음 각 호와 같이 차등하여 관리 가능
  1. 백분율이 95% 이상 : 2년간 정기 조사·평가 미실시, 해당업소가 자체적으로 조사·평가 실시. 다만, 김치, 즉석섭취식품, 신선편의식품중 비가열식품 제외
  2. 백분율이 95% 미만에서 90% 이상 : 1년간 정기 조사·평가 미실시, 해당업소가 자체적으로 조사·평가 실시. 다만, 김치, 즉석섭취식품, 신선편의식품 중 비가열식품 제외
  3. 백분율이 90% 미만에서 85% 이상 : 연 1회 이상 정기 조사·평가 실시
  4. 백분율이 85% 미만에서 70% 이상 : 연 1회 이상 정기 조사·평가 및 연 1회 이상 기술지원 실시. 다만, 학교 집단급식소에 납품하는 경우 연 2회 이상 정기 조사·평가 및 연 1회 이상 기술지원 실시
  5. 백분율이 70% 미만 : 연 1회 이상 정기 조사·평가 및 연 2회 이상 기술지원 실시. 다만, 학교 집단급식소에 납품하는 경우 연 2회 이상 정기 조사·평가 및 연 2회 이상 기술지원 실시
⑥ 제5항 제1호 및 제2호에 따라 자체 조사·평가 계획을 수립하여 업종별 실시상황평가표에 따라 조사·평가를 실시한 업소는 그 결과를 1개월 이내에 제출

제16조 (조사·평가 방법)

메모

9. HACCP 우대조치

제17조 (조사·평가 결과에 따른 조치)

① 지방청장 또는 인증원장은 조사·평가 결과 이 기준에 적합한 업소로 판정되었으나 일부 사항이 미흡하거나 개선되어야 할 필요성이 있다고 인정되는 때에는 1개월 이내에 수정·보완 또는 개선하도록 명할 수 있으며, 기준에 적합하지 아니한 것으로 판정된 업소에 대하여는 시정명령 또는 인증취소를 명할 수 있음.

제18조 (감독기관 검증기준)

제19조 (안전관리인증기준 지도관)

제27조 (우대조치)

1. 법 제48조 제11항에 따른 출입·검사 및 수거 등 완화
2. 별표 8의 안전관리(통합)인증 표시 또는 HACCP 적용업소 인증 사실에 대한 광고 허용 (다만, HACCP 적용품목 및 업소에 한함)
4. 「국가를 당사자로 하는 계약에 관한 법률」에 따른 우대조치
5. 기타 HACCP 활성화 및 식품·축산물 안전성 제고에 필요하다고 인정되는 우대조치

10. 교육훈련

제20조 (교육훈련 등)

① HACCP 적용업소 영업자 및 종업원에 대하여 HACCP 교육훈련 실시

③ HACCP 적용업소 인증일로부터 6개월 이내에 신규교육훈련 이수

④ 신규교육훈련시간 (영업자가 HACCP팀장 교육을 받은 경우에는 갈음)
  1. 영업자 교육훈련 : 2시간   : 지정된 교육훈련기관
  2. HACCP팀장 교육훈련 : 16시간   : 〃
  3. HACCP팀원, 기타 종업원 교육훈련 : 4시간 : 자체 실시 가능

⑥ HACCP팀장, HACCP 팀원 및 기타 종업원은 연 1회 4시간 이내의 정기교육훈련 이수 (HACCP팀원 및 기타 종업원 교육훈련은 자체적으로 실시 가능)

⑦ 위탁급식업소와 계약을 맺고 급식을 운영하는 집단급식소의 경우 HACCP 적용 운영주체인 위탁급식업소 영업자나 설치신고자가 영업자 신규교육훈련 이수 가능

⑧ 정기교육훈련 개시일은 인증일로부터 1년이 경과된 시점을 기준으로 하거나 인증연도의 차기 연도를 기준으로 하여 실시 가능

제21조~제26조 (교육훈련기관의 지정, 지정취소 등)

Ⅴ-6. HACCP 적용업소 인증(평가)기준
(세부내용 : 부록. 식품위생감사 평가표 참조)

Ⅴ-6-1. 선행요건 부문

(Prerequisite Program)

---

1. 선행요건(Prerequisite program) 개요

식품제조·가공업소, 집단급식소	식품접객업소(제과점 등)
선행요건 (PRP) 영업장 관리 위생 관리 제조·가공·조리시설·설비 관리 냉장·냉동시설·설비 관리 용수 관리 보관·운송 관리 검사 관리 회수프로그램 관리	- 작업장(조리장), 개인위생 관리 - 방충·방서 관리 - 세척·소독 관리 - 입고·보관 관리 - 용수 관리 - 검사 관리 - 냉장·냉동창고 온도 관리 - 보관·운송 관리 - 이물 관리

✎메모

2. 선행요건 - 식품제조·가공업소 - 영업장

[HACCP 적용업소(식품제조·가공업소)의 선행요건 - 평가항목 : 52개]

■ 영업장 관리

작업장

1. **작업장**은 독립된 건물이거나 식품취급 외의 용도로 사용되는 시설과 분리(벽·층 등에 의하여 별도의 방 또는 공간으로 구별)되어야 한다.
2. **작업장(출입문, 창문, 벽, 천장 등)**은 누수, 외부의 오염물질이나 해충·설치류 등의 유입을 차단할 수 있도록 밀폐 가능한 구조이어야 한다.
3. **작업장**은 청결구역(식품의 특성에 따라 청결구역은 청결구역과 준청결구역으로 구별할 수 있다.)과 일반구역으로 분리하고, 제품의 특성과 공정에 따라 분리, 구획 또는 구분할 수 있다.

건물 바닥, 벽, 천장

4. 원료처리실, 제조·가공실 및 내포장실의 **바닥, 벽, 천장, 출입문, 창문 등**은 제조·가공하는 식품의 특성에 따라 내수성 또는 내열성 등의 재질을 사용하거나 이러한 처리를 하여야 하고, **바닥**은 파여 있거나 갈라진 틈이 없어야 하며, 작업 특성상 필요한 경우를 제외하고는 마른 상태를 유지하여야 한다. 이 경우 바닥, 벽, 천장 등에 타일 등과 같이 홈이 있는 재질을 사용한 때에는 홈에 먼지, 곰팡이, 이물 등이 끼지 아니 하도록 청결하게 관리하여야 한다.

2. 선행요건 - 식품제조·가공업소 - 영업장

배수 및 배관

5. 작업장은 **배수**가 잘 되어야 하고 **배수로**에 퇴적물이 쌓이지 아니 하여야 하며, **배수구, 배수관** 등은 역류가 되지 아니하도록 관리하여야 한다.

출입구

6. **작업장의 출입구**에는 구역별 복장 착용방법을 게시하여야 하고, 개인위생관리를 위한 세척, 건조, 소독 설비 등을 구비하여야 하며, 작업자는 세척 또는 소독 등을 통해 오염 가능성 물질 등을 제거한 후 작업에 임하여야 한다.

통로

7. 작업장 내부에는 종업원의 **이동경로**를 표시하여야 하고 이동경로에는 물건을 적재하거나 다른 용도로 사용하지 아니 하여야 한다.

창

8. **창의 유리**는 파손 시 유리조각이 작업장내로 흩어지거나 원·부자재 등으로 혼입되지 아니 하도록 하여야 한다.

채광 및 조명

9. 작업실 안은 작업이 용이하도록 자연채광 또는 인공조명장치를 이용하여 **밝기**는 220 룩스 이상을 유지하여야 하고, 특히 선별 및 검사구역 작업장 등은 육안확인이 필요한 조도(540 룩스 이상)를 유지하여야 한다.

2. 선행요건 - 식품제조·가공업소 - 영업장

10. **채광 및 조명시설**은 내부식성 재질을 사용하여야 하며, 식품이 노출되거나 내포장작업을 하는 작업장에는 파손이나 이물 낙하 등에 의한 오염을 방지하기 위한 보호장치를 하여야 한다.

부대시설 - 화장실, 탈의실 등

11. **화장실, 탈의실 등**은 내부 공기를 외부로 배출할 수 있는 별도의 환기시설을 갖추어야 하며, 화장실 등의 벽과 바닥, 천장, 문은 내수성, 내부식성의 재질을 사용하여야 한다. 또한, 화장실의 출입구에는 세척, 건조, 소독 설비 등을 구비하여야 한다.
12. **탈의실**은 외출복장(신발 포함)과 위생복장(신발 포함)간의 교차오염이 발생하지 아니하도록 구분·보관하여야 한다.

작업 환경

- 동선 계획 및 공정간 오염방지

13. 원·부자재의 입고에서부터 출고까지 물류 및 종업원의 **이동 동선**을 설정하고 이를 준수하여야 한다.
14. 원료의 입고에서부터 제조·가공, 보관, 운송에 이르기까지 모든 단계에서 혼입될 수 있는 **이물에 대한 관리계획**을 수립하고 이를 준수하여야 하며, 필요한 경우 이를 관리할 수 있는 시설·장비를 설치하여야 한다.
15. 청결구역과 일반구역별로 각각 출입, 복장, 세척·소독 기준 등을 포함하는 **위생수칙**을 설정하여 관리하여야 한다.

2. 선행요건 - 식품제조·가공업소 - 영업장

- 온도·습도

16. 제조·가공·포장·보관 등 공정별로 **온도관리계획**을 수립하고 이를 측정할 수 있는 온도계를 설치하여 관리하여야 한다. 필요한 경우 제품의 안전성 및 적합성을 확보하기 위한 **습도 관리계획**을 수립·운영하여야 한다.

- 환기시설

17. 작업장내에서 발생하는 악취나 이취, 유해가스, 매연, 증기 등을 배출할 수 있는 **환기시설**을 설치하여야 한다.

- 방충·방서

18. 외부로 개방된 **흡·배기구** 등에는 여과망이나 방충망 등을 부착하여야 한다.

19. **작업장**은 방충·방서관리를 위하여 해충이나 설치류 등의 유입이나 번식을 방지할 수 있도록 관리하여야 하고, 유입 여부를 정기적으로 확인하여야 한다.

20. 작업장내에서 해충이나 설치류 등의 **구제**를 실시할 경우에 정해진 위생 수칙에 따라 동성이나 식품의 안전성에 영향을 주지 아니하는 범위 내에서 적절한 보호조치를 취한 후 실시하며, 작업종료 후 식품취급시설 또는 식품에 직·간접적으로 접촉한 부분은 세척 등을 통해 오염물질을 제거하여야 한다.

2. 선행요건 - 식품제조·가공업소 - 위생

■ 위생 관리

개인위생

21. 작업장내에서 작업 중인 **종업원** 등은 위생복·위생모·위생화 등을 항시 착용하여야 하며, 개인용 장신구 등을 착용하여서는 아니 된다.

폐기물

22. **폐기물·폐수처리시설**은 작업장과 격리된 일정장소에 설치·운영하며, **폐기물 등의 처리용기**는 밀폐 가능한 구조로 침출수 및 냄새가 누출되지 아니 하여야 하고, 관리계획에 따라 폐기물 등을 처리·반출하고, 그 관리기록을 유지하여야 한다.

세척 또는 소독

23. 영업장에는 기계·설비, 기구·용기 등을 충분히 **세척하거나 소독할 수 있는 시설**이나 장비를 갖추어야 한다.

24. **세척·소독시설**에는 종업원에게 잘 보이는 곳에 올바른 손 세척방법 등에 대한 지침이나 기준을 게시하여야 한다.

25. 영업자는 다음 각 호의 사항에 대한 **세척 또는 소독 기준**을 정하여야 한다.
    - 종업원   · 위생복, 위생모, 위생화 등   · 작업장 주변
    - 작업실별 내부   · 식품제조시설(이송배관포함)   · 냉장·냉동설비
    - 용수저장시설   · 보관·운반시설   · 운송차량, 운반도구 및 용기
    - 모니터링 및 검사 장비   · 환기시설 (필터, 방충망 등 포함)   · 폐기물 처리용기
    - 세척, 소독도구   · 기타 필요사항

2. 선행요건 - 식품제조·가공업소 - 위생

26. **세척 또는 소독 기준**은 다음의 사항을 포함하여야 한다.
    - 세척·소독 대상별 세척·소독 부위   · 세척·소독 방법 및 주기
    - 세척·소독 책임자   · 세척·소독 기구의 올바른 사용방법
    - 세제 및 소독제(일반명칭 및 통용명칭)의 구체적인 사용방법

27. **세척 및 소독용 기구나 용기**는 정해진 장소에 보관·관리되어야 한다.

28. **세척 및 소독의 효과**를 확인하고, 정해진 관리계획에 따라 세척 또는 소독을 실시하여야 한다.

2. 선행요건 - 식품제조·가공업소 - 제조·가공·냉장·냉동시설·설비

■ 제조·가공시설·설비 관리
제조시설 및 기계·기구류 등 설비관리

29. **제조·가공·선별·처리 시설 및 설비 등**은 공정간 또는 취급시설·설비 간 오염이 발생되지 아니하도록 공정 흐름에 따라 적절히 배치되어야 하며, 이 경우 제조가공에 사용하는 압축공기, 윤활제 등은 제품에 직접 영향을 주거나 영향을 줄 우려가 있는 경우 관리대책을 마련하여 청결하게 관리하여 위해요인에 의한 오염이 발생하지 아니하여야 한다.

30. **식품과 접촉하는 취급시설·설비**는 인체에 무해한 내수성·내부식성 재질로 열탕·증기·살균제 등으로 소독·살균이 가능하여야 하며, 기구 및 용기류는 용도별로 구분하여 사용·보관하여야 한다.

31. **온도를 높이거나 낮추는 처리시설**에는 온도변화를 측정·기록하는 장치를 설치·구비하거나 일정한 주기를 정하여 온도를 측정하고, 그 기록을 유지하여야 하며 관리계획에 따른 온도가 유지되어야 한다.

32. **식품취급시설·설비**는 정기적으로 점검·정비를 하여야 하고 그 결과를 보관하여야 한다.

■ 냉장·냉동시설·설비 관리

33. **냉장시설**은 내부 온도를 10℃ 이하(다만, 신선편의식품, 훈제연어는 5℃ 이하 보관 등 보관 온도기준이 별도로 정해져 있는 식품의 경우는 그 기준을 따른다.), **냉동시설**은 -18℃ 이하로 유지하고, 외부에서 온도변화를 관찰할 수 있어야 하며, 온도감응장치의 센서는 온도가 가장 높게 측정되는 곳에 위치하도록 한다.

2. 선행요건 - 식품제조·가공업소 - 용수

■ 용수 관리

34. 식품 제조·가공에 사용되거나, 식품에 접촉할 수 있는 시설·설비, 기구·용기, 종업원 등의 세척에 사용되는 **용수**는 수돗물이나 「먹는물관리법」 제5조의 규정에 의한 먹는 물 수질기준에 적합한 지하수이어야 하며, 지하수를 사용하는 경우, **취수원**은 화장실, 폐기물·폐수처리시설, 동물사육장 등 기타 지하수가 오염될 우려가 없도록 관리하여야 하며, 필요한 경우 살균 또는 소독장치를 갖추어야 한다.

35. 식품 제조·가공에 사용되거나, 식품에 접촉할 수 있는 시설·설비, 기구·용기, 종업원 등의 세척에 사용되는 **용수**는 다음 각호에 따른 검사를 실시하여야 한다.
   가. 지하수를 사용하는 경우는 먹는물 수질기준 전 항목에 대하여 연1회 이상(음료류 등 직접 마시는 용도의 경우는 반기 1회 이상) 검사를 실시하여야 한다.
   나. 먹는물 수질기준에 정해진 미생물학적 항목에 대한 검사를 월 1회 이상(지하수를 사용하거나 상수도의 경우는 비가열식품의 원료 세척수 또는 제품 배합수로 사용하는 경우에 한한다) 실시하여야 하며, 미생물학적 항목에 대한 검사는 간이검사키트를 이용하여 자체적으로 실시할 수 있다.

36. **저수조, 배관 등**은 인체에 유해하지 아니한 재질을 사용하여야 하며, 외부로부터의 오염물질 유입을 방지하는 잠금장치를 설치하여야 하고, 누수 및 오염여부를 정기적으로 점검하여야 한다.

37. **저수조**는 반기별 1회 이상 「수도법」에 따라 청소와 소독을 자체적으로 실시하거나, 「수도법」에 따른 저수조청소업자에게 대행하여 실시하여야 하며, 그 결과를 기록·유지하여야 한다.

38. **비음용수 배관**은 음용수 배관과 구별되도록 표시하고 교차되거나 합류되지 아니하여야 한다.

2. 선행요건 - 식품제조·가공업소 - 보관·운송

■ 보관·운송 관리
구입 및 입고

39. 검사성적서로 확인하거나 자체적으로 정한 입고기준 및 규격에 적합한 원·부자재만을 구입하여야 한다.

협력업소

40. 영업자는 원·부자재 공급업소 등 **협력업소**의 위생관리 상태 등을 점검하고 그 결과를 기록하여야 한다. 다만, 공급업소가 「식품위생법」이나 「축산물위생관리법」에 따른 HACCP 적용 업소일 경우에는 이를 생략할 수 있다.

운송

41. **운반 중인 식품·축산물**은 비식품·축산물 등과 구분하여 교차오염을 방지하여야 하며, 운송차량(지게차 등 포함)으로 인하여 운송제품이 오염되어서는 아니 된다.

42. **운송차량**은 냉장의 경우 10℃ 이하(단, 가금육 -2~5℃ 운반과 같이 별도로 정해진 경우에는 그 기준을 따른다), 냉동의 경우 -18℃ 이하를 유지할 수 있어야 하며, 외부에서 온도 변화를 확인할 수 있도록 온도기록장치를 부착하여야 한다.

2. 선행요건 - 식품제조·가공업소 - 보관·운송 및 회수

보관

43. **원료 및 완제품**은 선입선출 원칙에 따라 입고·출고상황을 관리·기록하여야 한다.
44. **원·부자재, 반제품 및 완제품**은 구분관리하고, 바닥이나 벽에 밀착되지 아니하도록 적재·관리하여야 한다.
45. **부적합한 원·부자재, 반제품 및 완제품**은 별도의 지정된 장소에 보관하고 명확하게 식별되는 표식을 하여 반송, 폐기 등의 조치를 취한 후 그 결과를 기록·유지하여야 한다.
46. **유독성 물질, 인화성 물질 및 비식용 화학물질**은 식품취급 구역으로부터 격리되고, 환기가 잘 되는 지정 장소에서 구분하여 보관·취급하여야 한다.

■ 회수프로그램 관리

51. 부적합품이나 반품된 제품의 회수를 위한 구체적인 회수절차나 방법을 기술한 **회수프로그램**을 수립·운영하여야 한다.
52. 부적합품의 원인규명이나 확인을 위한 제품별 생산장소, 일시, 제조라인 등 해당시설내의 **필요한 정보**를 기록·보관하고 제품추적을 위한 코드표시 또는 로트관리 등의 적절한 확인 방법을 강구하여야 한다.

2. 선행요건 - 식품제조·가공업소 - 검사

■ 검사 관리

제품검사

47. **제품검사**는 자체 실험실에서 검사계획에 따라 실시하거나 검사기관과의 협약에 의하여 실시하여야 한다.
48. **검사결과**에는 다음 내용이 구체적으로 기록되어야 한다.
   - 검체명
   - 검사 연월일
   - 판정결과 및 판정연월일
   - 기타 필요한 사항
   - 제조년월일 또는 유통기한(품질유지기한)
   - 검사항목, 검사기준 및 검사결과
   - 검사자 및 판정자의 서명날인

시설 설비 기구 등 검사

49. 냉장·냉동 및 가열처리 시설 등의 **온도측정장치**는 연 1회 이상, 검사용 장비 및 기구는 정기적으로 교정하여야 한다. 이 경우 자체적으로 교정검사를 하는 때에는 그 결과를 기록·유지하여야 하고, 외부 공인국가교정기관에 의뢰하여 교정하는 경우에는 그 결과를 보관하여야 한다.
50. 작업장의 청정도 유지를 위하여 **공중낙하세균** 등을 관리계획에 따라 측정·관리하여야 한다. 다만, 제조공정의 자동화, 시설·제품의 특수성, 식품이 노출되지 아니 하거나, 식품을 포장된 상태로 취급하는 등 작업장의 청정도가 식품에 영향을 줄 가능성이 없는 작업장은 그러하지 아니할 수 있다.

2. 선행요건 - 식품제조·가공업소 - 판정기준

■ 판정기준

인증평가

각 항목에 대한 취득점수의 합계가 85점 이상일 경우에는 적합, 70점 이상에서 85점 미만은 보완, 70점 미만이면 부적합으로 판정한다. 다만, 평가 제외 항목이 있을 경우 평가제외 항목을 제외한 총 점수 대비 취득점수를 백분율로 환산하여 85%(소수첫째자리 반올림 처리)이상일 경우에는 적합, 70%에서 85% 미만은 보완, 70% 미만이면 부적합으로 판정한다. 다만, 평가항목 34, 39번은 필수항목으로 인증평가 시 미흡한 경우(평가결과 0점을 말한다) 부적합으로 판정한다.

정기 조사·평가

각 항목에 대한 취득점수의 합계가 85점 이상일 경우에는 적합, 85점 미만이면 부적합으로 판정한다. 다만, 평가 제외 항목이 있을 경우 평가 제외 항목을 제외한 총 점수 대비 취득점수를 백분율로 환산하여 85%(소수첫째자리 반올림 처리) 이상일 경우에는 적합, 85% 미만이면 부적합으로 판정한다.

감점기준

정기 조사·평가 : 전년도 정기 조사·평가의 개선조치를 이행하지 않은 경우 해당 항목에 대한 감점 점수의 2배를 감점한다.

메모

✎메모

3. 선행요건 – 집단급식소 - 영업장

[HACCP 적용업소(집단급식소)의 선행요건 - 평가항목 : 71개]

■ 영업장 관리
작업장
1. **영업장**은 독립된 건물이거나 해당 영업신고를 한 업종 외의 용도로 사용되는 시설과 분리(벽·층 등에 의하여 별도의 방 또는 공간으로 구별)되어야 한다.
2. **작업장(출입문, 창문, 벽, 천장 등)**은 누수, 외부의 오염물질이나 해충·설치류 등의 유입을 차단할 수 있도록 밀폐 가능한 구조이어야 한다.
3. 작업장은 청결구역(식품 특성에 따라 청결구역은 청결구역과 준청결구역으로 구별할 수 있다)과 일반구역으로 분리하고, 제품의 특성과 공정에 따라 분리, 구획 또는 구분할 수 있다.

건물 바닥, 벽, 천장
4. 원료처리실, 제조·가공·조리실 및 내포장실의 **바닥, 벽, 천장, 출입문, 창문 등**은 제조·가공·조리하는 식품의 특성에 따라 내수성 또는 내열성 등의 재질을 사용하거나 이러한 처리를 하여야 하고, **바닥**은 파여 있거나 갈라진 틈이 없어야 하며, 작업 특성상 필요한 경우를 제외하고는 마른 상태를 유지하여야 한다. 이 경우 바닥, 벽, 천장 등에 타일 등과 같이 홈이 있는 재질을 사용한 때에는 홈에 먼지, 곰팡이, 이물 등이 끼지 아니 하도록 청결하게 관리하여야 한다.

3. 선행요건 - 집단급식소 - 영업장

배수 및 배관
5. 작업장은 배수가 잘 되어야 하고 **배수로**에 퇴적물이 쌓이지 아니 하여야 하며, **배수구, 배수관** 등은 역류가 되지 아니 하도록 관리하여야 한다.
6. **배관과 배관의 연결부위**는 인체에 무해한 재질이어야 하며, 응결수가 발생하지 아니 하도록 단열재 등으로 보온 처리하거나 이에 상응하는 적절한 조치를 취하여야 한다.

출입구
7. 작업장 **외부로 연결되는 출입문**에는 먼지나 해충 등의 유입을 방지하기 위한 완충구역이나 방충이중문 등을 설치하여야 한다.
8. **작업장의 출입구**에는 구역별 복장 착용 방법을 게시하여야 하고, 개인위생관리를 위한 세척, 건조, 소독 설비 등을 구비하고, 작업자는 세척 또는 소독 등을 통해 오염 가능성 물질 등을 제거한 후 작업에 임하여야 한다.

통로
9. 작업장 내부에는 종업원의 **이동경로**를 표시하여야 하고 이동경로에는 물건을 적재하거나 다른 용도로 사용하지 아니 하여야 한다.

창
10. **창의 유리**는 파손 시 유리 조각이 작업장내로 흩어지거나 원··부자재 등으로 혼입되지 아니 하도록 하여야 한다.

3. 선행요건 - 집단급식소 - 영업장

채광 및 조명
11. 선별 및 검사구역 작업장 등은 육안확인에 필요한 **조도**(540룩스 이상)를 유지하여야 한다.
12. **채광 및 조명시설**은 내부식성 재질을 사용하여야 하며, 식품이 노출되거나 내포장 작업을 하는 작업장에는 파손이나 이물 낙하 등에 의한 오염을 방지하기 위한 보호장치를 하여야 한다.

부대시설
- 화장실
13. **화장실, 탈의실 등**은 내부 공기를 외부로 배출할 수 있는 별도의 환기시설을 갖추어야 하며, 화장실 등의 벽과 바닥, 천장, 문은 내수성, 내부식성의 재질을 사용하여야 한다. 또한, 화장실의 출입구에는 세척, 건조, 소독 설비 등을 구비하여야 한다.

- 탈의실, 휴게실 등
14. **탈의실**은 외출복장(신발 포함)과 위생복장(신발 포함)간의 교차오염이 발생하지 아니 하도록 구분·보관하여야 한다.

3. 선행요건 - 집단급식소 - 위생

■ 위생 관리
작업 환경 관리

- 동선 계획 및 공정간 오염방지

15. 식자재의 반입부터 배식 또는 출하에 이르는 전 과정에서 교차오염 방지를 위하여 물류 및 출입자의 **이동동선**을 설정하고 이를 준수하여야 한다.

16. 청결구역과 일반구역별로 각각 출입, 복장, 세척·소독 기준 등을 포함하는 **위생수칙**을 설정하여 관리하여야 한다.

- 온도·습도

17. **작업장**은 제조·가공·조리·보관 등 공정별로 온도관리를 하여야 하고, 이를 측정할 수 있는 온도계를 설치하여야 한다. 필요한 경우, 제품의 안전성 및 적합성 확보를 위하여 습도관리를 하여야 한다.

- 환기시설

18. 작업장내에서 발생하는 악취나 이취, 유해가스, 매연, 증기 등을 배출할 수 있는 **환기시설, 후드 등**을 설치하여야 한다.

19. **외부로 개방된 흡·배기구, 후드 등**에는 여과망이나 방충망, 개폐시설 등을 부착하고 관리계획에 따라 청소 또는 세척하거나 교체하여야 한다.

3. 선행요건 - 집단급식소 - 위생

- 방충·방서

20. 작업장의 **방충·방서**관리를 위하여 해충이나 설치류 등의 유입이나 번식을 방지할 수 있도록 관리하여야 하고, 유입 여부를 정기적으로 확인하여야 한다.

21. 작업장내에서 해충이나 설치류 등의 **구제**를 실시할 경우에는 정해진 위생수칙에 따라 공정이나 식품의 안전성에 영향을 주지 아니 하는 범위 내에서 적절한 보호조치를 취한 후 실시하며, 작업종료 후 식품취급시설 또는 식품에 직·간접적으로 접촉한 부분은 세척 등을 통해 오염물질을 제거하여야 한다.

개인위생

22. 작업장내에서 작업중인 **종업원** 등은 위생복·위생모·위생화 등을 항시 착용하여야 하며, 개인용 장신구 등을 착용하여서는 아니 된다.

작업위생

- 교차오염의 방지

23. **칼과 도마 등의 조리 기구나 용기, 앞치마, 고무장갑 등**은 원료나 조리과정에서의 교차오염을 방지하기 위하여 식재료 특성 또는 구역별로 구분하여 사용하여야 한다.

24. **식품 취급 등의 작업**은 바닥으로부터 60㎝ 이상의 높이에서 실시하여 바닥으로부터의 오염을 방지하여야 한다.

3. 선행요건 - 집단급식소 - 위생

- 전처리

25. **해동**은 냉장해동(10℃ 이하), 전자레인지 해동, 또는 흐르는 물에서 실시한다.

26. **해동된 식품**은 즉시 사용하고 즉시 사용하지 못할 경우 조리 시까지 냉장 보관하여야 하며, 사용 후 남은 부분을 재동결하여서는 아니 된다.

- 조리

27. **가열 조리 후 냉각이 필요한 식품**은 냉각 중 오염이 일어나지 아니 하도록 신속히 냉각하여야 하며, 냉각온도 및 시간기준을 설정·관리하여야 한다.

28. **냉장식품**을 절단 소분 등의 처리를 할 때에는 식품의 온도가 가능한 한 15℃를 넘지 아니 하도록 한번에 소량씩 취급하고 처리 후 냉장고에 보관하는 등의 온도 관리를 하여야 한다.

- 완제품

29. **조리된 음식**은 배식 전까지의 보관온도 및 조리 후 섭취 완료시까지의 소요시간기준을 설정·관리하여야 하며, **유통제품**의 경우에는 적정한 유통기한 및 보존 조건을 설정·관리하여야 한다.

. 28℃ 이하의 경우 : 조리 후 2 ~ 3시간 이내 섭취 완료
. 보온(60℃ 이상) 유지 시 : 조리 후 5시간 이내 섭취 완료
. 제품의 품온을 5℃ 이하 유지 시 : 조리 후 24시간 이내 섭취 완료

3. 선행요건 - 집단급식소 - 위생

- 배식

30. 냉장식품과 온장식품에 대한 배식 온도관리기준을 설정·관리하여야 한다.
  - 냉장보관 : 냉장식품 10℃ 이하(다만, 신선편의식품, 훈제연어는 5℃ 이하 보관 등 보관온도 기준이 별도로 정해져 있는 식품의 경우에는 그 기준을 따른다.)
  - 온장보관 : 온장식품 60℃ 이상
31. **위생장갑 및 청결한 도구(집게, 국자 등)**를 사용하여야 하며, 배식중인 음식과 조리 완료된 음식을 혼합하여 배식하여서는 아니 된다.
- 검식
32. **영양사**는 조리된 식품에 대하여 배식하기 직전에 음식의 맛, 온도, 이물, 이취, 조리 상태 등을 확인하기 위한 검식을 실시하여야 한다. 다만, 영양사가 없는 경우 조리사가 검식을 대신할 수 있다.
- 보존식
33. **조리한 식품**은 소독된 보존식 전용용기 또는 멸균 비닐봉지에 매회 1인분 분량을 -18℃ 이하에서 144시간 이상 보관하여야 한다.

폐기물
34. 폐기물·폐수처리시설은 작업장과 격리된 일정장소에 설치·운영하여야 하며, **폐기물 등의 처리용기**는 밀폐 가능한 구조로 침출수 및 냄새가 누출되지 아니 하여야 하고, 관리계획에 따라 폐기물 등을 처리·반출하고, 그 관리기록을 유지하여야 한다.

3. 선행요건 - 집단급식소 - 위생

세척 또는 소독
35. 영업장에는 기계·설비, 기구·용기 등을 충분히 **세척하거나 소독할 수 있는 시설이나 장비**를 갖추어야 한다.
36. 세척·소독시설에는 종업원에게 잘 보이는 곳에 올바른 **손 세척방법 등에 대한 지침이나 기준**을 게시하여야 한다.
37. 영업자는 다음 각 호의 사항에 대한 **세척 또는 소독 기준**을 정하여야 한다.
  - 종업원
  - 작업실별 내부
  - 용수저장시설
  - 모니터링 및 검사 장비
  - 세척, 소독도구
  - 위생복, 위생모, 위생화 등
  - 칼, 도마 등 조리도구
  - 보관·운반시설
  - 환기시설(필터, 방충망 등 포함)
  - 기타 필요사항
  - 작업장 주변
  - 냉장·냉동설비
  - 운송차량, 운반도구 및 용기
  - 폐기물 처리용기
38. **세척 또는 소독 기준**은 다음의 사항을 포함하여야 한다.
  - 세척·소독 대상별 세척. 소독 부위
  - 세척·소독 책임자
  - 세제 및 소독제(일반명칭 및 통용명칭)의 구체적인 사용 방법
  - 세척·소독 방법 및 주기
  - 세척·소독 기구의 올바른 사용 방법
39. **세제·소독제, 세척 및 소독용 기구나 용기**는 정해진 장소에 보관·관리되어야 한다.
40. **세척 및 소독의 효과**를 관리계획에 따라 확인하여야 한다.

3. 선행요건 - 집단급식소 - 제조·가공·조리 및 냉장·냉동시설·설비

■ 제조·가공·조리 시설·설비 관리
41. 조리장에는 주방용 식기류를 소독하기 위한 자외선 또는 전기 살균소독기를 설치하거나 열탕세척소독시설(식중독을 일으키는 병원성미생물 등이 살균될 수 있는 시설이어야 한다)을 갖추어야 한다.
42. **식품과 직접 접촉하는 부분**은 내수성 및 내부식성 재질로 세척이 쉽고 열탕·증기·살균제 등으로 소독·살균이 가능한 것이어야 한다.
43. **모니터링 기구 등**은 사용 전후에 지속적인 세척·소독을 실시하여 교차오염이 발생하지 아니 하여야 한다.
44. **식품취급시설·설비**는 정기적으로 점검·정비를 하여야 하고 그 결과를 보관하여야 한다.

■ 냉장·냉동 시설·설비 관리
45. **냉장·냉동·냉각실**은 냉장 식재료 보관, 냉동 식재료의 해동, 가열조리된 식품의 냉각과 냉장 보관에 충분한 용량이 되어야 한다.
46. **냉장시설**은 내부 온도를 10℃ 이하(다만, 신선편의식품, 훈제연어는 5℃ 이하 보관 등 보관 온도기준이 별도로 정해져 있는 식품의 경우에는 그 기준을 따른다.), **냉동시설**은 -18℃로 유지하여야 하고, 외부에서 온도변화를 관찰할 수 있어야 하며, 온도감응장치의 센서는 온도가 가장 높게 측정되는 곳에 위치하도록 한다.

3. 선행요건 - 집단급식소 - 용수

■ 용수 관리

47. 식품 제조·가공·조리에 사용되거나, 식품에 접촉할 수 있는 시설·설비, 기구·용기, 종업원 등의 세척에 사용되는 **용수**는 수돗물이나「먹는물관리법」제5조의 규정에 의한 먹는물 수질기준에 적합한 지하수이어야 하며, 지하수를 사용하는 경우 **취수원**은 화장실, 폐기물·폐수처리시설, 동물사육장 등 기타 지하수가 오염될 우려가 없도록 관리하여야 하며, 필요한 경우 **용수 살균 또는 소독장치**를 갖추어야 한다.

48. 가공·조리에 사용되거나, 식품에 접촉할 수 있는 시설·설비, 기구·용기, 종업원 등의 세척에 사용되는 **용수**는 다음 각호에 따른 검사를 실시하여야 한다.
    가. 지하수를 사용하는 경우에는 먹는물 수질기준의 전 항목에 대하여 연1회 이상(음료류 등 직접 마시는 용도의 경우는 반기 1회 이상) 검사를 실시하여야 한다.
    나. 먹는물 수질기준에 정해진 미생물학적 항목에 대한 검사를 월 1회 이상 실시하여야 하며, 미생물학적 항목에 대한 검사는 간이검사키트를 이용하여 자체적으로 실시할 수 있다.

49. **저수조, 배관 등**은 인체에 유해하지 아니한 재질을 사용하여야 하며, 외부로부터의 오염물질 유입을 방지하는 잠금장치를 설치하여야 하고, 누수 및 오염여부를 정기적으로 점검하여야 한다.

50. **저수조**는 반기별 1회 이상「수도법」에 따라 청소와 소독을 자체적으로 실시하거나,「수도법」에 따른 저수조청소업자에게 대행하여 실시하여야 하며, 그 결과를 기록·유지하여야 한다.

51. **비음용수 배관**은 음용수 배관과 구별되도록 표시하고 교차되거나 합류되지 아니 하여야 한다.

3. 선행요건 - 집단급식소 - 보관·운송

■ 보관·운송 관리
구입 및 입고

52. 검사성적서로 확인하거나 자체적으로 정한 입고기준 및 규격에 적합한 **원·부자재**만을 구입한다.

53. **부적합한 원·부자재**는 적절한 절차를 정하여 반품 또는 폐기처분 하여야 한다.

54. 입고검사를 위한 **검수공간**을 확보하고 검수대에는 온도계 등 필요한 장비를 갖추고 청결을 유지하여야 한다.

55. **원·부자재 검수**는 납품 시 즉시 실시하여야 하며, 부득이 검수가 늦어질 경우에는 원·부자재별로 정해진 냉장·냉동 온도에서 보관하여야 한다.

운송

56. 운송차량(지게차 등 포함)으로 인하여 제품이 오염되어서는 아니 된다.

57. **운송차량**은 냉장의 경우 10℃ 이하, 냉동의 경우 -18℃ 이하를 유지할 수 있어야 하며, 외부에서 온도 변화를 확인할 수 있도록 임의조작이 방지된 온도 기록 장치를 부착하여야 한다.

58. **운반중인 식품**은 비식품 등과 구분하여 취급하여 교차오염을 방지하여야 한다.

59. **운송차량, 운반도구 및 용기**는 관리계획에 따라 세척·소독을 실시하여야 한다.

3. 선행요건 - 집단급식소 - 보관·운송 및 회수

보관

60. **원료 및 완제품**은 선입선출 원칙에 따라 입고·출고상황을 관리·기록하여야 한다.

61. **원·부자재 및 완제품**은 구분관리하고 바닥, 벽에 밀착되지 아니 하도록 적재·관리하여야 한다.

62. **원·부자재**에는 덮개나 포장을 사용하고, 날 음식과 가열조리 음식을 구분 보관하는 등 교차오염이 발생하지 아니 하도록 하여야 한다.

63. 검수기준에 **부적합한 원·부자재나 보관 중 유통기한이 경과한 제품, 포장이 손상된 제품 등**은 별도의 지정된 장소에 명확하게 식별되는 표식을 하여 보관하고 반송, 폐기 등의 조치를 취한 후 그 결과를 기록·유지하여야 한다.

64. **유독성 물질, 인화성 물질, 비식용 화학물질**은 식품취급구역으로부터 격리된 환기가 잘 되는 지정된 장소에서 구분하여 보관·취급 되어야 한다.

■ 회수프로그램 관리 (시중에 유통·판매되는 포장제품에 한함)

69. **영업자**는 당해제품의 유통 경로, 소비 대상과 판매처의 범위를 파악하여 제품 회수에 필요한 업소명과 연락처 등을 기록·보관하여야 한다.

70. 부적합품이나 반품된 제품의 회수를 위한 구체적인 회수절차나 방법을 기술한 **회수프로그램**을 수립·운영하여야 한다.

71. 부적합품의 원인규명이나 확인을 위한 제품별 생산장소, 일시, 제조라인 등 해당시설내의 필요한 **정보**를 기록·보관하고 제품추적을 위한 코드표시 또는 로트관리 등의 적절한 확인 방법을 강구하여야 한다.

✎메모

3. 선행요건 - 집단급식소 - 회수

■ 검사 관리

제품검사

65. **제품검사**는 자체 실험실에서 검사계획에 따라 실시하거나 검사기관과의 협약에 의하여 실시하여야 한다.

66. **검사결과**에는 다음 내용이 구체적으로 기록되어야 한다.
   . 검체명   . 제조연월일 또는 유통기한(품질유지기한)
   . 검사연월일   . 검사항목, 검사기준 및 검사결과
   . 판정결과 및 판정연월일   . 검사자 및 판정자의 서명날인   . 기타 필요한 사항

시설·설비·기구 등 검사

67. 냉장·냉동 및 가열처리 시설 등의 **온도측정장치**는 연 1회 이상, 검사용 장비 및 기구는 정기적으로 교정하여야 한다. 이 경우 자체적으로 교정검사를 하는 때에는 그 결과를 기록·유지하여야 하고, 외부 공인국가교정기관에 의뢰하여 교정하는 경우에는 그 결과를 보관하여야 한다.

68. 작업장의 청정도 유지를 위하여 **공중낙하세균** 등을 관리계획에 따라 측정·관리하여야 한다. 다만, 식품이 노출되지 아니하거나, 식품을 포장된 상태로 취급하는 작업장은 그러하지 아니할 수 있다.

3. 선행요건 - 집단급식소 - 판정기준

■ 판정기준

인증평가

각 항목에 대한 취득점수의 합계가 85점 이상일 경우에는 적합, 70점 이상에서 85점 미만은 보완, 70점 미만이면 부적합으로 판정한다. 다만, 평가 제외 항목이 있을 경우 평가 제외 항목을 제외한 총 점수 대비 취득점수를 백분율로 환산하여 85%(소수첫째자리 반올림 처리) 이상일 경우에는 적합, 70%에서 85% 미만은 보완, 70% 미만이면 부적합으로 판정한다. 다만, 평가항목 47, 52번은 필수항목으로 인증평가 시 미흡한 경우 부적합으로 판정한다.

정기 조사·평가

각 항목에 대한 취득점수의 합계가 85점 이상일 경우에는 적합, 85점 미만이면 부적합으로 판정한다. 다만, 평가 제외 항목이 있을 경우 평가 제외 항목을 제외한 총 점수 대비 취득점수를 백분율로 환산하여 85%(소수첫째자리 반올림 처리) 이상일 경우에는 적합, 85% 미만이면 부적합으로 판정한다.

감점기준

정기 조사·평가 : 전년도 정기 조사·평가의 개선조치를 이행하지 않은 경우 해당 항목에 대한 감점 점수의 2배를 감점한다.

4. 선행요건 - 소규모업소, 식품접객업소(제과점)

[HACCP 적용업소(소규모업소, 식품접객업소)의 선행요건 - 평가항목 : 17개]

1. **작업장**은 외부의 오염물질이나, 해충·설치류 등의 유입을 차단할 수 있도록 밀폐 또는 위생적으로 관리하여야 한다.

2. **작업장**은 청결구역(식품의 특성에 따라 청결구역은 청결구역과 준청결구역으로 구별할 수 있다)과 일반구역으로 분리, 구획 또는 구분하여야 한다. 이 경우 화장실 등 부대시설은 작업장에 영향을 주지 않도록 분리되어야 한다.

3. **종업원**은 작업장 출입 시 이물제거 도구 등을 이용하여 이물을 제거하여야 하고, 개인장신구 등 휴대품을 소지하여서는 아니 된다.

4. **종업원**은 작업장 출입 시 손·위생화 등을 세척·소독하여야 하며, 청결한 위생복장을 착용하고 입실하여야 한다.

5. **포충등, 쥐덫, 바퀴벌레 포획도구 등**에 포획된 개체수를 정해진 주기에 따라 확인하여야 한다.

6. **작업장 내부**는 정해진 주기에 따라 청소하여야 한다.

7. **배수로, 제조설비의 식품과 직접 닿는 부분, 식품과 직접 접촉되는 작업도구 등**은 정해진 주기에 따라 청소·소독을 실시하여야 한다.

8. 식품안전과 관련된 **소비자 불만, 이물 혼입** 등 발생 시 개선조치를 실시하고, 그 결과를 기록·유지하는 등 식품위생법에서 정하는 준수사항을 지켜야 한다.

9. 식품과 직접 접촉되는 **모니터링 도구(온도계 등)**는 사용 전·후 세척·소독을 실시하여야 한다.

4. 선행요건 - 소규모업소, 식품접객업소(제과점)

10. 파손되거나 정상적으로 작동하지 아니하는 **제조설비**를 사용하여서는 아니 되며 식품위생법에서 정한 시설기준에 적합하게 관리하여야 한다. 이 경우 제조가공에 사용하는 압축공기, 윤활제 등은 제품에 직접 영향을 주거나 영향을 줄 우려가 있는 경우 관리대책을 마련하여 청결하게 관리하여 위해요인에 의한 오염이 발생하지 아니하여야 한다.

11. **가열기 및 냉장·냉동 창고의 온도계**는 정해진 주기에 따라 검·교정을 실시하여야 한다.

12. **냉장·냉동 창고의 온도**를 적절히 관리하여야 한다.

13. 식품의 제조·가공·조리·선별·처리에 사용되거나, 식품에 접촉할 수 있는 시설·설비, 기구·용기, 종업원 등의 세척에 사용되는 **용수**는 수돗물이나 「먹는물관리법」 제5조의 규정에 의한 먹는물 수질기준에 적합한 지하수이어야 하며, 필요한 경우 살균 또는 소독장치를 갖추어야 한다. 또한, **저수조**를 설치하여 사용하는 경우 정해진 주기에 따라 청소·소독을 하여야 한다.

14. **원·부재료** 입고 시 시험성적서를 확인하거나 육안검사를 실시하여야 한다.

15. **원·부재료, 반제품 및 완제품 등**은 지정된 장소에 바닥이나 벽에 밀착되지 않도록 석재·보관하고, 교차오염 예방 및 청결하게 관리하여야 한다.

16. **운반 중인 식품·축산물**은 비식품·축산물 등과 구분하여 교차오염을 방지하여야 하며, 냉장의 경우 10℃ 이하(단, 가금육 –2~5℃ 운반과 같이 별도로 정해진 경우에는 그 기준을 따른다), 냉동의 경우 –18℃ 이하로 유지·관리하여야 한다.

17. **완제품**에 대한 검사를 정해진 주기에 따라 실시하여야 하며, 기준 및 규격에 적합한 제품을 제조·판매하고 부적합 제품에 대한 회수관리를 하여야 한다.

4. 선행요건 - 소규모업소, 식품접객업소(제과점)

■ 판정기준

인증평가

각 항목에 대한 취득점수의 합계가 43점 이상일 경우에는 적합, 35점 이상에서 43점 미만은 보완, 35점 미만이면 부적합으로 판정한다. 다만, 평가 제외 항목이 있을 경우 평가 제외 항목을 제외한 총 점수 대비 취득점수를 백분율로 환산하여 85%(소수첫째자리 반올림 처리)이상일 경우에는 적합, 70%에서 85% 미만은 보완, 70% 미만이면 부적합으로 판정한다. 다만, 평가항목 13, 14번은 필수항목으로 인증평가 시 미흡한 경우 부적합으로 판정한다.

정기 조사·평가

각 항목에 대한 취득점수의 합계가 43점 이상일 경우에는 적합, 43점 미만이면 부적합으로 판정한다. 다만, 평가 제외 항목이 있을 경우 평가 제외 항목을 제외한 총 점수 대비 취득점수를 백분율로 환산하여 85%(소수첫째자리 반올림 처리)이상일 경우에는 적합, 85% 미만이면 부적합으로 판정한다.

감점기준

정기 조사·평가 : 전년도 정기 조사·평가의 개선조치를 이행하지 않은 경우 해당 항목에 대한 감점 점수의 2배를 감점한다.

✎메모

✎메모

Ⅴ-6-2. HACCP 관리계획 부문

HACCP Plan

---

1. HACCP Plan 개요

■ HACCP 7원칙 및 12 적용절차

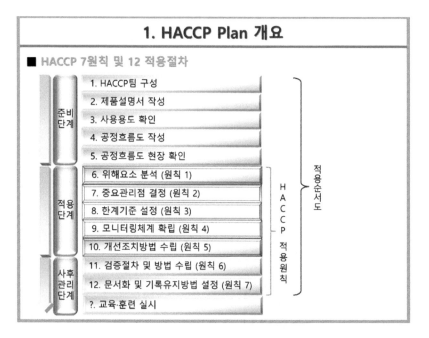

---

2. HACCP Plan - HACCP팀

[HACCP 적용업소가 HACCP 적용원칙과 적용 순서도에 따라 원·부재료와 해당 공정에 대하여 수립·운영해야 하는 HACCP 관리계획 – 평가항목 : 28개]

■ 인증평가 (15점)

1. **HACCP팀**을 구성하고 팀원별 책임과 권한 및 인수인계 방법을 부여하고 있는가? (0~5)

2. **팀구성원**이 HACCP의 개념과 원칙, 절차 등과 각자의 역할에 대하여 충분히 이해하고 있는가? (0~5)

3. 팀장은 HACCP팀에 주도적으로 참여하고 있으며, **각 팀원**은 적극적으로 참여하여 활동하고 있는가? (0~5)

● 사후관리 (15점)

1. 팀구성원이 HACCP의 개념과 원칙, 절차 등과 각자의 역할에 대하여 충분히 이해하고 있는가? (0~5)

2. 팀장은 HACCP팀에 주도적으로 참여하고 있으며, 각 팀원은 적극적으로 참여하여 활동하고 있는가? (0~5)

3. 팀구성원 교체 또는 변동 시 **인수인계**가 철저히 이루어지고 있는가? (0~5)

2. HACCP Plan - 제품설명서 및 공정흐름도

■ 인증평가 (15점)

1. **제품설명서**가 구체적으로 기술되어 있는가? (0~5)
2. **공정흐름도**를 작성하고 있는가? (0~5)
3. **공정흐름도**가 현장과 일치하는가? (0~5)

● 사후관리 (15점)

1. 제품설명서 및 공정흐름도를 기준서에 반영하고 있는가?(0~10)
2. 공정흐름도 및 제조공정설비도면이 현장과 일치하는가?(0~5)

2. HACCP Plan - 위해요소 분석

■ 인증평가 (45점)

1. 발생가능한 **위해요소**를 충분히 도출하고, **발생원인**을 구체적으로 기술하고 있는가? (0~10)
2. 도출된 위해요소에 대한 **위해평가기준**(심각성, 발생가능성 등) 및 평가결과의 활용원칙이 제시되어 있는가? (0~10)
3. 개별 위해요소에 대한 **위해평가**가 적절하게 이루어졌는가? (0~5)
4. 도출된 위해요소를 관리하기 위한 현실성 있는 **예방조치 및 관리방법**을 도출하였는가? (0~10)
5. 위해요소 분석을 위한 과학적인 **근거자료**를 제시하고 있는가? (0~5)
6. 위해요소 분석에 대한 개념과 절차를 잘 이해하고 있는가? (0~5)

● 사후관리 (20점)

1. 위해요소 분석과 관련된 새로운 **정보**의 지속적인 수집 및 보완이 이루어지고 있는가? (0~5)
2. 발생가능한 위해요소에 **변경사항**이 있는 경우 잠재적인 위해요소를 충분히 도출하여 위해요소 분석을 실시하고 있는가? (0~5)
3. 위해요소 분석을 위한 과학적인 근거자료를 제시하고 있는가? (0~5)
4. 위해요소 분석에 대한 개념과 절차를 잘 이해하고 있는가? (0~5)

2. HACCP Plan - 중요관리점 결정 및 한계기준 설정

■ 인증평가 (45점)

1. CCP결정도(Decision Tree)에 따라 **CCP**가 적절하게 결정되었는가? (0~10) (부적합)
2. **팀원**은 제시된 CCP결정도의 개념을 잘 숙지하고 있는가? (0~5)
3. **한계기준**의 관리항목과 기준이 구체적으로 설정되어 있으며, 설정된 한계기준은 도출된 위해요소를 관리하기에 충분한가? (0~10) (부적합)
4. **CCP 모니터링 담당자**가 설정된 한계기준을 숙지하고 있는가? (0~10)
5. 한계기준 설정을 위해 활용한 유효성 **평가자료**는 현장의 특성을 반영하고 있는가? (0~10)

● 사후관리 (20점)

1. CCP결정도(Decision Tree)에 따라 CCP가 적절하게 결정되었는가? (0~5)
2. 한계기준이 도출된 위해요소를 관리하기에 충분한가? (0~10)
3. 한계기준 설정을 위해 활용한 유효성 평가자료는 현장 특성의 반영하고 있는가? (0~5)

✎메모

2. HACCP Plan - CCP 모니터링 및 개선조치 확립

■ 인증평가 (45점)

1. **모니터링 방법**은 한계기준을 충분히 관리할 수 있도록 설정되어 있는가? (0~10)
2. **모니터링 담당자**는 모니터링 절차에 따라 지정위치에서 모니터링하고 있는가? (0~10) (부적합)
3. **모니터링 담당자**는 훈련을 통하여 자신의 역할을 잘 숙지하고 있는가? (0~5)
4. 모니터링에 사용되는 **장비**는 적절히 교정하여 관리하고 있는가? (0~5)
5. **개선조치 절차 및 방법**은 수립되어 있으며 책임과 권한에 따라 자신의 역할을 잘 숙지하고 있는가? (0~5)
6. **개선조치**를 신속하고 구체적으로 실시하고 있으며 그 결과를 적절히 기록유지하고 있는가? (0~10) (부적합)

● 사후관리 (50점)

1. 모니터링 방법은 한계기준을 충분히 관리할 수 있도록 설정되어 있는가? (0~10)
2. 모니터링 담당자는 절차에 따라 지정위치에서 모니터링하여 기록유지하고 있는가? (0~10)
3. 모니터링 담당자는 훈련을 통하여 자신의 역할을 잘 숙지하고 있는가? (0~5)
4. 모니터링에 사용되는 장비는 적절히 교정하여 관리하고 있는가? (0~10)
5. 개선조치 절차 및 방법은 수립되어 있으며 책임과 권한에 따라 자신의 역할을 잘 숙지하고 있는가? (0~5)
6. 개선조치를 실시하고 있으며 그 결과를 적절히 기록유지하고 있는가? (0~10)

2. HACCP Plan - HACCP시스템 검증 및 교육·훈련

■ 인증평가 (20점)

1. **검증업무 절차 및 검증계획**이 적절히 수립되어 있는가? (0~10)
2. 검증계획에 따라 HACCP 관리계획수립 후 **최초 검증**을 적절히 실시하였는가? (0~5)
3. 검증결과, 부적합 사항에 대한 **개선조치 등 사후관리**가 수행되었는가? (0~5)

● 사후관리 (50점)

1. 검증대상에 따른 검증계획, 방법, 주기는 적절하게 확립되어 있는가? (0~10)
2. **검증요원**은 검증절차, 방법 및 역할을 잘 숙지하고 있는가? (0~10)
3. 검증계획 및 절차에 따라 검증을 실시하고 있는가? (0~5)
4. 검증결과, 부적합 사항에 대한 개선조치 등 사후관리가 수행되고 있는가? (0~10)
5. **검증결과**를 주기적으로 검토, 분석하여 HACCP시스템 운영에 반영하고 있는가? (0~10)

■ 인증평가 (15점)

1. HACCP 시스템의 효율적 운영을 위한 **교육·훈련절차 및 계획**이 확립되어 있는가? (0~10)
2. **교육·훈련**은 교육·훈련계획 및 절차에 따라 실시되고 그 기록이 유지되고 있는가? (0~5)

● 사후관리 (30점)

1. HACCP시스템의 효율적 운영을 위한 교육·훈련절차 및 계획이 확립되어 있는가? (0~10)
2. 교육·훈련은 교육·훈련계획 및 절차에 따라 실시되고 그 기록이 유지되고 있는가? (0~10)
3. HACCP팀원은 **교육·훈련결과**를 주기적으로 검토, 분석하여 HACCP시스템 운영에 반영하고 있는가? (0~10)

2. HACCP Plan - 평가기준

■ 인증평가

① 평가항목의 배점에 대한 점수는 아래 평가점수표에 따라 부여한다.

구 분	배 점	
	0~5	0~10
평가점수	0	0
	1	2
	2	4
	3	6
	4	8
	5	10

② 총 점수 200점 중 170점 이상을 적합, 140점 이상 170점 미만은 보완, 140점 미만이면 부적합으로 판정한다. 다만, 4-1, 4-3, 5-2, 5-6번은 필수항목으로 인증평가 시 미흡한 경우 부적합으로 판정한다.

● 가점기준

인증평가 : 자동기록관리시스템 적용업소로 등록된 업소(모든 중요관리점에 자동기록관리 시스템을 적용한 업소에 한함)에 대해서는 총점에서 6점을 가산한다.

2. HACCP Plan - 평가기준

■ 사후관리

① 평가항목의 배점에 대한 점수는 아래 평가점수표에 따라 부여한다.

구 분	배 점	
	0~5	0~10
평가점수	0	0
	1	2
	2	4
	3	6
	4	8
	5	10

② 총 점수 200점 중 170점 이상이면 적합, 170점 미만이면 부적합으로 판정한다.

● 감점기준

전년도 정기 조사·평가의 개선조치를 이행하지 않은 경우 해당 항목에 대한 감점점수의 2배를 감점한다.

3. HACCP Plan - 소규모업소, 식품접객업소(제과점)

1. 중요관리점(CCP) 결정도(Decision tree)에 따라 **CCP**가 적절하게 결정되었는가? (0~5점) (부적합)
2. 중요관리점(CCP)에 대한 **한계기준**을 수립하여 관리하여야 하며, 변경 등 발생 시 기준을 적절하게 설정 및 관리하고 있는가? (0~5점) (부적합)
3. 한계기준 설정을 위해 활용한 유효성 **평가자료**는 현장 특성을 반영하고 있는가? (0~5점)
4. **모니터링 담당자**는 절차에 따라 지정위치에서 모니터링하여 기록·유지하고 있는가? (0~10점) (부적합)
5. **모니터링 기구·장비 등**은 매년 유지·보수하거나 검·교정을 실시하고 있는가? (0~5점)
6. 한계기준 이탈 시 **개선조치**를 실시하고, 그 결과를 기록·유지하고 있는가? (0~10점) (부적합)
7. 중요관리점(CCP)에 대한 관리상황을 정해진 주기에 따라 **검증**하고, 그 결과를 기록·유지하고 있는가? (0~5점)
8. 종업원을 대상으로 정해진 주기에 따라 위생 및 HACCP관리 **교육**을 실시하고 있는가? (0~5점)

3. HACCP Plan - 소규모업소, 식품접객업소(제과점)

■ 인증평가

① 평가항목의 배점에 대한 점수는 아래 평가점수표에 따라 부여한다.

구 분	배 점	
	0~5	0~10
평가점수	0	0
	1	2
	2	4
	3	6
	4	8
	5	10

② **인증평가** : 총 점수 50점 중 43점 이상을 적합, 35점 이상 43점 미만은 보완, 35점 미만이면 부적합으로 판정한다. 다만, 평가항목 1, 2, 4, 6번은 필수항목으로 인증평가 시 미흡한 경우 부적합으로 판정한다.
③ **조사평가** : 총 점수 50점 중 43점 이상이면 적합, 43점 미만이면 부적합으로 판정한다.
● 가점기준
인증평가 : 자동기록관리시스템 적용업소로 등록된 업소(모든 중요관리점에 자동기록관리시스템을 적용한 업소에 한함)에 대해서는 총점에서 6점을 가산한다.

✎메모

비누를 사용하여
30초 손씻기

물 끓여 마시기

채소, 과일은 깨끗한
물로 세척 하기

주변 환경
청결히 하기

도구는 끓이거나
염소 소독 하기

생식은 삼가고
85℃ 1분 이상
가열 하기

VI

HACCP시스템 확립

✎메모

VI-1. 선행요건 확립

VI-1-1. 개인 위생안전 관리

1. 건강 관리

■ 건강진단 대상
- 식품을 제조·가공·조리·보관하는 일에 직접 종사하는 영업자 및 종업원

■ 건강진단 항목
* 식품위생분야 종사자의 건강진단규칙 제2조
- 장티푸스, 폐결핵, 피부병 또는 그 밖의 화농성질환

※「식품위생법」제40조 제4항에 의한 영업에 종사하지 못하는 질병
1. 1군 감염병(콜레라, 페스트, 장티푸스, 파라티푸스, 세균성이질, 장출혈성대장균감염증, A형 간염 등)
2. 결핵(비감염성의 경우는 제외)
3. 피부병 또는 그 밖의 화농성 질환
4. 후천성 면역결핍증(성병에 관한 건강진단을 받아야 하는 영업에 종사자)

■ 건강진단 주기
- 매년 1회 이상
- 학교급식의 조리종사자 : 6개월에 1회 (학교급식법 시행규칙」제6조 제1항)
* 건강진단을 받지 아니 하였거나 건강진단 결과 타인에게 위해를 끼칠 우려가 있을 때에는
  작업장 출입금지 및 식품취급에서 제외하고 타 업무 배치 권유
  또한 작업 전 자신의 건강상태를 확인 후 이상이 감지되면 위생관리 책임자에게 보고하고 지시
  에 따라야 하고 관리자는 종업원의 질병이 완치된 것을 확인한 후에 그 종업원을 작업에 투입

2. 위생복장 착용

■ 위생복장 구분
- 작업구역별, 작업용도별 구분 착용

구분	원료창고	제조·가공·조리구역	배식구역	세척구역
위생복	○	○	○	○
위생모	○	○	○	○
위생장화	○	○	○	○
앞치마	X	○	○	○
위생장갑	○	○	○	○
마스크	○	○	○	X
토시	X	○	X	○

* 출처 : 허남윤 등(2019), 식품위생학

전처리용 조리용 배식용 청소용

* 출처 : 식품의약품안전처장(2009),
집단급식소 위생관리 매뉴얼

- 작업장 입구에 구역별 위생복장 착용방법 게시

* 출처 : 식품의약품안전처장(2014), HACCP 선행요건 개선 우수 사례집

2. 위생복장 착용

■ 위생복장 착용
- 모든 종업원 : 작업장에 입실하기 전에 정해진 위생복장 착용

위생복장	착용기준
위생복	소매·바지 등은 완전히 내려서 착용하며, 상의 단추 등을 개방하지 않고 조리장 이외의 장소에서 착용하지 않아야 한다.
위생모	머리 전체를 감싸지도록 하여 머리카락이 위생모 밖으로 나오지 않게 착용한다.
위생(장)화	꺾어 신거나 구겨 신지 않는다.
앞치마	가슴에서 무릎까지 가려지도록 착용한 후 뒤에 끈을 묶는다.
위생장갑	손목부위 작업복소매를 덮어서 착용한다.
마스크	호흡기(입, 코)를 완전히 가리도록 착용한다.
토시	위생장갑(손목부위)을 덮어 팔꿈치까지 착용한다.

* 출처 : 허남윤 등(2019), 식품위생학

2. 위생복장 착용

■ 위생복장 보관

* 출처 : 식품의약품안전처장(2014), HACCP 선행요건 개선 우수 사례집

■ 위생복장 세척·소독
- 위생복장 : 정기적으로 세척 또는 교체하여 항상 청결한 상태로 관리

구분	세척주기	교체주기	보관장소
위생복	주1회	12개월	옷장
위생모	주1회	6개월	옷장
위생(장)화	주1회	파손 시	신발장
앞치마	수시	파손 시	앞치마 보관장
위생장갑	–	매일	위생장갑 보관함
위생마스크	–	매일	마스크 보관함
토시	수시	파손 시	토시 보관함

* 출처 : 허남윤 등(2019), 식품위생학

✎메모

✎메모

2. 위생복장 착용

■ 개인용 장신구
- 개인용 장신구(시계, 반지, 목걸이, 귀걸이, 팔찌 등)를 착용하거나 불필요한 개인용품(휴대폰 등)을 작업장에 반입금지

■ 작업장 출입 원칙
- 청결구역과 일반구역별로 각각 출입 및 세척·소독기준 등을 포함하는 위생수칙 설정
- 모든 종업원 : 반드시 지정된 출입구와 이동 동선을 이용하여 출입
- 작업장의 출입 시 정해진 출입 및 세척·소독기준의 절차를 준수하여 오염 가능성 물질 등을 제거하고 입실한 후 작업

* 출처 : 허남윤 등(2019), 식품위생학
* 출처 : 식품의약품안전처장(2014), HACCP 선행요건 개선 우수 사례집

3. 작업장 출입

■ 작업장 입실절차
- 위생복장 착용 후 먼저 에어샤워기 통과

1. 규정된 위생복장을 착용하고 머리카락을 정리한다.

2. 끈끈이롤러로 위생복장의 이물을 제거한다(뒤 참조).

3. 손에 비누를 묻힌다.

4. 비누칠을 7단계로 충분히 하고 헹군다(뒤 참조).

5. 손의 물기를 1회용 타올로 닦아낸다.

6. 소독액을 뿌려 비비고 공기 중에서 건조한다.

4. 손 세척 및 소독

■ 손 오염부위

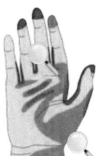

80-100%　　50-79%

0-49%

* 색이 진한 부분일수록 세척이 잘 되지 되지 않으므로 더 주의 깊게 세척해야 합니다.

* 출처 : 식품의약품안전처장(2009), 집단급식소 위생관리 매뉴얼

4. 손 세척 및 소독

■ 손 세척 및 소독시기
- 작업장(실습실)을 입실할 때
- 제과·제빵작업을 시작하기 전이나 끝난 후
- 제과·제빵작업 중 주기적으로
- 원료성 제품을 취급하고 제조·가공제품을 만질 때
- 오염된 제과·제빵장비나 도구 등을 만진 후
- 머리, 얼굴 또는 몸 등 신체부위를 만진 후
- 재채기나 기침, 콧물을 흘렸을 때
- 흡연을 한 후
- 음식을 먹거나 마신 후
- 청소를 한 후
- 쓰레기를 치운 후
- 화장실을 이용한 후

4. 손 세척 및 소독

■ 손 세척(비누칠)방법
- 정해진 손 세척·소독기준에 따라 손을 세척·소독
- 세척·소독시설에 올바른 세척·소독방법 등에 대한 기준 게시

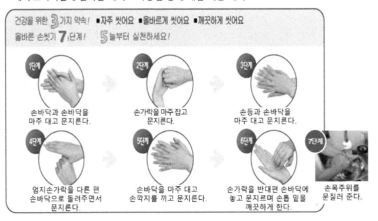

4. 손 세척 및 소독

■ 손 세척·소독 효과

손씻기 전   물로 씻었을 때   비누로 씻었을 때   소독 후

* 출처 : 식품의약품안전처장(2009), 집단급식소 위생관리 매뉴얼

■ 손 세척방법에 따른 미생물 제거효과

비누의 유무	물	씻기 전	씻은 후	제거율(%)
비누없이	담금 물	2,400	1,600	64
수돗물	흐르는 물	40,000	4,800	88
비누없이	담금 물	2,400	1,520	37
우물물	흐르는 물	30,000	6,400	79
비누 사용, 수돗물	흐르는 물	840	54	93
비누 사용, 잘 씻음, 수돗물	흐르는 물	3,500	8	99

※ 숫자는 생균수를 나타낸다.
* 출처 : 허남윤 등(2019), 식품위생학

✎메모

VI-1-2. 제조·가공설비 위생안전 관리

1. 제조·가공설비 재질, 구조 및 설치

■ 재질

- 내수성, 내습성, 내부식성, 내구성 (식품접촉표면 중심)
- 내약품성, 내열성 : 반복되는 청소와 소독에 견딜 수 있는 재질
- 유독성물질(중금속 등)이 기준이상 용출되지 않도록 법적규격에 적합, 불쾌한 냄새나 맛을 옮기지 않는 재질
- 스테인레스 스틸, 알루미늄, 에프알피, 테프론 등
  * 나무재질 사용 자제 (분명한 오염원이 아닌 경우 제외)
- 기구, 용기·포장의 기준 및 규격에 적합한 재질 : 시험성적서 수령
- 코팅제, 페인트, 윤활제 등 : 식품용 사용

1. 제조·가공설비 재질, 구조 및 설치

■ 구조

- 식품접촉표면
  · 평활하여야 함
  · 오목·볼록한 곳, 각진 곳, 균열, 틈새, 흠집이 없어야 함
- 공업용 윤활유 또는 물리적 위해요인에 의한 오염 발생이 되지 않아야 함

- 가열 또는 냉각·냉동 처리시설
  · 온도기록계 부착
  · 적정온도 유지

1. 제조·가공설비 재질, 구조 및 설치

■ 설치

- 공정흐름에 따라 적절히 배치 : 교차오염 방지
- 바닥, 내벽 등에서 이격 : 오염물질 확인 및 제거 가능
- 작업장에 제과·제빵도구 소독을 위한 소독시설 설치
  : 자외선소독기 또는 전기살균소독기 또는 열탕세척시설

■ 사용방법

- 용도별 구분표시
- 비식품용 사용금지
- 흠집, 균열 등이 생겼을 경우 교체
- 매 사용마다, 매 식품교체마다 세척·소독 관리

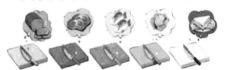 

[가공식품용] [육류용] [어류용] [채소용] [완제품용]

• 출처 : 허남윤 등(2019), 식품위생학

1. 제조·가공설비 재질, 구조 및 설치

■ 유지관리

- 보관 조건
  . 용도별 & 세척 유·무 등에 따라 종류별 구분
  . 물기의 완전 제거
  . 청결유지
    - 자외선 또는 전기살균 소독고(정상작동 : 60℃ 이상), 보관함, 커버링 등 이용
    - 바닥, 내벽에서 일정한 간격 유지 : 선반(오픈) 60cm 이상, 보관장 15cm 이상

- 관리계획에 따라 점검, 보전·관리하고 기록유지

2. 제조·가공설비 세척 및 소독

■ 세척 및 소독

● 세척(Cleaning, Washing)
- 식품용 기기의 표면에서 세척제를 사용하여 음식성분과 기타 유기성분을 제거하는 일련의 작업

● 소독(살균)(Disinfection)
- 세척 후 기기 등에 남아 식중독을 일으키는 유해미생물을 제거하는 일련의 작업

* **멸균(Sterilization)** : 모든 미생물을 죽여서 완전히 무균상태로 되는 것

■ 세척·소독 대상

- 종업원
- 위생복장(위생복, 위생모, 위생화 등)
- 작업장 내·외부시설(창고, 부대시설 포함)
- 도구, 용기, 설비(제조·가공, 냉장·냉동, 용수, 보관·운반, 검사 등)

✎메모

✎메모

2. 제조·가공설비 세척 및 소독

■ 세척·소독 주기

주 기	대상설비 및 장소		비 고
사용시 마다	- 칼, 도마 - 행주, 수세미 - 소도구류(밀대, 체, 스뎬볼, 집게, 주걱, 실리콘페이퍼 등) - 튀김솥 등 - 저울, 반죽기, 절단기, 분쇄기 등 - 검수대, 작업대	- 장갑, 앞치마 - 철판 - 운반대차	
일 별	- 발효기, 오븐, 가스레인지 - 냉장고, 냉동고, 냉각기	- 식기세척기	
주 별	- 배기후드, 닥트	- 전기소독고	
월 별	- 유리창 및 방충망 - 정수기 내부	- 식품보관실 대청소	
연 간	- 대청소 - 기구 등의 스케일 제거 - 물탱크	- 외부 배수구 - 위생시설, 설비 점검 및 보수	연4회 연2회

2. 제조·가공설비 세척 및 소독

■ 세척·소독 기준

설비명	사진	부위	세척·소독방법	청소용품	주기	담당자	책임자
믹서		본체	1. 소독된 면걸레로 이물, 먼지 등을 제거한다. 2. 소독수를 분무한다.	면걸레 소독액	1회/일	작업자	팀장
		동력 스위치	1. 솔로 먼지를 제거한다. 2. 소독된 면걸레로 닦는다.	솔 면걸레	1회/일	작업자	팀장
		훅, 통	1. 물로 이물을 씻는다. 2. 세척제로 세척한다. 3. 세척제를 헹구고 마른 면걸레로 물기를 제거한다. 4. 소독수를 분무한다.	수세미 세척제 소독액	1회/일	작업자	팀장

* 출처 : 허남윤 등(2019), 식품위생학

2. 제조·가공설비 세척 및 소독

■ 세척 실시
● 세척제 종류

[1종]	[2종]	[3종]
야채 또는 과실용	식기류용 (식기세척기용 또는 산업용 식기류 포함)	식품 제조·가공· 조리기구용

* 1종은 2종 및 3종 세척제로, 2종은 3종 세척제로 사용 가능하나,
3종으로는 2종 및 1종, 2종으로는 1종의 목적에 사용할 수 없음.

* 위생용품의 규격 및 기준 (보건복지부)

2. 제조·가공설비 세척 및 소독

■ 세척 실시
  ● 세척방법

- 미생물은 그 종류에 따라 살균작용에 대한 저항력이 다르며, 같은 종류의 세균이라도 단백질(식품, 혈액, 가래, 분변 등) 등과 공유할 경우 훨씬 저항력이 강함.
- 사용하는 기구·용기·포장 등의 표면 위에 생물막(Biofilm)을 형성하고 있을 경우, 세척하지 않고 소독하게 되면 식품접촉표면에 남아 있는 이물이 미생물을 보호하는 역할을 하게 됨.
- 그러면 소독제가 필요로 하는 접촉시간이 줄어들게 되고 소독의 효과가 떨어지게 됨.

* **Biofilm(생물막)** : 식품 찌꺼기 및 먼지 등이 쌓여 형성된 막

[스테인레스 표면의 미세한 틈새] · 출처 : 식품의약품안전처장(2009), 집단급식소 위생관리 매뉴얼

2. 제조·가공설비 세척 및 소독

■ 소독 (살균)
  ● 소독 (살균) 종류

열탕 소독	- 대상 : 행주, 식기 등 - 소독방법 : 100℃, 5분 이상, 소독 후 식기표면 온도 71℃ 이상
건열 소독 (전기소독고)	- 대상 : 식기 등 - 소독방법 : 100℃ 이상으로 2시간 이상, 충분히 건조
자외선 소독	- 대상 : 칼, 도마, 기타 식기류 등 - 소독방법 : 30~60분간 (대상 표면에 직접 닿도록 소독), 대상과 거리 : 50cm 이하

* 자외선 살균소독기 사용시 주의사항

건조상태 유지   위치별 살균효과   적정시간 살균   자외선램프 청결 및 교체

화학약품 소독	- 대상 : 작업대, 기기, 도마, 손(장갑), 수세미 등 - 소독방법 : 소독액 조제 → 5분 침지 또는 분무 → 건조 - 소독제 종류 : 염소계(200ppm) 또는 에틸알콜(70~75%)

2. 제조·가공설비 세척 및 소독

■ 소독 (살균)
  ● 소독방법
  - (예시) 염소계 소독제 이용

세척 + 소독액 조제 (200ppm) 농도 확인 (test paper) 5분 침지 또는 분무 건조 보관

* 소독제 사용 시 주의사항

마스크 등 개인장비 착용, 물로만 희석   다른 살균소독제, 세제와 혼합사용 금지   희석액은 즉시 사용 남은 액은 버림   사용 후 뚜껑을 덮어 서늘한 장소에 보관

· 출처 : 식품의약품안전처장(2009), 집단급식소 위생관리 매뉴얼

메모

📝메모

VI-1-3. 작업장 위생안전 관리

1. 작업장 재질, 구조 및 설치

■ 대상
● 작업장 시설
- 공간 구별
- 바닥, 배수라인
- 내벽 : 벽, 창, (출입구), (문)
- 천장 : 천장, 천장구조물, 조명시설
- 배관·배선, (환기시설), (이동통로), 방충·방서시설, 보조구조물 등
● 보관실(창고)
- 원료, 자재, (반제품)
- 완제품
- 입·출고실, 검수실
- 유독성·인화성 물질

1. 작업장 재질, 구조 및 설치

■ 재질
- 내구성, 내마모성
- 내수성, 내습성
- (내벽) 밝은색, 세균방지용 페인트 도색 (1.5m까지)
- 내부식성, 항균성, 내약품성, 내열성, 내한성 등
- 마감제 : 식품업체용으로 승인된 코팅제, 접합제만 사용

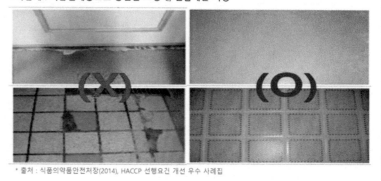

* 출처 : 식품의약품안전처장(2014), HACCP 선행요건 개선 우수 사례집

1. 작업장 재질, 구조 및 설치

■ 구조
- 평활성 (Smooth)
- 배수성
  . 바닥 경사진 구조 : 1m마다 1.5~2cm 높이(1~1.5/100 정도 기울기)

- 밀폐성 : 배관 통과구 등 마감처리, 문 틈 밀폐처리

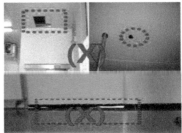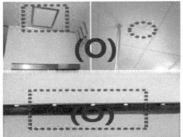

* 출처 : 식품의약품안전처장(2014), HACCP 선행요건 개선 우수 사례집

1. 작업장 재질, 구조 및 설치

■ 구조
- 코빙(Curving) 처리

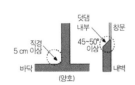

- 이동통로

* 출처 : 식품의약품안전처장(2014), HACCP 선행요건 개선 우수 사례집

1. 작업장 재질, 구조 및 설치

■ 구조
- 창문 ; 비산방지를 위한 코팅

- 조명시설 : 보호커버 설치, 조도 관리

- 환기시설 : 강제 환기식, 급·배기

* 출처 : 식품의약품안전처장(2014), HACCP 선행요건 개선 우수 사례집

✎메모

✎메모

1. 작업장 재질, 구조 및 설치

■ 구조

- 방충망 : 개방형 창, 환기시설 등에 설치 / (30)Mesh 이상 / 탈부착성

- 해충 모니터링장비 : 포충 X

(전기충격식)　　　(유인접착식)

- 방서망 : 외부와 직접 연결되는 배수로(관) / 격자폭 0.8cm 이하

* 출처 : 식품의약품안전처장(2014), HACCP 선행요건 개선 우수 사례집

1. 작업장 재질, 구조 및 설치

■ 구조

- 화장실 : 손 세척·소독설비 구비, 환기

■ 유지관리

- 파손성 X : 파이거나 갈라지거나 구멍 없음
- 미끄러움성 X
- 물 고임성 X (건조성)
- 청결성

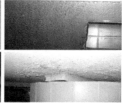

* 출처: 식품의약품안전처장(2014), HACCP 선행요건 개선 우수 사례집

2. 원료·제품 보관실 재질, 구조 및 설치

■ 재질, 구조, 유지관리

- 작업장 시설, 제조·가공·조리시설·설비, 위생 관리에 준함.
- 선반 : 일직선으로 하지 말 것, 공기유통 허용
- 보관용기 : 보관용으로만 사용, 나무파렛트 사용 자제
- 문 : 밀폐 관리
- **실온보관창고**
  . 환기시설 설치
  . 쥐나 해충의 징후가 없을 것
- **냉장·냉동시설·설비**
  . 냉기차단설비 설치
  . 온도감응장치의 센서 위치 : 온도가 가장 높은 곳
  . 외부에서 온도변화 관찰 가능
  . 온도계 교정
  . 결빙 방지 : 서리제거장치 필요
  . 성애 제거
  . 관리조건에 따라 자동온도기록장치나 자동경보장치 설치

3. 원료 및 제품 보관

■ **선입선출(FIFO)원칙 준수**

■ **제품특성별 분리, 구획, 구분 보관**

- 식품과
  비식품(소모품)은
  구분하여 보관
- 세척제, 소독제 등
  별도보관

- 온도 15~25℃, 습도
  50~60% 유지
- 식품보관 선반은 벽과
  바닥으로부터 15cm
  이상 거리두기
- 직사광선은 피할 것

- 대용량 제품을 나누어
  보관하는 경우
- 제품명과 유통기한을
  반드시 표시
- 유통기한이 보이도록
  진열
- 입고 순서대로
  사용(선입선출)

- 외포장 제거 후 관리
- 식품은 정리정돈상태
  유지

* 출처 : 식품의약품안전처장(2009), 집단급식소 위생관리 매뉴얼

3. 원료 및 제품 보관

■ **유해물질**

- 식품과 분리 보관
- 시건장치
- 수불내역 기록 관리

* 출처: 식품의약품안전처장(2014), HACCP 선행요건 개선 우수 사례집

■ **부적합품, 반품**

- 식별표시하여 지정된 장소에 보관
- 처리내역 기록 관리

3. 원료 및 제품 보관

■ **보관온도 및 습도**

- 식품별 적정온도에서 보관
  . 냉동식품 : -18℃ 이하
  . 냉장식품 : 0~10℃   => 0~5℃(훈제연어, 샐러드)
  . 상온제품 : 15~25℃
                            => 10~20℃, 상대습도 50~60%
  . 실온제품 : 1~35℃
  . 온장제품 : 60℃ 이상
- 보관 온·습도의 계획적 측정, 기록유지
- 기준 이탈 시 개선조치

3. 원료 및 제품 보관

■ 원료 개봉 후 사용기간

원료		보관조건	사용기간 (일)
야채	신선한 것	냉장	입고일 + 1
	냉장	냉장	입고일 + 1
	냉동	냉장	해동 당일
어육	냉동	냉장	해동 당일
식육	냉장	냉장	입고일
	냉동	냉장	해동 당일
가공품	통조림	냉장	개봉 + 1
	조림	냉장	개봉 당일 + 6
	햄	냉장	개봉 당일 + 1
	연제품	냉장	개봉 당일 + 2
	절임류	냉장	개봉 당일 + 6

4. 용수시설 재질 및 설치

■ 용수시설
- 재질 : FRP, Sus
- 시건장치
- 필요 시 정수, 살균처리

(콘크리트)

* 출처: 식품의약품안전처장(2014), HACCP 선행요건 개선 우수 사례집

■ 수질 관리
- 지하수 경우, 정기적인 수질검사 실시

5. 작업장 청소 및 소독

■ 청소 방법

이물 제거 -> 세제 세척 -> 세제 제거 -> 건 조 <--> 소 독 -> 유 지

* 가능하면 물 사용 자제, 특히, 포장실 등의 청결구역
- 오염물질 종류 및 형태에 따라 설정
- 바닥에서 세척 금지
- 세척싱크 종류 및 설치 위치 (일반, 준청결, 청결구역)
  . 제품 세척용
  . 손 세척용
  . 기구 세척용
  . 청소도구 세척용

✎메모

5. 작업장 청소 및 소독

■ 청소 및 소독 일반

- 청소 대상별로 청소 매뉴얼 작성
  . 대상별 세척·소독 부위
  . 세척·소독 방법 및 주기
  . 세척·소독 기구(용품)의 올바른 사용 방법
  . 세제 및 소독제의 구체적인 사용 방법
  . 청소 담당자
  . 세척·소독 책임자

대 상	부 위	세척 및 소독 방법	사용도구	주기	담당자

- 해당 위치에 청소방법 게시
- 세척·소독효과 확인

---

5. 작업장 청소 및 소독

■ 청소 및 소독 기준 예시 1
● 바닥

▲ 빗자루로 쓰레기 제거

▲ 세척제를 뿌린 뒤 대걸레나
솔로 바닥 구석구석을 문지르기

▲ 호스로 물을 끼얹어
세척액을 제거

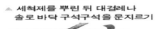

▲ 끌개로 바닥의 물기 제거

▲ '기구등의 살균소독제' 를
사용하여 소독

세척·소독액 분무기계	세척액 뿌리기	세척액 바닥 문지르기	깨끗한 물 뿌리기	살균·소독액 분무

* 출처 : 식품의약품안전처장(2009). 집단급식소 위생관리 매뉴얼

---

5. 작업장 청소 및 소독

■ 청소 및 소독 기준 예시1
● 벽, 천장

▲ 전기함 차단 및 조리기구
비닐 등으로 덮기

▲ 솔 등을 사용하여 먼지
및 이물제거

▲ 청소용 수건을 세척제에
적셔 닦기

▲ 청소용 수건을 깨끗한 물에
적셔 닦은 후 그대로 건조

5. 작업장 청소 및 소독

■ 청소 및 소독 기준 예시 2

대 상	부 위	세척 및 소독 방법	사용도구	주기	담당자
작업장	바 닥	• 빗자루로 찌꺼기, 이물 등을 제거한다. • 세제를 뿌린 뒤 빗자루, 솔을 사용하여 바닥을 문지른다. • 깨끗한 물을 뿌려 세제를 제거한다. • 건조하고 소독제를 분무한다.	빗자루 솔 면걸레 세제 소독제	1회/일	작업자
	벽	• 솔, 세제를 묻힌 젖은 면걸레 등을 이용하여 먼지, 검은 때 등을 제거한다. • 깨끗한 면걸레로 다시 한번 닦아 낸다. • 소독제를 분무하여 소독한다.	솔 면걸레 세제 소독제	1회/월	작업자
	문	• 세제를 사용하여 먼지, 검은 때 등을 면걸레로 제거한다. • 깨끗한 면걸레로 다시 한번 닦아 낸다. • 소독제를 분무하여 소독한다.	면걸레 세제 소독제	1회/주	작업자
	천 장	• 빗자루, 젖은 면걸레 등을 이용하여 먼지, 검은 때 등을 제거한다. • 깨끗한 면걸레로 다시 한번 닦아 낸다.	빗자루 면걸레	1회/ 6개월	작업자

5. 작업장 청소 및 소독

■ 청소 및 소독 기준 예시 3

시설명	세척·소독 방법	청소용품	주기	담당자	책임자
바닥	1. 빗자루로 찌꺼기, 오물 등을 제거한다. 2. 물을 뿌려 찌꺼기를 제거한다. 3. 세척제를 묻힌 솔로 이물, 찌든 때 등을 제거한다. 4. 차아염소산나트륨 희석액을 뿌리고 5분 동안 방치한다. 5. 물을 뿌려 헹구고 스크래퍼로 물기를 제거한다.	빗자루 솔 세척제 소독액 스크래퍼	1회/일	작업자	팀장
벽	1. 세척제를 묻힌 면걸레로 이물을 제거한다. 2. 젖은 면걸레로 세척제를 닦아낸다. 3. 소독된 면걸레로 다시 한번 닦아낸다.	면걸레 소독액	1회/주	작업자	팀장
천장	1. 세척제를 묻힌 면걸레로 먼지 등을 제거 한다. 2. 소독된 면걸레로 다시 한번 닦아낸다.	면걸레 소독액	1회/월	작업자	팀장
문	1. 세척제를 사용하여 면걸레로 이물과 때를 제거한다. 2. 젖은 면걸레로 세척제와 이물을 제거한다. 3. 소독된 면걸레로 다시 한번 닦아낸다.	세척제 면걸레 소독액	1회/주	작업자	팀장
배수로	1. 배수로 덮개를 꺼내고 솔로 찌꺼기를 제거한다. 2. 세척제를 묻힌 솔로 이물, 찌든 때 등을 제거한다. 3. 차아염소산나트륨 희석액을 뿌리고 5분 동안 방치한다.	솔 세척제 소독액	1회/일	작업자	팀장

* 출처 : 허남윤 등(2019), 식품위생학

5. 작업장 청소 및 소독

■ 청소도구 보관

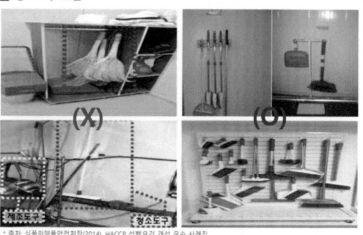

* 출처: 식품의약품안전처장(2014), HACCP 선행요건 개선 우수 사례집

VI-2. HACCP Plan 확립

HACCP Plan 확립

■ HACCP 7원칙 및 12절차

선행요건 운영

준비단계
1. HACCP팀 구성
2. 제품설명서 작성
3. 사용용도 확인
4. 공정흐름도 작성
5. 공정흐름도 현장 확인

적용단계
6. 위해요소 분석 (원칙 1)
7. 중요관리점 결정 (원칙 2)
8. 한계기준 설정 (원칙 3)
9. 모니터링체계 확립 (원칙 4)
10. 개선조치방법 수립 (원칙 5)

사후관리단계
11. 검증절차 및 방법 수립 (원칙 6)
12. 문서화 및 기록유지방법 설정 (원칙 7)

HACCP Plan 확립

■ HACCP Plan 관련 법적 요건

● 식품제조·가공업소, 건강기능식품 제조업소
1. 안전관리인증기준(HACCP)팀 구성
2. 제품설명서 작성
3. 용도 확인
4. 공정 흐름도 작성
5. 공정 흐름도 현장 확인
6. 원·부자재, 제조·가공·조리·유통에 따른 위해요소 분석
7. 중요관리점 결정
8. 중요관리점의 한계기준 설정
9. 중요관리점별 모니터링 체계 확립
10. 개선조치방법 수립
11. 검증 절차 및 방법 수립
12. 문서화 및 기록유지방법 설정

● 집단급식소, 식품접객업소, 즉석판매 제조가공업소, 식품소분업소
1. 안전관리인증기준(HACCP)팀 구성

2. 조리·제조·소분 공정도(과정별 조리·제조·소분방법) 작성
3. 원·부자재, 조리·제조·소분·판매에 따른 위해요소 분석
4. 중요관리점 결정
5. 중요관리점의 한계기준 설정
6. 중요관리점별 모니터링 체계 확립
7. 개선조치 방법 수립
8. 검증 방법 및 절차 수립
9. 문서화 및 기록유지방법 설정

✎메모

VI-2-1. HACCP팀 구성 (절차 1)

절차 1 : HACCP팀 구성

준비단계	1. **HACCP팀 구성**
	2. 제품설명서 작성
	3. 사용용도 확인
	4. 공정흐름도 작성
	5. 공정흐름도 현장 확인
적용단계	6. 위해요소 분석 (원칙 1)
	7. 중요관리점 결정 (원칙 2)
	8. 한계기준 설정 (원칙 3)
	9. 모니터링체계 확립 (원칙 4)
	10. 개선조치방법 수립 (원칙 5)
사후관리단계	11. 검증절차 및 방법 수립 (원칙 6)
	12. 문서화 및 기록유지방법 설정 (원칙 7)

(Assemble HACCP team)

■ 법적 요건

- 조직 및 인력 현황
- 안전관리인증기준(HACCP)팀 구성원별 역할
- 교대 근무 시 인수·인계 방법

---

1. HACCP팀 구성 원칙

HACCP Plan 개발의 첫 번째 준비단계는 업체에서 HACCP Plan 개발을 주도적으로 담당할 HACCP팀을 구성하는 것이다.

업체의 HACCP 도입과 성공적인 운영은 최고경영자의 실행 의지가 결정적인 영향을 미치므로 HACCP팀을 구성할 때는 어떤 형태로든 최고경영자의 직접적인 참여를 포함시키는 것이 바람직하며, 또한 업체 내 핵심요원들을 팀원에 포함시켜야 한다.

HACCP Plan의 개발 및 운영에 필요한 HACCP팀의 규모는 업체 인력 구성 및 업무배분, 여건에 따라 다르기 때문에 일정하지 않다.

일반적으로 HACCP팀장은 업체의 최고책임자(영업자 또는 공장장, 매니저)가 되는 것을 권장하며, 팀원은 제조작업 책임자, 시설·설비의 공무관계 책임자, 보관 등 자재·물류관리업무 책임자, 식품위생관련 품질관리업무 책임자 및 종사자 보건관리 책임자, 교육·훈련업무의 인사담당 책임자 등으로 구성한다.

또한 모니터링 담당자는 해당공정의 현장종사자로 지정하여 관리가 용이하도록 하여야 한다. 이들은 관련규정에 준하여 HACCP 교육을 받고 일정 수준의 전문성을 갖추는 것이 좋다.

1. HACCP팀 구성 원칙

HACCP Plan을 개발하는 팀원은 작업공정에서 사용되는 시설·설비 및 기술, 실제 작업상황, 위생, 품질보증 및 공정특성에 대해 상세한 지식과 경험이 있어야 한다. 그렇지않을 경우 현장상황과 동떨어진 기준이 수립될 가능성이 높다.

또한, 팀원들은 식품위생학, 식품미생물학, 공중보건학, 식품공학 분야의 기술 및 지식을 갖고 있다면 더욱 좋으며, 이런 지식이 부족한 경우 외부전문가, 정부(식품의약품안전처)의 지침서 또는 문헌 등으로 보완할 수 있다.

이 경우 HACCP팀의 조직 및 인력현황, HACCP 팀원의 책임과 권한, 교대 근무 시 팀원, 팀별 구체적인 인수·인계방법 등이 문서화되어야 한다.

1. HACCP팀 구성 원칙

■ 구성 요건

- 전체 인력(또는 핵심관리인력)으로 팀 구성
- 모니터링 담당자는 해당공정 현장종사자로 구성
- HACCP 팀장은 대표자 또는 공장장, 매니저로 구성
- 팀구성원별 책임과 권한(업무분장) 부여 필요
- 팀별 및 팀원별 교대근무 시 인수·인계방법 수립 필요

```
* HACCP팀 구성관련 작성내용
  - HACCP팀 조직도
  - HACCP팀 업무분장표
  - HACCP팀 업무인수인계표
```

2. HACCP팀 조직도

■ HACCP팀 조직도 구성 사례 1

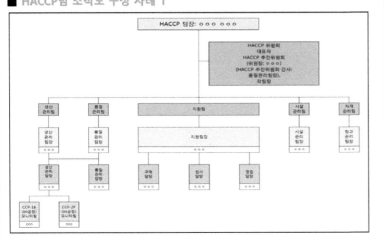

✍메모

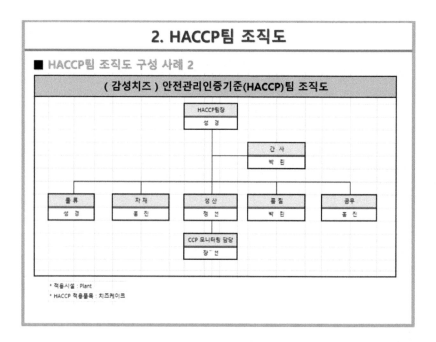

2. HACCP팀 조직도

■ HACCP팀 조직도 구성 사례 2

(감성치즈) 안전관리인증기준(HACCP)팀 조직도

```
                        HACCP팀장
                          성 경

                                          간 사
                                           박 림

    물류        자재        생산        품질        공무
    성 경       홍 진       정 선       박 림       홍 진

                          CCP 모니터링 담당
                              장 선
```

* 적용시설 : Plant
* HACCP 적용품목 : 치즈케이크

3. HACCP팀 업무분장

■ HACCP팀 업무분장을 위한 활용자료

안전관리인증기준(HACCP) 구성원의 업무분장표 작성 활용자료

업무 구분	담당 팀원	업무 구분	담당 팀원
1. 건물과 건물 주변시설의 위생 관리		23. 저수조의 청소 및 위생 관리	
2. 부대시설의 위생 관리		24. 수질검사 관리	
3. 작업장의 위생 관리			
4. 작업장의 조도 관리		25. 검사규격기준 작성 관리	
5. 작업장의 온습도 관리		26. 원료의 입고검사 및 시험성적서 관리	
		27. 부적합품, 반품 및 클레임 관리	
6. 제조시설·설비의 수리정비 관리		28. 계량계측장비 및 검사장비의 교정 관리	
7. 제조시설·설비 및 작업도구 등의 위생 관리		29. 작업자, 설비, 작업도구 및 공기의 위생검사 관리	
8. 제조공정 관리		30. 검사시설·설비, 배지 등의 관리	
9. CCP의 모니터링과 개선조치의 실시		31. 회수 관리	
10. 종업원의 보건 관리			
11. 종업원의 개인위생 관리		32. 기준서 및 관련 서식의 제정 및 개정	
12. 방문객 관리		33. 외부문서의 수불 관리	
13. 구급약품의 관리			
14. 폐기물 관리		34. 종업원의 교육훈련 실시	
15. 방역 관리			
16. 보관창고의 위생 관리		35. 검증 실시	
17. 보관창고의 온도 관리		36. 안전관리인증기준(HACCP) 관리계획의 수립	
18. 운송차량의 위생 및 온도 관리			
19. 원료의 발주 및 수불 관리			
20. 생산일지 작성			
21. 완제품의 수불 및 출고 관리			
22. 원료 협력업체의 정기적인 지도감독			

3. HACCP팀 업무분장

■ HACCP팀 업무분장표 작성 예시

안전관리인증기준(HACCP) 구성원의 업무분장(책임과 권한)표

팀원명	책임과 권한	팀원명	책임과 권한
장 (생산)	건물과 건물 주변시설의 위생 관리	박 (품질)	종업원의 보건 관리
	부대시설의 위생 관리		계량계측장비 및 검사장비의 교정 관리
	작업장의 위생 관리		검사시설·설비, 배지 등의 관리
	작업장의 조도 관리		방역 관리
	작업장의 온습도 관리		저수조의 청소 및 위생 관리
	제조시설·설비 및 작업도구 등의 위생 관리		수질검사 관리
	제조공정 관리		검사규격기준 작성 관리
	CCP의 모니터링과 개선조치의 실시		원료의 입고검사 및 시험성적서 관리
	생산일지 작성		부적합품, 반품 및 클레임 관리
	종업원의 개인위생 관리		작업자, 설비, 작업도구 및 공기의 위생검사 관리
	방문객 관리		
	구급약품의 관리		
	폐기물 관리		
홍 (자재)	제조시설·설비의 수리정비 관리	성 (HACCP팀장, 물류)	운송차량의 위생 및 온도 관리
	보관창고의 위생 관리		완제품의 수불 및 출고 관리
	보관창고의 온도 관리		회수 관리
	원료의 발주 및 수불 관리		기준서 및 관련 서식의 제정 및 개정
	원료 협력업체의 정기적인 지도감독		외부문서의 수불 관리
			종업원의 교육훈련 실시
			검증 실시
			안전관리인증기준(HACCP) 관리계획의 수립

4. HACCP팀 업무인수인계

■ HACCP팀 업무인수인계표 작성 사례

안전관리인증기준(HACCP)원 이력 및 업무인수인계표

해당팀 (담당업무)	직무/직위	성 명	학위/전공	실무경력		업무인수인계		비 고
				입사전	입사후 (입사일자)	인수자 1	인수자 2	
총괄/물류	팀장	성 경	고려대/식품공학과	해태제과	20.10.10	박 린	장 선	해태 생산팀 팀장
간사/품질	간사	박 린	서울대/식품영양학과	윈도우베이커리	20.10.10	장 선	홍 진	윈도우 베이커리 QC
생산	대리	장 선	혜전대/제과제빵학과	SPC	20.10.10	홍 진	성 경	파리바게트 제빵기사
자재/공무	차장	홍 진	혜전대/제과제빵학과	CJ	20.10.10	성 경	박 린	뚜레쥬르 제빵기사
자문위원	교수	김 남	대학원졸/ 식품위생안전학	진흥원 연구소	강사	-	-	HACCP평가위원/교육홍보강사/ 컨설턴트

5. HACCP팀 구성 연습

■ HACCP팀 구성 연습

팀	구성원	적용 업소	회사명	적용품목

VI-2-2. 제품설명서 작성 (절차 2) 및

사용용도 확인 (절차 3)

절차 2, 3 : 제품설명서 작성 및 사용용도 확인

준비단계	1. HACCP팀 구성	(Assemble HACCP team)
	2. 제품설명서 작성	**(Describe products)**
	3. 사용용도 확인	**(Identify intended uses)**
	4. 공정흐름도 작성	
	5. 공정흐름도 현장 확인	
적용단계	6. 위해요소 분석 (원칙 1)	
	7. 중요관리점 결정 (원칙 2)	
	8. 한계기준 설정 (원칙 3)	
	9. 모니터링체계 확립 (원칙 4)	
	10. 개선조치방법 수립 (원칙 5)	
사후관리단계	11. 검증절차 및 방법 수립 (원칙 6)	
	12. 문서화 및 기록유지방법 설정 (원칙 7)	

1. 제품설명서 및 사용용도 관련 법적 요건

■ 법적 요건 (식품제조·가공업소)

● 제품설명서
- 제품명·제품유형 및 성상
- 품목제조보고 연·월·일(해당제품에 한함)
- 작성자 및 작성 연·월·일
- 성분(또는 식자재) 배합비율
- 제조(포장)단위(해당제품에 한함)
- 완제품 규격
- 보관·유통상(또는 배식상)의 주의사항
- 유통기한(또는 배식시간)
- 포장방법 및 재질(해당제품에 한함)
- 표시사항(해당제품에 한함)
- 기타 필요한 사항

● 사용용도 확인
- 가열 또는 섭취 방법
- 소비 대상

＊ 작성 원칙
- 제품별 작성 필요
  ∵ 제품 유형 및 성상, 원료 종류 등에 따라 규격 상이
- 제조공정 등 특성이 같거나 비슷하면 식품을 묶거나 식품유형별로 작성 가능
- 집단급식소, 식품접객업소 : 작성 제외

2. 제품설명서 양식

■ 제품설명서 양식 및 작성 사례

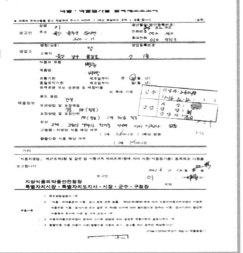

메모

3. 제품설명서 작성

■ 제품설명서 관련 활용자료 1

- 품목(변경)제조보고서
- 식품공전
- 식품첨가물공전
- 기구 및 용기·포장의 기준 및 규격
* 원료 구비요건, 제조·가공기준,
  규격, 보관 및 유통기준

3. 제품설명서 작성

■ 제품설명서 관련 활용자료 2
- 식품 등의 표시기준

3. 제품설명서 작성

■ 제품설명서 작성 요령

● 제품명
- 해당관청에 보고한 해당품목의 "품목제조(변경)보고서"의 제품명과 일치

● 제품유형
- "식품공전"의 식품유형 기재

● 성상
- 해당식품의 기본 특성(예: 액상, 분말 등) 및 전체적인 특성(예: 가열 후 섭취식품, 비가열 섭취식품, 냉장식품, 냉동식품, 살균제품, 멸균제품 등) 기재

● 품목제조보고연월일
- 식품제조·가공업소에 해당, 해당식품의 "품목제조(변경)보고서"의 보고날짜 기재

● 작성자 및 작성연월일
- 제품설명서를 작성한 사람의 성명과 작성날짜 기재
* 향후 품목제조보고 내용 변경 시 검토를 위해

● 성분(또는 식자재)배합비율
- 식품제조·가공업소 : 해당식품의 "품목제조(변경)보고서"의 원료명과 각각 함량 기재
- 원료 종류가 많은 경우 : 원료목록표로 작성하면 원료에 대한 위해요소를 총괄적으로 분석하는데 도움이 됨.

3. 제품설명서 작성

■ 제품설명서 작성 요령

● 제조(또는 조리)방법
- 일반적인 방법 기재 또는 "공정흐름도"로 갈음

● 제조(포장)단위
- 판매되는 완제품의 최소단위를 중량, 용량, 개수 등으로 기재

● 완제품의 규격
- "식품공전"의 제품의 성상, 생물학적, 화학적, 물리적 항목과 각각의 법적 규격 기재
- 업소의 자체 설정 규격 및 위해요소 분석과정에서 중요한 위해요소로 도출된 항목을 포함한 사내규격을 같이 기재
* 기본적으로 위생적인 요소(Safety factors)을 우선 고려하여 기재, 품질적인 사항(Quality factors)을 포함시켜야 하는 경우 위생적인 요소와 구분 기재

● 포장방법 및 재질
- 포장방법 : 방법을 구체적으로 기재
- 포장재질 : 내포장재와 외포장재 등으로 구분 기재

3. 제품설명서 작성

■ 제품설명서 작성 요령

● 유통(또는 배식)기간
- 식품제조·가공업소 : "품목제조(변경)보고서"의 유통기한을 보관조건과 함께 기재
- 식품접객업소 : 조리 완료 후 배식까지의 시간 기재

● 제품용도
- 소비대상 : 소비계층을 고려하여 일반건강인, 영유아, 어린이, 환자, 노약자, 허약자 등으로 구분 기재
- 섭취방법 : 그대로 섭취, 가열조리 후 섭취로 구분 기재

● 보관 및 유통(또는 배식)상의 주의사항
- 해당식품의 유통·판매 또는 배식 중 특별히 관리가 요구되는 사항 기재

● 표시사항
- "식품 등의 표시기준"의 법적 사항에 기초하여 소비자에게 제공할 해당식품에 관한 정보 기재

4. 원료 목록 작성

■ 품목별 원료 목록표 작성 사례

품목별 원료 목록표

일련 번호	원료명	식품 또는 식품첨가물 유형	원산지	보관조건 (실온,냉장, 냉동)	품목별 원료 구성비율(%)				
					치즈케이크				
1	필라델피아 크림치즈	자연치즈	호주산	냉장	51				
2	매일 생크림	유크림	국산	냉장	19				
3	달걀	축산물	국산	냉장	14				
4	백설 하얀설탕	설탕	국산	실온	14				
5	박력밀가루 (1등급)	밀가루	미국산	실온	2				
소 계					100				

4. 원료 목록 작성

■ 품목별 원료 목록표 작성 요령

● 원료명
 - 해당관청에 보고한 해당품목의 "품목제조(변경)보고서"의 원료명과 일치
● 식품 또는 식품첨가물 유형
 - "식품공전" 또는 "식품첨가물공전"의 식품유형 또는 식품첨가물유형 기재
● 원산지
 - 국산 또는 수입산(수입국) 기재
● 보관조건
 - 실온, 냉장 또는 냉동으로 구분 기재
 * 공급업체 표시기준 준수, 자체 설정기준 반영
● 구성비율
 - 해당관청에 보고한 해당품목의 "품목제조(변경)보고서"의 해당 원료의 함량 기재

5. 제품설명서 작성 연습

■ 제품설명서 작성 연습

✎메모

VI-2-3. 공정흐름도 작성 (절차 4) 및

현장 확인 (절차 5)

절차 4, 5 : 공정흐름도 작성 및 현장 확인

준비 단계	1. HACCP팀 구성	(Assemble HACCP team)
	2. 제품설명서 작성	(Describe products)
	3. 사용용도 확인	(Identify intended uses)
	4. 공정흐름도 작성	**(Draw flow diagram)**
	5. 공정흐름도 현장 확인	**(On-site verification)**
적용 단계	6. 위해요소 분석 (원칙 1)	
	7. 중요관리점 결정 (원칙 2)	
	8. 한계기준 설정 (원칙 3)	
	9. 모니터링체계 확립 (원칙 4)	
	10. 개선조치방법 수립 (원칙 5)	
사후 관리 단계	11. 검증절차 및 방법 수립 (원칙 6)	
	12. 문서화 및 기록유지방법 설정 (원칙 7)	

---

1. 공정흐름도 관련 법적 요건

■ 법적 요건 (식품제조·가공업소)

● 제조·가공·조리 공정도(공정별 가공방법)

● 작업장 평면도 (Plant schematic, Lay out)
 - 작업특성별 분리
 - 시설·설비 등의 배치
 - 제품의 흐름과정
 - 세척·소독조의 위치
 - 작업자의 이동경로
 - 출입문 및 창문 등을 표시한 평면도면

● 급기 및 배기 등 환기 또는 공조시설 계통도

● 급수 및 배수처리 계통도

* 건물 배치도

＊ 집단급식소, 식품접객업소
 - 조리·제조·소분 공정도(과정별 조리·
   제조·소분방법) 작성

＊ 제 외
 - 작업장 평면도
 - 환기 또는 공조시설 계통도
 - 급수 및 배수처리 계통도

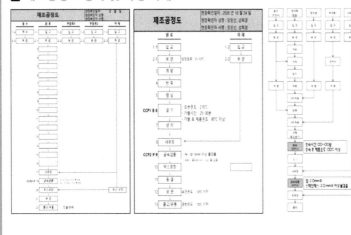

2. 제조공정도 작성

■ 제조공정도 양식 및 작성 사례

---

2. 제조공정도 작성

■ 제조공정도 작성 요령

- 원료·자재 입고·보관에서부터 완제품 보관·출고(진열·판매)까지 작성
- 원료·자재·용수로 구분 작성
  - 실온·냉장·냉동 원료로 구분 작성
  - 혼합(배합) 단계별로 구분 작성
- 제조·가공·조리현장 사용용어로 기재
- 주요 공정조건(온도, 시간, 감도, 횟수) 기재
  - 보관, 가열, 냉각, 냉동 : 온도, 시간
  - 자석, 금속검출, 이물검출 : 감도
  - 세척, 소독 : 횟수, 유속, 농도
- CCP 공정에 CCP 번호, 위해요소 유형 기재
  - CCP1-B, CCP2-P

---

3. 공정별 가공방법 작성

■ 공정별 가공방법 양식 및 작성 사례

---

3. 공정별 가공방법 작성

■ 공정별 가공방법 작성 요령
- 일련번호 및 제조공정명
  - 제조공정도의 일련번호 및 제조공정명과 동일하게 기재
- 작업방법 및 조건
  - 해당공정의 작업절차 및 필요 시 가공조건을 개괄식으로 기재
- 주요 설비명
  - 해당공정의 작업 시 사용되는 제조·가공·조리설비, 도구를 기재
- 공정 담당
  - 해당공정에서 작업하는 현장인력을 기재
- 현장확인일자, 현장확인자 성명 및 서명
  - 작성된 공정별 가공방법이 현장과 일치하는 지 여부를 확인한 일자와 인력을 기재
- * 누락된 공정이나 절차가 없어야 함.

---

4. 공정흐름도 작성 연습

■ 제조공정도 및 공정별 가공방법 작성 연습

---

5. 제조공정설비도면 작성

■ 제조공정설비도면(작업장평면도 등)
- 작업장 평면도
  - 작업특성별 분리
  - 시설·설비 등의 배치
  - 제품의 흐름과정
  - 세척·소독조의 위치
  - 작업자의 이동경로
  - 출입문 및 창문 등을 표시한 평면도면
- 급기 및 배기 등 환기 또는 공조시설 계통도
- 급수 및 배수처리 계통도
- * 건물 배치도

5. 제조공정설비도면 작성

■ 제조공정설비도면 – 작업장평면도, 구역 구분

5. 제조공정설비도면 작성

■ 제조공정설비도면 – 제품 흐름경로

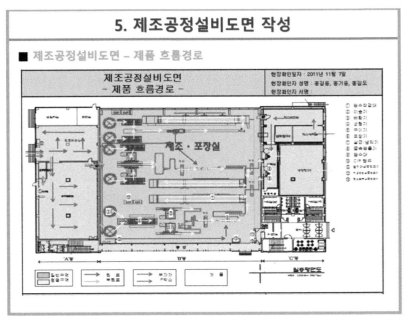

5. 제조공정설비도면 작성

■ 제조공정설비도면 – 작업자 이동경로

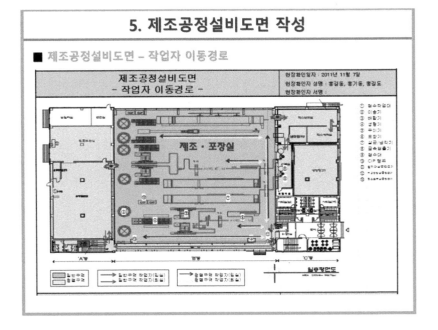

✎메모

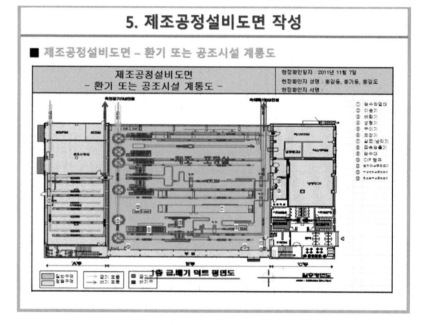

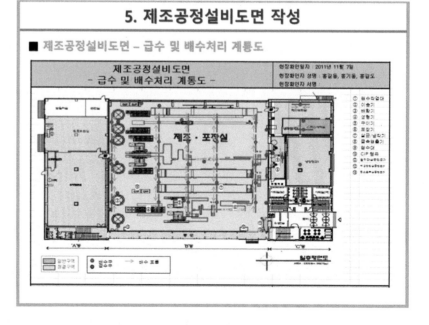

5. 제조공정설비도면 작성

■ 제조공정설비도면 – 건물 배치도

6. 제조공정설비도면 작성 연습

■ 제조공정설비도면 – 작업장평면도, 구역 구분

■ 제조공정설비도면 – 제품 흐름경로

■ 제조공정설비도면 – 작업자 이동경로

■ 제조공정설비도면 – 위생설비 배치도

■ 제조공정설비도면 – 환기 또는 공조시설 계통도

■ 제조공정설비도면 – 급수 및 배수처리 계통도

■ 제조공정설비도면 – 건물 배치도

✎메모

✎메모

VI-2-4. 위해요소 분석 (절차 6)

절차 6 : 위해요소 분석

준비단계	1. HACCP팀 구성	(Assemble HACCP team)
	2. 제품설명서 작성	(Describe products)
	3. 사용용도 확인	(Identify intended uses)
	4. 공정흐름도 작성	(Draw flow diagram)
	5. 공정흐름도 현장 확인	(On-site verification)
적용단계	**6. 위해요소 분석 (원칙 1)**	**(Analyse hazards)**
	7. 중요관리점 결정 (원칙 2)	
	8. 한계기준 설정 (원칙 3)	
	9. 모니터링체계 확립 (원칙 4)	
	10. 개선조치방법 수립 (원칙 5)	
사후관리단계	11. 검증절차 및 방법 수립 (원칙 6)	
	12. 문서화 및 기록유지방법 설정 (원칙 7)	

1. 위해요소 분석 관련 법적 요건

■ 용어 정의 및 법적 요건

● 위해요소(Hazards)

「식품위생법」 제4조(위해식품 등의 판매 등 금지), 「건강기능식품에 관한 법률」 제23조(위해 건강기능식품 등의 판매 등의 금지) 및 「축산물 위생관리법」 제33조(판매 등의 금지)의 규정 에서 정하고 있는 인체의 건강을 해할 우려가 있는 생물학적, 화학적 또는 물리적 인자나 조건

● 위해요소 분석(Hazard analysis)

식품·축산물 안전에 영향을 줄 수 있는 위해요소와 이를 유발할 수 있는 조건이 존재하는지 여부를 판별하기 위하여 필요한 정보를 수집하고 평가하는 일련의 과정

● 원·부자재, 제조·가공·조리·유통에 따른 위해요소 분석

- 원·부자재별·공정별 생물학적·화학적·물리적 위해요소 목록 및 발생원인
- 위해평가(원·부자재별, 공정별 각 위해요소에 대한 심각성과 위해 발생가능성 평가)
- 위해평가 결과 및 예방조치·관리방법

1. 위해요소 분석 관련 법적 요건

■ 용어 정의 및 법적 요건

● 위해요소 분석표

일련 번호	원부자재명/ 공정명	구분	위해요소		위해 평가			예방조치 및 관리방법
			명칭	발생 원인	심각성	발생 가능성	종합 평가	
1		B						
		C						
		P						

※ **B(Biological hazards) : 생물학적 위해요소**
제품에 내재하면서 인체의 건강을 해할 우려가 있는 병원성 미생물, 부패미생물, 병원성 대장균(군),
효모, 곰팡이, 기생충, 바이러스 등
C(Chemical hazards) : 화학적 위해요소
제품에 내재하면서 인체의 건강을 해할 우려가 있는 중금속, 농약, 항생물질, 항균물질, 사용기준 초과
또는 사용 금지된 식품첨가물 등 화학적 원인물질
P(Physical hazards) : 물리적 위해요소
제품에 내재하면서 인체의 건강을 해할 우려가 있는 인자 중에서 돌조각, 유리조각, 쇳조각, 플라스틱
조각 등

2. 위해요소 분석표 양식

■ 법적 양식

일련 번호	원·부자재명/ 공정명	구분	위해요소		위해 평가			예방조치 및 관리방법
			명칭	발생원인	심각성	발생 가능성	종합 평가	
1		B						
		C						
		P						

■ 실제 양식

일련 번호	원료/ 제조공정	구분	위해요소		위해 평가				예방조치 및 관리방법
			명 칭	발생원인	심각성	발생 가능성	종합 평가	위해 요소	
1		B							
		C							
		P							

3. 위해요소 분석 사례

■ 위해요소 분석 사례 1

제조 공정	구분	위해요소 (생물학적B화학적C 물리적P)	발생원인(유래)	위해 평가			예방조치 및 관리방법
				심각성	발생 가능성	결과	
입고	B	대장균군	부적절한 입고실/ 운반차량 온도관리에 의한 위해요소 증식 운송차량/작업자/작업장/제조설비/기구용기/검사장비/운반도구/청소도구 등 세척소독 관리, 작업자 위생교육 부족으로 교차오염 부적절한 작업장 청정도 관리로 교차 오염	2	1	2	입고실 세척소독 관리 **(작업장 세척소독 관리 점검표)** 운반차량 세척소독 관리 **(입고검사점검표)** 입고실 작업자 위생 교육훈련 **(작업자 위생교육 일지)** 입고실 설비 세척소독 관리 입고실 기구용기/검사장비/청소도구 세척소독 관리 **(시설·설비 세척소독 점검표)** 입고 차량/ 입고실 온도관리 **(온도/습도 관리 점검표)** 세척/소독/가열/멸균/건조 공정 관리
		황색포도상구균		1	2	2	
		살모넬라		2	1	2	
		바실러스 세레우스		1	1	1	
		리스테리아		3	1	3	
		장출혈성대장균		3	1	3	
		장염비브리오균		2	1	2	
		진균		2	2	4	
	P	나사, 못, 칼날	입고실 제조설비,운반도구 등 관리 부족으로 교차오염 운송차량/작업자/작업장/제조설비/기구용기/검사장비/운반도구/청소도구 등 세척소독 관리, 작업자 위생교육 부족으로 교차오염	3	1	3	입고실 환경 관리 **(작업장 세척소독 관리 점검표)** 입고실 작업자 위생 교육훈련 **(작업자 위생교육 일지)** 입고실 설비 관리 입고실 기구용기/검사장비/청소도구 관리 **(시설·설비 관리 점검표)** 금속검출/금속제거/여과 공정 관리
		돌, 모래, 플라스틱		2	2	4	
		머리카락, 비닐, 지푸라기		1	2	2	

✎메모

3. 위해요소 분석 사례

■ 위해요소 분석 사례 2

위해요소 분석표

일련 번호	원료/ 제조공정	구분	위해요소		위해 평가				예방조치 및 관리방법
			명칭	발생원인	심각성	발생 가능성	종합 점수	위해 요소	
1	계량	B	일반세균수	계량설비.도구의 세척.소독 불량에 의한 오염 작업자 손의 세척.소독 불량에 의한 오염 공중낙하균 오염 위생복장 착용 불량에 의한 오염	1	1	1	NH	계량도구의 세척.소독 관리
			황색포도상구균		1	1	1	NH	손 세척.소독 관리
			살모넬라균		2	2	4	H	공중낙하균 검사
			장출혈성 대장균		3	1	3	H	위생검사
			리스테리아균		3	1	3	H	작업자 위생교육훈련
			병원성 대장균		2	1	2	NH	꺼기 시 온도시간 관리
		C	-						
		P	철조각	계량설비.도구 파손에 의한 혼입 작업자 포장재 취급불량에 의한 혼입 머리말 착용 불량에 의한 혼입 계량 파손에 의한 혼입	3	1	3	H	계량설비.도구 점검
			플라스틱조각		2	1	2	NH	개표시 포장재 취급 주의
			비닐조각		1	2	2	NH	머리말 착용상태 첨검
			종이조각, 실밥		1	2	2	NH	계량 점검 관리
			머리카락		1	3	3	H	금속검출 시 감도 관리

4. 위해요소

■ 일련번호, 원료/제조공정 및 구분

일련 번호	원료/ 제조공정	구분	위해요소		위해 평가				예방조치 및 관리방법
			명칭	발생원인	심각성	발생 가능성	종합 평가	위해 요소	
1		B							
		C							
		P							

● 일련번호
- 품목별 원료 목록표 및 제조공정도의 번호를 그대로 기재

● 원료/제조공정
- 품목별 원료 목록표 및 제조공정도의 명칭을 그대로 기재

● 구분
- 원료/제조공정별로 도출되는 위해요소 종류에 따라 "B", "C", "P"로 기재

※ **B**(Biological hazards) : 생물학적 위해요소
　C(Chemical hazards) : 화학적 위해요소
　P(Physical hazards) : 물리적 위해요소

4. 위해요소

■ 위해요소

일련 번호	원료/ 제조공정	구분	위해요소		위해 평가				예방조치 및 관리방법
			명칭	발생원인	심각성	발생 가능성	종합 평가	위해 요소	
1		B							
		C							
		P							

● 명칭
- 원료/제조공정별로 도출된 위해요소(factor)

● 발생원인
- 원료/제조공정별로 도출된 위해요소를 발생시키는 조건(condition)

4. 위해요소

■ 생물학적 위해요소 (Biological hazards) 종류

● Bactreria
- *Salmonella* spp.
- *Shigella* spp.   일반세균수
- *Yersinia enterocolitica*   대장균균
- *Campylobacter jejuni*   대장균
- *Vibrio* spp. *(parahaemolyticus, vulnificus, cholerae)*
- *Aeromonas hydrophila*
- *Listeria monocytogenes*
- *E. coli* O157:H7, O26
- *Bacillus cereus*
- *Clostridium botulinum*
- *Clostridium perfringens*
- *Staphylococcus aureus*
* 장내독소(Enterotoxin)

● Fungi
- **Mold**
  . *Aspergillus* spp.
  . *Penicillium* spp.
- **Yeast**

● Virus
- Norovirus
- Hepatitis A virus
- Hepatitis E virus
- Rotavirus, Astrovirus

● Parasite
- 야채류 : 회충, 십이지장충, 요충 등
- 수산물 : 디스토마, 요코가와흡충
- 식 육 : 무구·유구조충, 선모충

● 원충
- *Toxoplasma gondii*

Salmonella / Shiga toxin-producing *Escherichia coli* / *Listeria monocytogenes*

4. 위해요소

■ 화학적 위해요소 (Chemical hazards) 종류
- 잔류농약
- 잔류동물약품(항생물질) : 살충제
- 중금속 : 수은, 납, 카드뮴, 비소, PCB 등
- 남용 및 오용된 식품첨가물
- 미생물기원 독성물질 : Mycotoxin(Aflatoxin 등)
- 자연기원 독성물질 : 패류독, 버섯독 등
- 환경호르몬 : 다이옥신, 프탈레이트류 등
- 제조·가공·조리 공정에서 생성되는 물질 : Nitrite, Benzopyrene 등
- Allergy 유발물질
- 제조·가공·조리시설·설비의 위생관리에 사용되는 화학물질 : 세제, 소독제 등

4. 위해요소

■ 물리적 위해요소 (Physical hazards) 종류
● 작업장 내부   Hazardous foreign materials
- 건 물 : 녹, 박리도료, 결로, 먼지, 유리, 콘크리트 부스러기
- 기계설비 : 금속조각, 유지, 부품, 고무조각
- 비 품 : 공구, 나사, 팔렛 나무조각
- 종사자 : 모발, 장신구(귀걸이, 머리핀, 반지, 목걸이, 메니큐어), 기호품(껌 등)
- 사무용품 : 연필, 볼펜, 수첩, 호치케스심, 클립, 고무밴드
- 생물체 : 곤충(생체, 파편), 진드기, 쥐·조류 등의 분변·깃털
● 작업장 외부
- 원료, 포장재
- 차량, 운반도구
* 모래, 흙, 먼지, 식물섬유부스러기, 짚
● 식품 자체
- 씨, 껍질, 기생충알, 뼈조각, 털, 색소 등

✎메모

---

4. 위해요소

■ 위해요소 도출 원칙

- 원료/제조공정별로 도출된 위해요소를 "B", "C", "P"로 구분하여 단위물질별로 기재
  * 가능한 경우 발생원인이나 심각성별로 묶음
  * 위해요소별 심각성 평가 고려
- 위생안전 관련항목만 도출, 품질적 항목 제외
- 예시

. 미생물	(X)
. 세균, 곰팡이, 병원성 미생물, 부패 미생물	(X)
. 황색포도상구균, 장출혈성 대장균, ……	(O)
. 일반세균수, 대장균, 대장균군	(△)
. 화학물질	(X)
. 중금속, 농약, ……	(△)
. 수은, 납, 카드뮴, 비소, DDT, 살충제, ……	(O)
. 이물	(X)
. 경질성 이물, 연질성 이물	(X)
. 금속성 이물, 비금속성 이물	(△)
. 철 파편, 플라스틱조각, 나무조각, 못, 머리카락, ……	(O)

---

4. 위해요소

■ 위해요소 도출 활용자료

  ● 문헌조사
- 식품의 농약, 중금속 잔류 관련 자료
- 제품 클레임 및 잠재 클레임 자료
- 관련 연구 및 Review 문헌
- 식중독 사고 관련 자료(기사 등)
- 관련법규 및 규격기준
- 원료 및 제조환경의 오염실태
- 현장분석(측정) 자료(실험자료)
- 작업자 인터뷰 및 작업실태의 육안조사
- 제품 보존시험, 규격설정시험 등 제품 개발자료 등

  ● 현장조사
- 원료 검토
- 제조공정 검토
- 현장 분석
- 통계 분석

---

4. 위해요소

■ 위해요소 발생원인 종류

  ● 오염 원인
- 시설(작업장) 세척/소독 불량
- 설비/도구 세척/소독 불량
- 작업자 손 세척/소독 불량
- 제품 위생적 취급 불량
- 공중낙하균

  ● 혼입 원인
- 시설/설비/도구/작업자 손 세척 불량
- 시설/설비/도구 파손
- 작업자 위생복장 착용 불량
- 제품 위생적 취급 불량

  ● 증식(생성) 원인
- 보관/취급온도/시간 관리 불량

  ● 잔존 원인
- 가열온도/시간 관리 불량
- 세척/소독 관리 불량

  ● 잔류 원인
- 육안선별 불량
- 금속검출기 작동 및 감도 관리 불량
- 이물검출기 작동 및 감도 관리 불량
- 자석 작동 및 감도 관리 불량
- 체망 파손
- 세척조건 관리 불량

  ● 원료/자재
- 협력업체 관리 불량
- 운반 관리 불량
- 입고 관리(검사, 시험성적서 등) 불량

4. 위해요소

■ 위해요소 발생원인 도출 원칙
- 원료/제조공정별로 도출된 위해요소의 발생원인을 구체적으로 기재
- 해당 원료/제조공정의 위생관리항목이 제대로 관리가 안되는 사실을 기재
- 오염(혼입), 증식, 잔존(잔류)로 구분하여 기재
- 예시
  . ○○○ 관리 불량(미흡, 부족)으로 인한 오염(증식, 잔존)
  . 믹싱 작업자의 손 세척/소독 관리 불량으로 인한 오염
  . 원료 보관 온도/시간 관리 불량으로 인한 증식
  . 굽기 온도/시간 관리 불량으로 인한 잔존

✎메모

4. 위해요소

■ 위해요소 발생원인 도출 활용자료
  ● 문헌조사
- 식품의 농약, 중금속 잔류관련 자료
- 제품 클레임 및 잠재클레임 자료
- 관련 연구 및 Review 문헌
- 식중독사고 관련 자료(기사 등)
- 관련법규 및 규격기준
- 원료 및 제조환경의 오염실태
- 현장분석(측정) 자료(실험자료)
- 작업자 인터뷰 및 작업실태의 육안조사
- 제품 보존시험, 규격설정시험 등 제품 개발자료 등
  ● 현장조사
- 원료 검토
- 제조공정 검토
- 현장 분석
- 통계 분석

4. 위해요소

■ 위해요소 도출 사례

위해요소 분석표

일련번호	원료/제조공정	구분	위해요소		위해 평가			위해요소	예방조치 및 관리방법
			명칭	발생원인	심각성	발생가능성	종합점수		
1	계량	B	일반세균수	계량설비도구의 세척소독 불량에 의한 오염 작업자 손의 세척소독 불량에 의한 오염 공중낙하균 오염 위생복장 착용 불량에 의한 오염	1	1	1	NH	계량도구의 세척 소독 관리 손 세척소독 관리 공중낙하균 검사 위생복장 착용상태 관리 위생검사 작업자 위생교육훈련 굽기 시 온도시간 관리
			황색포도상구균		1	1	1	NH	
			살모넬라균		2	2	4	H	
			장출혈성 대장균		3	1	3	H	
			리스테리아균		3	1	3	H	
			병원성 대장균		2	1	2	NH	
		C	-						
		P	철조각	계량설비 도구 파손에 의한 혼입 작업자 포장재 취급불량에 의한 혼입 머리망 착용 불량에 의한 혼입 체망 파손에 의한 혼입	3	1	3	H	계량설비도구 점검 개포시 포장재 취급 주의 머리망 착용상태 점검 체망 점검 관리 금속검출 시 감도 관리
			플라스틱조각		2	1	2	NH	
			비닐조각		1	2	2	NH	
			종이조각, 실밥		1	2	2	NH	
			머리카락		1	3	3	H	

4. 위해요소

■ 원료별 위해요소 도출 사례

원·부재료명	구분	위해요소	발생원인
쇠고기	B	대장균군	
		황색포도상구균	
		살모넬라	원료자체 및 사육과정 관리 부족으로 오염
		바실러스 세레우스	협력업체(생산자) 관리 부족으로 교차오염
		리스테리아	원료 운반과정에서 부주의로 교차오염
		장출혈성 대장균	
		진균	
	C	잔류항생물질	협력업체(생산자)의 교육/관리 부족으로 오염
		잔류농약	
	P	나사, 못, 칼날	
		돌, 모래, 플라스틱	협력업체(생산자)의 관리 부족으로 혼입
		머리카락, 비닐, 지푸라기	
전분	B	대장균군	
		황색포도상구균	
		살모넬라	협력업체 제조/가공기준 미준수로 오염
		바실러스 세레우스	협력업체 작업자/제조설비/작업장/운반차량/제조도구 등에 대한 세척 소독관리 부족
		리스테리아	으로 오염
		장출혈성 대장균	협력업체 원료관리 부족으로 오염
		클로스트리디움 퍼프린젠스	
		진균	
	C	잔류농약	협력업체 원료관리 부족으로 잔류, 오염
		납, 카드뮴	
	P	나사, 못, 칼날	
		돌, 모래, 플라스틱	협력업체 제조설비/작업자 등에 대한 이물 관리 부족으로 오염
		머리카락, 비닐, 지푸라기	

4. 위해요소

■ 제조공정별 위해요소 도출 사례

제조공정	구분	위해요소	발생원인(유래)
입고	B	대장균군	
		황색포도상구균	
		살모넬라	부적절한 입고실/운반차량 온도관리에 의한 원료 자체 위해요소 증식
		바실러스 세레우스	운송차량/작업자/작업장/제조설비/기구용기/검사장비/운반도구/청소도구
		리스테리아	등 세척소독 관리, 작업자 위생교육 부족으로 교차오염
		장출혈성 대장균	부적절한 작업장 청정도 관리로 교차 오염
		장염비브리오균	
		진균	
	P	나사, 못, 칼날	혼입 된 원료의 입고
		돌, 모래, 플라스틱	입고실 제조설비, 운반도구 등 관리 부족으로 혼입
		머리카락, 비닐, 지푸라기	운송차량/작업자/작업장/제조설비/기구용기/검사장비/운반도구/청소도구 등 세척소독 관리, 작업자 위생교육 부족으로 혼입
보관	B	대장균군	
		황색포도상구균	
		살모넬라	부적절한 보관실 온도관리에 의한 원료 자체 위해요소 증식
		바실러스 세레우스	보관실 작업자/작업장/제조설비/기구용기/검사장비/운반도구/청소도구 등
		리스테리아	세척소독 관리, 작업자 위생 교육 부족으로 교차오염
		장출혈성 대장균	부적절한 보관실 청정도 관리로 교차 오염
		장염비브리오균	
		진균	
	P	나사, 못, 칼날	보관실 제조설비, 운반도구 등 관리 부족으로 혼입
		돌, 모래, 플라스틱	운송차량/작업자/작업장/제조설비/기구용기/검사장비/운반도구/청소도구
		머리카락, 비닐, 지푸라기	등 세척소독 관리, 작업자 위생교육 부족으로 혼입

4. 위해요소

■ 제조공정별 위해요소 도출 사례

제조공정	구분	위해요소	발생원인(유래)
세척	B	대장균군	
		황색포도상구균	
		살모넬라	부적절한 세척실 온도관리에 의한 위해요소 증식
		바실러스 세레우스	세척실 작업자/작업장/제조설비/기구용기/검사장비/운반도구/청소도구 등
		리스테리아	세척소독 관리, 작업자 위생교육 부족으로 교차오염
		장출혈성 대장균	부적절한 세척실 청정도 관리로 교차 오염
		장염비브리오균	세척조건(방법, 시간, 가수량 등) 미준수로 위해 요소 잔존
		진균	
	P	나사, 못, 칼날	세척실 제조설비, 운반도구 등 관리 부족으로 교차오염
		돌, 모래, 플라스틱	세척실 작업자/작업장/제조설비/기구용기/검사장비/운반도구/청소도구 등
		머리카락, 비닐, 지푸라기	세척소독 관리, 작업자 위생교육 부족으로 교차오염
가열	B	대장균군	
		황색포도상구균	부적절한 가열실 온도관리에 의한 위해요소 증식
		살모넬라	가열실 작업자/작업장/제조설비/기구용기/검사장비/운반도구/청소도구 등
		바실러스 세레우스	세척소독 관리, 작업자 위생교육 부족으로 교차오염
		리스테리아	부적절한 가열실 청정도 관리로 교차 오염
		장출혈성 대장균	가열조건(온도, 시간, 품온 등) 미준수로 위해요소 잔존
		장염비브리오균	
		진균	
	P	나사, 못, 칼날	가열 제조설비, 운반도구 등 관리 부족으로 교차오염
		돌, 모래, 플라스틱	가열실 작업자/작업장/제조설비/기구용기/검사장비/운반도구/청소도구 등
		머리카락, 비닐, 지푸라기	세척소독 관리, 작업자 위생교육 부족으로 교차오염

5. 위해 평가

■ 위해 평가

일련 번호	원료/ 제조공정	구분	위해요소		위해 평가				예방조치 및 관리방법
			명 칭	발생원인	심각성	발생 가능성	종합 평가	위해 요소	
1		B							
		C							
		P							

■ 위해 평가 - 심각성

● 평가 원칙

- 도출된 위해요소가 영향을 주는 최종 대상은 소비자임.
- 원료/제조공정별로 도출된 위해요소가 식품을 통해 섭취되었을 때 인체에 미치는 영향을 평가함.
- 같은 위해요소이면 원료/제조공정이 달라도 소비자의 입장에서는 같은 위해요소이므로 심각성은 동일함.
- 생물학적, 화학적, 물리적 위해요소를 독립적으로 평가함.
- 상대적 평가가 아닌 절대적 기준에 의한 평가임.
- 높음, 보통, 낮음 => 3점, 2점, 1점으로 기재함.

---

5. 위해 평가

■ 위해 평가 - 심각성

● 평가 기준

- **CODEX**

높 음 : 사망을 포함하여 건강에 중대한 영향을 미침

B	*Clostridium botulinum toxin, Salmonealla (typhi), Shigella dysenteriae, Vibrio cholerae, Vibrio vulnificus*, hepatitis A, E virus, *Listeria monocytogenes*(일부), *Escherichia coli* O157:H7
C	화학오염물질, 식품첨가물, 중금속 등에 의한 직접적인 오염
P	금속, 유리조각 등 소비자에게 직접적인 해 또는 상처를 입힐 수 있는 물질

보 통 : 잠재적으로 넓은 전염성이 있는 것으로 입원

B	장내병원성 *Escherichai coli, Salmonella* spp., *Shigella* spp., *Vibrio parahaemolyticus, Listeria monocytogenes*, Rotavirus, Norwalk virus
C	타르색소, 잔류농약, 잔류용제(툴루엔, 프탈레이트 등), 잔류훈증약제 등
P	돌, 나무조각, 플라스틱 등 경질 이물

낮 음 : 제한적인 전염성이 있는 것으로 개인에 제한된 질병

B	*Bacillus cereus, Clostridium perfringenes, Campylobacter jejuni, Yersinia enterocolitica, Staphylococcus aureus* toxin
C	Somnolence, transitory allergy 등의 증상을 수반하는 화학오염물질 등
P	머리카락, 비닐 등 연질 이물

---

5. 위해 평가

■ 위해 평가 - 심각성

● 평가 기준

- **NACMCF**

높 음(3) : 위해수준이 높음(건강에 치명적인 영향을 미쳐 사망을 일으키는 경우도 많음)

B	*Clostridium botulinum* type A, B, E 및 F, *Salmonella typhi; paratyphi* A, B, *Shigella dysenteriae, Vibrio cholerae, Vibrio vulnificus, Listeria monocytogenes, Escherichia coli* O157:H7, Hepatitis A 및 B, *Brucella abortus* B, *Brucella suis, Trichinella spiralis*
C	자연독(패독, 독버섯, 복어독, botulinum toxin 등), 유해 중금속, 유해 화학물질, 아플라톡신, 환경호르몬 등
P	소비자에게 치명적 위해나 상처를 입힐 수 있는 것(금속, 유리조각)

보 통(2) : 위해수준이 중간(잠재적으로 건강에 광범위한 영향: 입원)

B	병원성 *Escherichau coli*(예; enterotoxin 생성균), *Salmonella* spp., *Shigella* spp., *Cryptosporidium parvum*, Rotavirus, Norwalk virus
C	식품첨가물 오·남용, 제조공정 중 생성되는 화학반응물질, Solanine
P	소비자에게 일반적 위해나 상처를 입히는 물질(돌, 플라스틱 등 경질 이물)

낮 음(1) : 제한적인 전염성이 있는 것으로 개인에 제한된 질병

B	*Bacillus cereus, Vibrio parahaemolyticus, Clostridium perfringens, Campylobacter jejuni, Yersinia enterocolitica, Staphylococcus aureus, Giardia lamblia*
C	toxin(enterotoxin), 졸음 또는 일시적인 allergy를 수반하는 화학오염물질
P	소비자에게 아주 단순한 위해 또는 상처를 입힐 수 있는 물질 또는 건전성에 위배되는 물질(머리카락, 비닐 등 연질 이물)

✎메모

5. 위해 평가

■ 위해 평가 - 심각성

● 평가 기준

- FAO

높음

B	Clostridium botulinum, Salmonella typhi, Listeria monocytogenes, Escherichia coli O157;H7, Vibrio cholerae, Vibrio vulnificus
C	paralytic shellfish poisoning, amnestic shellfish poisoning
P	유리조각, 금속성 이물 등

중간

B	Brucella spp., Campylobacter spp., Salmonella spp., Shigella spp., Streptococcus type A, Yersinia enterocolitica, hepatitis A virus
C	곰팡이독, 시가테라독, 잔류농약, 중금속 등
P	돌, 모래, 경질 플라스틱 등 경질 이물

낮음

B	Bacillus spp., Clostridium perfringens, Staphylococcus aureus, Norwalk virus, 대부분의 기생충
C	히스타민 유사물질, 식품첨가물 등
P	비닐, 머리카락 등 연질 이물

5. 위해 평가

■ 위해 평가 - 발생 가능성

● 평가 원칙

- 원료/제조공정별로 도출된 위해요소가 해당 원료/제조공정에서 발생될 가능성을 평가함.
- 객관적인 평가기준은 없으므로 업소 자체적으로 사전에 평가기준을 수립함.
- 평가 기준은 실제 생산라인에서 현장실험 통계자료 및 주변환경 시험자료(작업자/시설/설비/도구 등 표면 오염도, 작업장 청정도 검사 등), 소비자 클레임 자료 등을 바탕으로 수립함.
- 동일한 위해요소이더라도 원료/제조공정에 다르면 다를 수 있음.
- 절대적 평가가 아닌 각 회사의 상대적 기준에 의한 평가임.
- 높음, 보통, 낮음 => 3점, 2점, 1점으로 기재함.

5. 위해 평가

■ 위해 평가 - 발생 가능성

● 평가 기준

- 생물학적 위해요소의 예시

구분	분류 기준	
	빈도 평가	가능성 평가
높음(3)	해당 위해요소 발생사례 확인 (2회 이상/분기 발생 사례 수집)	해당 위해요소로 식중독 발생
보통(2)	해당 위해요소 발생사례 미확인 (1회 이상/분기 발생사례 수집)	해당 위해요소로 오염 사례 확인
낮음(1)	해당 위해요소 연관성 없음 (발생사례 없음/분기)	해당 위해요소 연관성 없음

- 화학적 위해요소의 평기기준 예시

구분	분류 기준	
	빈도 평가	가능성 평가
높음(3)	해당 위해요소 발생사례 확인 (2회 이상/년 발생 사례 수집)	해당 위해요소로 식중독 발생
보통(2)	해당 위해요소 발생사례 미확인 (1회 이상/년 발생사례 수집)	해당 위해요소로 오염 사례 확인
낮음(1)	해당 위해요소 연관성 없음 (발생사례 없음/년)	해당 위해요소 연관성 없음

5. 위해 평가

■ 위해 평가 - 발생 가능성
● 평가 기준
- 물리적 위해요소의 예시

구 분	분류 기준	
	빈도 평가	가능성 평가
높 음(3)	해당 위해요소 발생사례 확인 (5건 이상/월 발생 사례 수집)	해당 위해요소로 식중독 발생
보 통(2)	해당 위해요소 발생사례 미확인 (3건 이상/월 발생사례 수집)	해당 위해요소로 오염 사례 확인
낮 음(1)	해당 위해요소 연관성 없음 (3건 미만/월 발생사례 수집)	해당 위해요소 연관성 없음

5. 위해 평가

■ 위해 평가 - 종합점수 및 (최종)위해요소
● 종합점수
- 심각성과 발생 가능성의 평가결과에 근거하여 심각성 점수와 발생 가능성 점수를 곱하여 결정함.

발생 가능성	높 음	경결함 (3)	중결함 (6)	치명결함 (9)
	보 통	불만족 (2)	경결함 (4)	중결함 (6)
	낮 음	만 족 (1)	불만족 (2)	경결함 (3)
		낮 음	보 통	높 음
			심 각 성	

● (최종)위해요소
- 경결함(3점) 이상에 해당하는 위해요소를 최종 위해요소로 결정하고 CCP 결정단계로 이행함.(2점 이하는 위해요소 분석단계에서 종결함.)

5. 위해 평가

■ 위해 평가 사례

위해요소 분석표									
일련 번호	원료/ 제조공정	구분	위해요소		위해 평가			위해 요소	예방조치 및 관리방법
			명 칭	발생원인	심각성	발생 가능성	종합 점수		
1	계량	B	일반세균수	계량설비도구의 세척 소독 불량에 의한 오염 작업자 손의 세척 소독 불량에 의한 오염 공중낙하균 오염 위생복장 착용 불량에 의한 오염	1	1	1	NH	계량도구의 세척 소독 관리 손 세척 소독 관리 공중낙하균 검사 위생복장 착용상태 관리 위생검사 작업자 위생교육훈련 칭량 시 온도시간 관리
			황색포도상구균		1	1	1	NH	
			살모넬라균		2	2	4	H	
			장출혈성 대장균		3	1	3	H	
			리스테리아균		3	1	3	H	
			병원성 대장균		2	1	2	NH	
		C	-						
		P	철조각	계량설비도구 파손에 의한 혼입 작업자 포장재 취급불량에 의한 혼입 머리망 착용 불량에 의한 혼입 체망 파손에 의한 혼입	3	1	3	H	계량설비도구 점검 개포시 포장재 취급 주의 머리망 착용상태 점검 체망 점검 관리 금속검출 시 감도 관리
			플라스틱조각		2	1	2	NH	
			비닐조각		1	2	2	NH	
			종이조각, 실밥		1	2	2	NH	
			머리카락		1	3	3	H	

✎메모

5. 위해 평가

■ 원료별 위해 평가 사례

원·부재료명	구분	위해요소 (생물학적B 화학적C 물리적P)	발생원인	위해 평가 심각성	발생 가능성	평가결과
소고기	B	대장균군	원료자체 및 사육과정 관리 부족으로 오염 / 협력업체(생산자) 관리 부족으로 교차오염	2	1	2
		황색포도상구균		1	2	2
		살모넬라		2	1	2
		바실러스 세레우스		1	1	1
		리스테리아		3	1	3
		장출혈성 대장균		3	1	3
	C	항생물질	협력업체(생산자)의 관리 부족으로 항생물질 및 농약 등 오염	2	1	2
		납, 카드뮴		2	1	2
	P	나사, 못, 칼날	협력업체(생산자)의 관리 부족으로 혼입	3	1	3
		돌, 모래, 플라스틱		2	2	4
		머리카락, 비닐, 지푸라기		1	2	2
전분	B	대장균군	협력업체 제조/가공기준 미준수로 오염 / 협력업체 작업자/제조설비/작업장/운반차량/제조도구 등에 대한 세척소독 관리 부족으로 오염 / 협력업체 원료 관리 부족으로 오염	2	1	2
		황색포도상구균		1	2	2
		살모넬라		2	1	2
		바실러스 세레우스		1	1	1
		리스테리아		3	1	3
		장출혈성 대장균		3	1	3
		장염비브리오균		2	1	2
	C	잔류농약	협력업체 원료 관리 부족으로 잔류, 오염	2	1	2
		납, 카드뮴		2	1	2
	P	나사, 못, 칼날	협력업체 제조설비/작업자 등에 대한 이물 관리 부족으로 오염	3	1	3
		돌, 모래, 플라스틱		2	2	4
		머리카락, 비닐, 지푸라기		1	2	2

5. 위해 평가

■ 제조공정별 위해 평가 사례

제조공정	구분	위해요소 (생물학적B 화학적C 물리적P)	발생원인	위해 평가 심각성	발생 가능성	평가결과
입고	B	대장균군	부적절한 입고실/운반차량 온도관리에 의한 원료 자체 위해요소 증식 / 운송차량/작업자/작업장/제조설비/기구용기/검사장비/운반도구/청소도구 등 세척소독 관리, 작업자 위생교육 부족으로 교차오염 / 부적절한 작업장 청정도 관리로 교차 오염	2	1	2
		황색포도상구균		1	2	2
		살모넬라		2	1	2
		바실러스 세레우스		1	1	1
		리스테리아		3	1	3
		장출혈성 대장균		3	1	3
		장염비브리오균		2	1	2
	P	나사, 못, 칼날	혼입된 원료의 입고 / 입고실 제조설비, 운반도구 등 관리 부족으로 혼입 / 운송차량/작업자/작업장/제조설비/기구용기/검사장비/운반도구/청소도구 등 세척 관리, 작업자 위생교육 부족으로 혼입	3	1	3
		돌, 모래, 플라스틱		2	2	4
		머리카락, 비닐, 지푸라기		1	2	2
보관	B	대장균군	부적절한 보관실 온도관리에 의한 원료 자체 위해요소 증식 / 보관실 작업자/작업장/제조설비/기구용기/검사장비/운반도구/청소도구 등 세척소독 관리, 작업자 위생 교육 부족으로 교차 오염 / 부적절한 보관실 청정도 관리로 교차 오염	2	1	2
		황색포도상구균		1	2	2
		살모넬라		2	1	2
		바실러스 세레우스		1	1	1
		리스테리아		3	1	3
		장출혈성 대장균		3	1	3
		장염비브리오균		2	1	2
	P	나사, 못, 칼날	보관실 제조설비, 운반도구 등 관리 부족으로 혼입 / 운송차량/작업자/작업장/제조설비/기구용기/검사장비/운반도구/청소도구 등 세척 관리, 작업자 위생교육 부족으로 혼입	3	1	3
		돌, 모래, 플라스틱		2	2	4
		머리카락, 비닐, 지푸라기		1	2	2

5. 위해 평가

■ 제조공정별 위해 평가 사례

제조공정	구분	위해요소 (생물학적B 화학적C 물리적P)	발생원인	위해 평가 심각성	발생 가능성	평가결과
세척	B	대장균군	부적절한 세척실 온도관리에 의한 위해요소 증식 / 세척실 작업자/작업장/제조설비/기구용기/검사장비/운반도구/청소도구 등 세척소독 관리, 작업자 위생교육 부족으로 교차오염 / 부적절한 세척실 청정도 관리로 교차 오염 / 세척조건(방법, 시간, 가수량 등) 미준수로 위해 요소 잔존	2	1	2
		황색포도상구균		1	2	2
		살모넬라		2	1	2
		바실러스 세레우스		1	1	1
		리스테리아		3	1	3
		장출혈성 대장균		3	1	3
		장염비브리오균		2	1	2
	P	나사, 못, 칼날	세척실 제조설비/운반도구 등 관리 부족으로 혼입 / 세척실 작업자/작업장/제조설비/기구용기/검사장비/운반도구/청소도구 등 세척 관리, 작업자 위생교육 부족으로 혼입	3	1	3
		돌, 모래, 플라스틱		2	2	4
		머리카락, 비닐, 지푸라기		1	2	2
가열	B	대장균군	부적절한 가열실 온도관리에 의한 위해요소 증식 / 가열실 작업자/작업장/제조설비/기구용기/검사장비/운반도구/청소도구 등 세척소독 관리, 작업자 위생교육 부족으로 교차오염 / 부적절한 가열실 청정도 관리로 교차 오염 / 가열조건(온도, 시간, 품온 등) 미준수로 위해요소 잔존	2	1	2
		황색포도상구균		1	2	2
		살모넬라		2	1	2
		바실러스 세레우스		1	1	1
		리스테리아		3	1	3
		장출혈성 대장균		3	1	3
		장염비브리오균		2	1	2
	P	나사, 못, 칼날	가열 제조설비/운반도구 등 관리 부족으로 혼입 / 가열실 작업자/작업장/제조설비/기구용기/검사장비/운반도구/청소도구 등 세척관리, 작업자 위생교육 부족으로 혼입	3	1	3
		돌, 모래, 플라스틱		2	2	4
		머리카락, 비닐, 지푸라기		1	2	2

6. 예방조치 및 관리방법

■ 예방조치 및 관리방법 (Preventative measures)

일련 번호	원료/ 제조공정	구분	위해요소		위해 평가				예방조치 및 관리방법
			명 칭	발생원인	심각성	발생 가능성	종합 평가	위해 요소	
1		B							
		C							
		P							

6. 예방조치 및 관리방법

■ 예방조치 및 관리방법 도출 원칙
- 원료/제조공정별로 도출된 위해요소에 대한 예방조치 및 관리방법을 해당 원료/제조공정별로 도출함.
- 위해요소별로 또는 발생원인별로 도출함. (발생원인을 관리하기 위한 긍정적 방법임)
- 도출된 위해요소에 대해 해당공정 뿐만 아니라 (소비자 섭취 이전의) 이후 공정에서의 방법도 도출함.
  . 예시 (배합)
    - 위해요소 : 작업자 손 위생관리 불량에 의한 오염
    - 예방조치 : 작업자 손 세척/소독관리, (굽기) 굽기 온도/시간관리
  . 예시 (계량)
    - 위해요소 : 체망 파손에 의한 철조각 혼입
    - 예방조치 : 체망 파손상태 확인, (금속검출) 금속검출기 감도관리
- 위해요소(발생원인)에 대한 직접적인 방법 외에 추가 방법도 도출함.
  . 예시 (배합) : 작업자손 세척/소독관리 + 손 위생검사, 공정제품검사, 작업자 교육훈련 등
- 해당현장에서 실행하고 있는 방법이어야 함.
- 발생원인(위해요소)과 예방조치 및 관리방법 및 현장관리방법이 일치되어야 함.

6. 예방조치 및 관리방법

■ 예방조치 및 관리방법 종류
- ● 생물학적 위해요소
  - 시설 개·보수
  - 원료/자재 협력업체의 시험성적서 확인
  - 입고되는 원료/자재 검사
  - 보관, 가열, 포장 등의 가공조건(온도, 시간 등) 준수
  - 시설·설비·도구, 종업원 등에 대한 적절한 세척·소독 실시
  - 공기 중에 식품노출 최소화
  - 종업원의 위생교육 등
- ● 화학적 위해요소
  - 원료/자재 협력업체의 시험성적서 확인
  - 입고되는 원효/자재 검사
  - 승인된 화학물질 사용
  - 화학물질의 적절한 식별 표시, 보관
  - 화학물질의 사용기준 준수
  - 화학물질을 취급하는 종업원의 교육·훈련 등
- ● 물리적 위해요소
  - 시설 개·보수
  - 원료/자재 협력업체의 시험성적서 확인
  - 입고되는 원료/자재 검사
  - 육안선별, 체, 자석, 금속·이물검출기 관리
  - 종업원의 교육·훈련 등

6. 예방조치 및 관리방법

■ 예방조치 및 관리방법 도출 사례

위해요소 분석표

일련번호	원료/제조공정	구분	위해요소 명칭	위해요소 발생원인	위해평가 심각성	발생가능성	종합점수	위해요소	예방조치 및 관리방법
1	계량	B	일반세균수	계량설비/도구의 세척소독 불량에 의한 오염 작업자 손의 세척소독 불량에 의한 오염 공중낙하균 오염 위생복장 착용 불량에 의한 오염	1	1	1	NH	계량도구의 세척소독 관리 손 세척소독 관리 공중낙하균 검사 위생복장 착용상태 관리 위생검사 작업자 위생교육훈련 끝기 시 온도시간 관리
			황색포도상구균		1	1	1	NH	
			살모넬라균		2	2	4	H	
			장출혈성 대장균		3	1	3	H	
			리스테리아균		3	1	3	H	
			병원성 대장균		2	1	2	NH	
		C	-						
		P	철조각	계량설비/도구 파손에 의한 혼입 작업자 포장재 취급불량에 의한 혼입 머리망 착용 불량에 의한 혼입 체망 파손에 의한 혼입	3	1	3	H	계량설비/도구 점검 개포시 포장재 취급 주의 머리망 착용상태 점검 체망 점검 관리 금속검출 시 감도 관리
			플라스틱조각		2	1	2	NH	
			비닐조각		1	2	2	NH	
			종이조각,실밥		1	2	2	NH	
			머리카락		1	3	3	H	

6. 예방조치 및 관리방법

■ 원료별 예방조치 및 관리방법 도출 사례

원·부재료명	구분	위해요소 (생물학적:B 화학적:C 물리적:P)	발생원인	예방조치 및 관리방법
쇠고기	B	대장균군 황색포도상구균 살모넬라 바실러스 세레우스 리스테리아 장출혈성대장균 진균	원료자체 및 사육과정 관리 부족으로 오염 협력업체(생산자) 관리 부족으로 교차오염	입고검사 협력업체 시험성적서 확인 원료 사육과정 관리 협력업체(생산자) 점검/교육 관리
	C	잔류항생물질	협력업체(생산자)의 관리 부족으로 항생물질 및 농약 등 오염	-
	P	나사, 못, 칼날 돌, 모래, 플라스틱 머리카락, 비닐, 지푸라기	협력업체(생산자)의 관리 부족으로 혼입	-
전분	B	대장균군 황색포도상구균 살모넬라 바실러스 세레우스 리스테리아 장출혈성대장균 장염비브리오균 진균	협력업체 제조/가공기준 미준수로 오염 협력업체 작업자/제조설비/작업장/운반차량/제조도구 등에 대한 세척소독관리 부족으로 오염 협력업체 원료 관리 부족으로 오염	입고검사 협력업체 시험성적서 확인 원료 제조과정 관리 협력업체(생산자) 점검/교육 관리
	C	잔류농약 납, 카드뮴	협력업체 원료 관리 부족으로 잔류, 오염	입고검사 협력업체 시험성적서 확인 협력업체(생산자) 점검/교육 관리
	P	나사, 못, 칼날 돌, 모래, 플라스틱 머리카락, 비닐, 지푸라기	협력업체 제조설비/작업자 등에 대한 이물 관리 부족으로 혼입	입고검사 협력업체 시험성적서 확인 원료 제조과정 관리 협력업체(생산자) 점검/교육 관리

6. 예방조치 및 관리방법

■ 제조공정별 예방조치 및 관리방법 도출 사례

제조공정	구분	위해요소 (생물학적:B 화학적:C 물리적:P)	발생원인(유래)	예방조치 및 관리방법
입고	B	대장균군 황색포도상구균 살모넬라 바실러스 세레우스 리스테리아 장출혈성대장균 장염비브리오균 진균	부적절한 입고실/운반차량 온도관리에 의한 증식 운송차량/작업자/작업장/제조설비/기구용기/검사장비/운반도구/청소도구 등 세척소독 관리, 작업자 위생교육 부족으로 교차오염 부적절한 작업장 청정도 관리로 교차오염	입고실 세척소독 관리 운반차량 세척소독 관리 입고실 작업자 위생교육훈련 입고실 설비 세척소독 관리 입고실 기구용기/검사장비/청소도구 세척소독 관리 입고차량/입고실 온도 관리 세척/소독/가열/멸균/건조 공정 관리
	P	나사, 못, 칼날 돌, 모래, 플라스틱 머리카락, 비닐, 지푸라기	입고실 제조설비/운반도구 등 관리 부족으로 혼입 운송차량/작업자/작업장/제조설비/기구용기/검사장비/운반도구/청소도구 등 세척 관리, 작업자 위생교육 부족으로 혼입	입고실 환경 관리 입고실 작업자 위생교육훈련 입고실 설비 관리 입고실 기구용기/검사장비/청소도구 관리 금속검출/금속제거/여과 공정 관리
보관	B	대장균군 황색포도상구균 살모넬라 바실러스 세레우스 리스테리아 장출혈성대장균 장염비브리오균 진균	부적절한 보관실 온도관리에 의한 증식 보관실 작업자/작업장/제조설비/기구용기/검사장비/운반도구/청소도구 등 세척소독 관리, 작업자 위생교육 부족으로 교차오염 부적절한 보관실 청정도 관리로 교차오염	보관실 세척소독 관리 보관실 운반도구 세척소독 관리 보관실 작업자 위생교육훈련 보관실 설비 세척소독 관리 보관실 기구용기/검사장비/청소도구 세척소독 관리 보관실 온도 관리 세척/소독/가열/멸균/건조 공정 관리
	P	나사, 못, 칼날 돌, 모래, 플라스틱 머리카락, 비닐, 지푸라기	보관실 제조설비/운반도구 등 관리 부족으로 혼입 운송차량/작업자/작업장/제조설비/기구용기/검사장비/운반도구/청소도구 등 세척 관리, 작업자 위생교육 부족으로 혼입	보관실 환경 관리 보관실 작업자 위생교육훈련 보관실 설비 관리 보관실 기구용기/검사장비/청소도구 관리 금속검출/금속제거/여과 공정 관리

6. 예방조치 및 관리방법

■ 제조공정별 예방조치 및 관리방법 도출 사례

제조공정	구분	위해요소 (생물학적:B 화학적:C 물리적:P)	발생원인(유래)	예방조치 및 관리방법
세척	B	대장균군 황색포도상구균 살모넬라 바실러스 세레우스 리스테리아 장출혈성대장균 장염비브리오균 진균	부적절한 세척실 온도 관리에 의한 증식 세척실 작업자/작업장/제조설비/기구용기/검사장비/문반도구/청소도구 등 세척소독 관리, 작업자 위생교육 부족으로 교차오염 부적절한 세척실 청정도 관리로 교차오염 세척조건(방법, 시간, 가수량 등) 미준수로 잔존	세척실 세척소독 관리 세척실 운반도구 세척소독 관리 세척실 작업자 위생교육훈련 세척실 설비 세척소독 관리 세척실 기구용기/검사장비/청소도구 세척소독 관리 세척실 온도 관리 세척 공정 관리(세척방법, 시간, 회수, 가수량 등)
	P	나사, 못, 칼날 돌, 모래, 플라스틱 머리카락, 비닐, 지푸라기	세척실 제조설비/운반도구 등 관리 부족으로 혼입 세척실 작업자/작업장/제조설비/기구용기/검사장비/문반도구/청소도구 등 세척소독 관리, 작업자 위생교육 부족으로 혼입	세척실 환경 관리 세척실 작업자 위생교육훈련 세척실 설비 관리 세척실 기구용기/검사장비/청소도구 관리 금속제거 및 공정 관리
가열	B	대장균군 황색포도상구균 살모넬라 바실러스 세레우스 리스테리아 장출혈성대장균 장염비브리오균 진균	부적절한 가열실 온도 관리에 의한 증식 가열실 작업자/작업장/제조설비/기구용기/검사장비/문반도구/청소도구 등 세척소독 관리, 작업자 위생교육 부족으로 교차오염 부적절한 가열실 청정도 관리로 교차오염 가열조건(온도, 시간, 품온 등) 미준수로 잔존	가열실 세척소독 관리 가열실 운반도구 세척소독 관리 가열실 작업자 위생교육훈련 가열실 설비 세척소독 관리 가열실 기구용기/검사장비/청소도구 세척소독 관리 가열실 온도 관리 가열 공정 관리(가열온도, 시간, 품온 등)
	P	나사, 못, 칼날 돌, 모래, 플라스틱 머리카락, 비닐, 지푸라기	가열 제조설비/운반도구 등 관리 부족으로 혼입 가열실 작업자/작업장/제조설비/기구용기/검사장비/문반도구/청소도구 등 세척 관리, 작업자 위생교육 부족으로 혼입	가열실 환경 관리 가열실 작업자 위생교육훈련 가열실 설비 관리 가열실 기구용기/검사장비/청소도구 관리 금속검출/금속제거/여과 공정 관리

7. 위해요소 분석 연습

■ 위해요소 분석표 작성 연습

일련번호	원료/제조공정	구분	위해요소		위해 평가				예방조치 및 관리방법
			명칭	발생원인	심각성	발생 가능성	종합 평가	위해 요소	

메모

VI-2-5. 중요관리점(CCP) 결정 (절차 7)

절차 7 : 중요관리점(CCP) 결정

준비단계	1. HACCP팀 구성	(Assemble HACCP team)
	2. 제품설명서 작성	(Describe products)
	3. 사용용도 확인	(Identify intended uses)
	4. 공정흐름도 작성	(Draw flow diagram)
	5. 공정흐름도 현장 확인	(On-site verification)
적용단계	6. 위해요소 분석 (원칙 1)	(Analyze hazards)
	7. 중요관리점 결정 (원칙 2)	**(Determine CCPs)**
	8. 한계기준 설정 (원칙 3)	
	9. 모니터링체계 확립 (원칙 4)	
	10. 개선조치방법 수립 (원칙 5)	
사후관리단계	11. 검증절차 및 방법 수립 (원칙 6)	
	12. 문서화 및 기록유지방법 설정 (원칙 7)	

1. 중요관리점(CCP) 결정 관련 법적 요건

■ 용어 정의 및 법적 요건

● 중요관리점(Critical Control Point : CCP)

안전관리인증기준(HACCP)을 적용하여 식품·축산물의 위해요소를 예방·제어하거나 허용수준 이하로 감소시켜 당해 식품·축산물의 안전성을 확보할 수 있는 중요한 단계·과정 또는 공정

● 중요관리점 결정

- 확인된 주요 위해요소를 예방·제어(또는 허용수준 이하로 감소)할 수 있는 공정상의 단계·과정 또는 공정 결정
- 중요관리점 결정도 적용 결과

1. 중요관리점(CCP) 결정 관련 법적 요건

■ 중요관리점 결정도 (CCP decision tree)

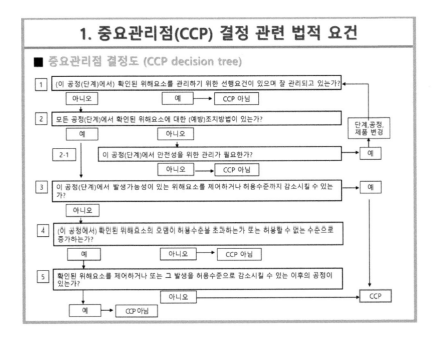

1. 중요관리점(CCP) 결정 관련 법적 요건

■ 중요관리점 결정표

제조공정	위해요소	질문1 예→CP 아니오→질문2	질문2 예→질문3 아니오→질문2-1	질문2-1 예→질문2 아니오→CP	질문3 예→CCP 아니오→질문4	질문4 예→질문5 아니오→CP	질문5 예→CP 아니오→CCP	CCP 결정

※ 위해요소(Hazard) 분석 결과 위해(Risk)가 높은 항목만 중요관리점(CCP) 결정도에 적용하고 그 결과를 중요관리점(CCP) 결정표에 작성함.

2. 중요관리점(CCP) 결정 양식

■ 법적 양식

공정단계	위해요소	질문1 예→CP 아니오→질문2	질문2 예→질문3 아니오→질문2-1	질문2-1 예→질문2 아니오→CP	질문3 예→CCP 아니오→질문4	질문4 예→질문5 아니오→CP	질문5 예→CP 아니오→CCP	중요관리점 결정

■ 실제 양식

일련 번호	원료/ 제조 공정	구 분	위해요소 명칭	위해요소 발생 원인	위해 평가 발생 가능성	예방조치 및 관리방법	질문1-① 예→1-② 아니오→질문2	질문1-② 예→CP 아니오→질문 2	질문2 예→질문3 아니오→질문2	질문2-1 예→질문2 아니오→CP	질문3 예→CCP 아니오→질문4	질문4 예→질문5 아니오→CP	질문5 예→CP 아니오→CCP	중요관리점 결정

3. 중요관리점(CCP) 결정 사례

■ CCP 결정표 작성 사례 1

공정단계	구분	위해요소	질문1 예→CCP 아님 아니요→질문2	질문2 예→질문3 아니요→질문2-1	질문2-1 예→질문3 아니요→CCP 아님	질문3 예→질문4 아니요→질문5	질문4 예→질문5 아니요→CCP 아님	질문5 예→CCP 아님 아니요→CCP	중요관리점 결정
보관	B	리스테리아 장출혈성대장균	NO	YES		NO	YES	YES (세척, 가열, 소독공정)	CCP 아님
	P	나사, 못, 칼날	NO	YES		NO	YES	YES (세척, 금속검출공정)	CCP 아님
		돌, 모래, 플라스틱	NO	YES		NO	YES	YES (세척, 여과, X-Ray 검출공정)	CCP 아님
세척	B	리스테리아 장출혈성대장균	NO	YES		YES			CCP-1B
	P	나사, 못, 칼날	NO	YES		NO	YES	YES (금속검출공정)	CCP 아님
		돌, 모래, 플라스틱	NO	YES		YES			CCP-1P
소독	B	리스테리아 장출혈성대장균	NO	YES		YES			CCP-2B
	P	나사, 못, 칼날	NO	YES		NO	YES	YES (금속검출공정)	CCP 아님
		돌, 모래, 플라스틱	NO	YES		NO	YES	YES (세척, 여과, X-Ray 검출공정)	CCP 아님
가열	B	리스테리아 장출혈성대장균	NO	YES		YES			CCP-3B
	P	나사, 못, 칼날	NO	YES		NO	YES	YES (금속검출공정)	CCP 아님
		돌, 모래, 플라스틱	NO	YES		NO	YES	YES (세척, 여과, X-Ray 검출공정)	CCP 아님

3. 중요관리점(CCP) 결정 사례

■ CCP 결정표 작성 사례 2

				위해요소 분석표				CCP 결정표							
일련번호	원료/제조공정	구분	위해요소 명칭	발생원인	위해평가 발생가능성	예방조치 및 관리방법	질문1-① 예→1-② 아니요→질문2	질문1-② 예→질문3 아니요→질문2	질문2 예→질문3 아니요→질문2-1	질문2-1 예→질문3 아니요→CP	질문3 예→CCP 아니요→질문4	질문4 예→질문5 아니요→CP	질문5 예→CP 아니요→CCP	중요관리점 결정
3	계량	B	식중독균	계량설비도구의 세척소독 불량에 의한 오염 작업자 손의 세척소독 불량에 의한 오염	1	계량도구의 세척 소독 관리 손 세척소독 관리 위생검사	예	아니요	예		아니요	예	예	CP
			리스테리아		1	작업자 위생교육훈련 증기 시 온도시간 관리	예	예						CP
		P	철조각	계량설비도구 파손에 의한 혼입 포장 파손에 의한 혼입	1	계량설비도구 파손상태 점검 포장 접합 관리 금속검출 시 감도 관리	예	예						CP
			머리/카락	머리망 착용 불량에 의한 혼입	1	머리망 착용상태 점검 관리	예	아니요	예		아니요	예	아니요	CCP2-P
6	증기	B	리스테리아	증기온도시간 관리 불량에 의한 잔존	1	증기 시 온도시간 관리	아니요		예			예		CCP4-B
9	금속검출	P	금속성 이물	금속검출기 작동/감도 관리불량으로 잔류	1	금속검출기 작동상태 확인 금속검출 시 감도 관리	아니요		예			예		CCP6-P

3. 중요관리점(CCP) 결정 사례

■ CCP 결정표 작성 사례 2

일련번호	원료/제조공정	구분	위해요소 명칭	발생원인	위해평가 발생가능성	예방조치 및 관리방법	질문1-① 예→1-② 아니요→질문2	질문1-② 예→CP 아니요→질문2	질문2 예→질문3 아니요→질문2	질문2-1 예→질문3 아니요→CP	질문3 예→CCP 아니요→질문4	질문4 예→질문5 아니요→CP	질문5 예→CP 아니요→CCP	중요관리점 결정
8	내포장	B	식중독균	포장설비도구의 세척소독 불량에 의한 오염 작업자 손의 세척소독 불량에 의한 오염 포장작업구역 청소소독 불량에 의한 오염	2 1 1	포장설비도구의 세척소독 관리 손 세척소독 관리 위생검사 작업자 위생교육훈련 포장작업구역 청소소독 관리	예	아니요	예		아니요	예	아니요	CCP5-B
			리스테리아				예	예						CP
		P	머리/카락	머리망 착용 불량에 의한 혼입	3	머리망 착용상태 점검 관리	예	아니요	예		아니요	예	아니요	CCP5-P
3	달걀	B	식중독균	달걀 자체 분변 오염 농장 취급루주의에 의한 오염 보관용 냉장온도관리 불량에 의한 증식	1 1 1	공급업체의 지도감독 입고 시 시험성적서 수행 입고 시 검사 관리 증기 시 온도시간 관리	예	아니요	예		아니요	예	예	CP
			리스테리아				예	예						CP

✎메모

4. 중요관리점(CCP) 결정 요령

■ 일련번호, 원료/제조공정, ……, 예방조치 및 관리방법

일련번호	원료/제조공정	구분	위해요소		위해평가	예방조치 및 관리방법	질문1-①	질문1-②	질문2	질문2-1	질문3	질문4	질문5	중요관리점 결정
			명칭	발생원인	발생 가능성		예→1-② 아니오→질문2	예→CP 아니오→질문2	예→질문3 아니오→질문4	예→질문2 아니오→질문3	예→CP 아니오→질문4	예→질문5 아니오→질문4	예→질문5 아니오→CCP	

- ● 일련번호, 원료/제조공정 및 구분
  - 위해요소 분석표의 일련번호, 원료/제조공정 및 구분(위해요소 유형)을 그대로 기재함.
- ● 위해요소의 명칭
  - 위해요소 분석표에서 위해 평가 결과 3점 이상인 위해요소만을 그대로 기재함.
- ● 위해요소의 발생원인
  - 위해요소 분석표의 해당 위해요소 발생원인을 그대로 기재함.
- ● 위해평가의 발생 가능성
  - 위해요소 분석표의 위해 평가 중 발생 가능성의 점수를 그대로 기재함.
- ● 예방조치 및 관리방법
  - 위해요소 분석표의 해당 예방조치 및 관리방법을 그대로 기재함.

4. 중요관리점(CCP) 결정 요령

■ 질문 1 : 이 공정에서 확인된 위해요소를 관리하기 위한 1-①선행요건이 있으며 1-②잘 관리되고 있는가?

* 이 질문은 위해요소가 도출된 해당공정에 대해서만 결정하는 것이며, 선행요건이 있고 잘 관리되는 경우만, 즉, 두가지 모두를 충족하는 경우만 "예"로 답함. 선행요건이 아니거나 없거나 또는 선행요건이 있어도 잘 관리되지 않으면 "아니오"로 답함.

1-① 먼저 위해요소 분석표의 예방조치 및 관리방법에서 도출된 해당 위해요소를 관리하기 위한 해당 공정의 내용이 선행요건(영업장 관리, 제조·가공시설설비 관리, 위생 관리, 보관·운송 관리, 냉장·냉동시설 설비 관리, 용수 관리, 검사 관리, 회수 관리)에 해당하는지를 확인함.
  - 굽기(가열), 금속검출공정은 선행요건이 아님 => "아니오"로 답하고 질문 2로 진행함.
  - 입고·보관, 계량, 반죽, 분할, 발효, 성형, 내포장 등 공정은 선행요건임. => "예"로 답하고 ②로 진행함.

1-② 1-①의 선행요건에 해당하는 경우, 그 선행요건에 의해 잘 관리되는지를 평가함.
  * 먼저 잘 관리되는 정도에 대한 판단기준의 설정이 필요함.
  (1안) CCP 결정단계까지 온 위해요소는 잘 관리되지 않는 것으로 봄. => "아니오"로 답하고 질문 2로 진행함.
  (2안) 위해요소 분석표의 발생 가능성의 점수로 판단하는 경우
    - 위해요소 분석표에서 해당 위해요소의 발생 가능성 점수가 1점이면 잘 관리됨. => "예"로 답하고 '중요관리점 결정' 칸에 'CP'로 기재하고 종결함(질문을 더 이상 진행하지 않음).
    - 위해요소 분석표에서 해당 위해요소의 발생 가능성 점수가 2점 이상이면 관리 안됨. => "아니오"로 답하고 질문 2로 진행함.

4. 중요관리점(CCP) 결정 요령

■ 질문 1 : 이 공정에서 확인된 위해요소를 관리하기 위한 1-①선행요건이 있으며 1-②잘 관리되고 있는가?

예시 1) 계량공정의 살모넬라균
1-① 위해요소 분석표의 예방조치 및 관리방법을 보면 도출된 위해요소인 살모넬라균을 관리하기 위한 계량도구의 세척·소독 관리와 손 세척·소독 관리는 선행요건(위생관리)임. => "예"이므로 1-②로
1-② 살모넬라균에 대한 발생 가능성이 2점임.
∴ 최종 답은 "아니오"이고 질문 2로 진행함.

예시 2) 계량공정의 장출혈성 대장균과 리스테리아균
1-① 위해요소 분석표의 예방조치 및 관리방법을 보면 도출된 위해요소인 장출혈성 대장균과 리스테리아균을 관리하기 위한 계량도구의 세척·소독 관리와 손 세척·소독 관리는 선행요건(위생관리)임. => "예"이므로 1-②로
1-② 장출혈성 대장균과 리스테리아균에 대한 발생 가능성이 1점임.
∴ 최종 답은 "예"이고 'CP'이며, 종결함.

예시 3) 내포장공정의 살모넬라균
1-① 위해요소 분석표의 예방조치 및 관리방법을 보면 도출된 위해요소인 살모넬라균을 관리하기 위한 내포장설비·도구의 세척·소독 관리와 손 세척·소독 관리, 포장작업구역 청소·소독 관리는 선행요건(위생관리)임. => "예"이므로 1-②로
1-② 살모넬라균에 대한 발생 가능이 2점임.
∴ 최종 답은 "아니오"이고 질문 2로 진행함.

예시 4) 내포장공정의 장출혈성 대장균과 리스테리아균
1-① 위해요소 분석표의 예방조치 및 관리방법을 보면 도출된 위해요소인 장출혈성 대장균과 리스테리아균을 관리하기 위한 내포장설비·도구의 세척·소독 관리와 손 세척·소독 관리, 포장작업구역 청소·소독 관리는 선행요건(위생관리)임. => "예"이므로 1-②로
1-② 장출혈성 대장균과 리스테리아균에 대한 발생 가능이 1점임.
∴ 최종 답은 "예"이고 'CP'이며, 종결함.

✎메모

4. 중요관리점(CCP) 결정 요령

■ **질문 2 : 모든 공정(이 공정이나 이후 공정)에서 확인된 위해요소에 대한 (예방) 조치방법이 있는가?**

* 이 질문은 위해요소가 도출된 해당공정은 물론 이후의 공정에 대해서도 결정함.
- 위해요소 분석표의 예방조치 및 관리방법에서 도출된 해당 위해요소를 관리하기 위한 방법이 언급되어 있으면 "예"로 답함. => 질문 3으로
- 위해요소 분석표의 예방조치 및 관리방법에서 도출된 해당 위해요소를 관리하기 위한 방법이 언급되어 있지 않으면 "아니오"로 답함. => 질문 2-1로

예시 1) 계량공정의 살모넬라균
- 위해요소 분석표의 예방조치 및 관리방법을 보면 도출된 위해요소인 살모넬라균을 관리하기 위해 해당 공정 (계량)에서 계량도구의 세척·소독 관리와 손 세척·소독 관리, 위생검사, 작업자 위생교육·훈련 및 이후 공정 인 굽기공정에서 굽기온도·시간 관리가 있음.
∴ 최종 답은 "예"이고 질문 3으로 진행함.

예시 2) 내포장공정의 살모넬라균
- 위해요소 분석표의 예방조치 및 관리방법을 보면 도출된 위해요소인 살모넬라균을 관리하기 위해 해당 공정 (내포장)에서 포장설비·도구의 세척·소독 관리와 손 세척·소독 관리, 위생검사, 작업자 위생교육·훈련, 포장 작업구역 청소·소독 관리가 있음.
∴ 최종 답은 "예"이고 질문 3으로 진행함.

4. 중요관리점(CCP) 결정 요령

■ **질문 2-1 : 이 공정에서 안전성을 위한 관리가 필요한가?**

* 이 질문은 위해요소가 도출된 해당공정에 대해서만 결정하는 것임.
* 이 질문은 도출된 위해요소가 안전성(Safety)과 관련여부를 판단하는 것임. 품질적 요소(Wholesomeness, 맛, 향, 조직감 등)는 해당되지 않음.
- 일단 위해요소 분석표에서 위해요소로 도출된 것들은 안전성에 해당된다고 봐야 함.
- 그럼에도 불구하고 품질적 요소가 도출되었더라면 "아니오"로 답하고 종결함.
- 안전성 관련 위해요소에 대해 이 질문으로 진행한 경우는 "예"로 답하고 어떤 형태로든지 예방조치방법을 강구하여야 하며, 다시 질문 2로 진행함.
- 따라서 위해요소 분석표에서 위해요소로 도출된 것들에 대해서는 이 질문으로 진행되는 경우는 없음.

4. 중요관리점(CCP) 결정 요령

■ **질문 3 : 이 공정에서 발생가능성이 있는 위해요소를 제어하거나 허용수준까지 감소시킬 수 있는가?**

* 이 질문은 위해요소가 도출된 해당공정에 대해서만 결정하는 것임.
* 위해요소를 제어하거나 허용수준으로 감소시키는 공정(위해요소 발생원인에 잔존(잔류)로 기재된 공정)
 - 미생물 : 굽기(가열, 살균, 멸균), 소독 등
 - 화학물질 : 세척
 - 이물 : 금속검출, 이물검출, 여과(망), 자석, 육안선별, 세척 등
- 해당공정을 거치면서 도출된 위해요소가 제거되거나 허용수준으로 감소되는 경우(굽기, 금속검출)만 "예"로 답하고 중요관리점 결정' 칸에 'CCP'로 기재하고 종결함.
- 해당공정을 거치면서 도출된 위해요소가 제어되거나 허용수준으로 감소되지 않는 경우(계량, 반죽, 분할, 발효, 성형, 내포장 등)는 "아니오"로 답하고 질문 4 진행함.

예시 1) 계량공정의 살모넬라균
- 계량공정에서 도출된 위해요소인 살모넬라균은 계량공정을 거치면서 제어되거나 허용수준으로 감소되지 않음.
∴ 최종 답은 "아니오"이고 질문 4로 진행함.

예시 2) 내포장공정의 살모넬라균
- 내포장공정에서 도출된 위해요소인 살모넬라균은 내포장공정을 거치면서 제어되거나 허용수준으로 감소 되지 않음.
∴ 최종 답은 "아니오"이고 질문 4로 진행함.

4. 중요관리점(CCP) 결정 요령

■ 질문 4 : 이 공정에서 확인된 위해요소의 오염이 허용수준을 초과하는가 또는 허용할 수 없는 수준으로 증가하는가?

* 이 질문은 위해요소가 도출된 해당공정에 대해서만 결정하는 것임.

* 먼저 오염과 증가에 대한 판단기준의 설정이 필요함.

(1안) CCP 결정단계까지 온 위해요소는 잘 관리되지 않는 것으로 봄. => "예"로 답하고 질문 5로 진행함.

(2안) 위해요소 분석표의 발생 가능성의 점수로 판단하는 경우
- 위해요소 분석표에서 해당 위해요소의 발생 가능성 점수가 1점이면 오염·증가가 없는 것으로 봄. => "아니오"로 답하고 '중요관리점 결정' 칸에 'CP'로 기재하고 종결함.
- 위해요소 분석표에서 해당 위해요소의 발생 가능성 점수가 2점 이상이면 오염·증가로 봄. => "예"로 답하고 질문 5로 진행함.

예시 1) 계량공정의 살모넬라균
- 계량공정에서 도출된 위해요소인 살모넬라균의 발생 가능성은 2점임.
∴ 최종 답은 "예"이고 질문 5로 진행함.

예시 2) 내포장공정의 살모넬라균
- 내포장공정에서 도출된 위해요소인 살모넬라균의 발생 가능성은 2점임.
∴ 최종 답은 "예"이고 질문 5로 진행함.

4. 중요관리점(CCP) 결정 요령

■ 질문 5 : 확인된 위해요소를 제어하거나 또는 그 발생을 허용수준으로 감소시킬 수 있는 이후의 공정이 있는가?

* 이 질문은 위해요소가 도출된 해당공정이 아닌 이후의 공정에 대해서만 결정하는 것임.

* 위해요소를 제어하거나 허용수준으로 감소시키는 공정
- 미생물 : 굽기(가열, 살균, 멸균), 소독 등
- 화학물질 : 세척
- 이물 : 금속검출, 이물검출, 여과(망), 자석, 육안선별, 세척 등
- 위해요소 분석표의 예방조치 및 관리방법에서 도출된 해당 위해요소를 관리하기 위해 이후의 공정에서 방법이 언급되어 있으면 "예"로 답하고 '중요관리점 결정' 칸에 'CP'로 기재함.
- 위해요소 분석표의 예방조치 및 관리방법에서 도출된 해당 위해요소를 관리하기 위해 이후의 공정에서 방법이 언급되어 있지 않으면 "아니오"로 답하고 '중요관리점 결정' 칸에 'CCP'로 기재함. (오염이나 증식 차원에서 매우 중요한 공정임.)

예시 1) 계량공정의 살모넬라균
- 위해요소 분석표의 예방조치 및 관리방법을 보면 도출된 위해요소인 살모넬라균을 관리하기 위해 이후의 공정(굽기)에서 굽기온도·시간 관리가 있음.
∴ 최종 답은 "예"이고 'CP'임.

예시 2) 내포장공정의 살모넬라균
- 위해요소 분석표의 예방조치 및 관리방법을 보면 도출된 위해요소인 살모넬라균을 관리하기 위해 이후의 공정에서 예방조치방법이 없음.
∴ 최종 답은 "아니오"이고 'CCP'임.

5. 중요관리점(CCP) 결정 연습

■ CCP 결정표 작성 연습

일련번호	원료/제조공정	구분	위해요소		위해평가	예방조치 및 관리방법	질문1-① 예→1-② 아니오→질문2	질문1-② 예→CP 아니오→질문2	질문2 예→질문3 아니오→질문2	질문2-1 예→질문2 아니오→CP	질문3 예→CCP 아니오→질문4	질문4 예→질문5 아니오→CP	질문5 예→CP 아니오→CCP	중요관리점 결정
			명칭	발생원인	발생가능성									

VI-2-6. CCP의 안전관리인증기준 관리계획

(HACCP Plan) 확립 (절차 8~12)

절차 8~12 : HACCP Plan 확립

준비단계
1. HACCP팀 구성   (Assemble HACCP team)
2. 제품설명서 작성   (Describe products)
3. 사용용도 확인   (Identify intended uses)
4. 공정흐름도 작성   (Draw flow diagram)
5. 공정흐름도 현장 확인   (On-site verification)

적용단계
6. 위해요소 분석 (원칙 1)   (Analyze hazards)
7. 중요관리점 결정 (원칙 2)   (Determine CCPs)
8. 한계기준 설정 (원칙 3)
9. 모니터링체계 확립 (원칙 4)
10. 개선조치방법 수립 (원칙 5)

사후관리단계
11. 검증절차 및 방법 수립 (원칙 6)
12. 문서화 및 기록유지방법 설정 (원칙 7)

---

1. HACCP Plan 확립 양식

■ 안전관리인증기준 관리계획(HACCP Plan)

식품·축산물의 원료 구입에서부터 최종 판매에 이르는 전 과정에서 위해가 발생할 우려가 있는 요소를 사전에 확인하여 허용수준 이하로 감소시키거나 제어 또는 예방할 목적으로 안전관리인증기준(HACCP)에 따라 작성한 제조·가공·조리·선별·처리·포장·소분·보관·유통·판매공정 관리문서나 도표 또는 계획

안전관리인증기준(HACCP) 관리계획표

CCP 번호					
제조공정명					
위해요소					
발생원인					
한계기준					
모니터링 체계	무엇을	어떻게	언제(주기)	누가	기록
개선조치 방법					
검증방법					

2. HACCP Plan 확립 사례

■ HACCP Plan 작성 사례 1

식품안전관리인증계획서 [HACCP Plan]

HACCP 적용 유형(특성 포함): 예) 과자(유탕처리제품)
해당제품: 예) ○○ 칩, ○○과자 등

(1) 중요 관리점	(2) 주요 위해요소	(3) 한계기준	(4) 대상	(5) 모니터링 방법	(6) 주기	(7) 담당자	(8) 개선조치	(9) 기록유	(예) 검증
1B 가열(유탕) 공정	병원성 미생물 잔존 (리스테리아 모노사이토 젠스, 장출혈성 대장균 등)	가열온도 (유탕온도): 000~000℃ 또는 가열기 표시 온도	가열기 설정 온도 또는 가열기 표시 온도	설정온도(표시온도) 육안 확인	작업 시작 시, 작업 중 0시간 마다, 작업 종료 시	가열 담당 홍길동	1. 작업 중단 2. 온도 미달: - 가열기 이상 확인 - 온도 도달 시 작업 재개 - 재가열(또는 폐기) 3. 온도 초과: - 가열기 이상 확인 - 냉각 후 작업 재개 - 제품 이상 확인 후 다음 공정(또는 폐기)	중요관리점 점검표	공정 검증 작업 전 온도 계측장치 정확 도 확인, 1회/년 검교정 월 1회 모니터링 개선조치방법, 실행성 검증
		가열시간 (유탕시간): 00분00초 ~00분00초	가열기 설정 시간 또는 투입 후 경과 시간	설정시간 육안 확인 또는 가열시간 타이머 측정			1. 작업 중단 2. 시간 미달: - 가열기 이상 확인(또는 재가열(또는 폐기) 3. 시간 초과: - 가열기 이상 확인(또는 담당자 확인) - 제품 이상 확인 후 다음 공정(또는 폐기)		
		가열(유탕) 후 제품온도: 00℃ 이상	제품온도 또는 제품품온	제품온도 ○○ 온도계 측정			1. 작업 중단 2. 온도 미달: - 가열기 이상(온도, 시간) 확인 - 제품 상태 확인 - 재가열(또는 폐기)		

2. HACCP Plan 확립 사례

■ HACCP Plan 작성 사례 2

안전관리인증기준(HACCP) 관리계획표

제조공정	CCP 분류	위해요소	발생원인	한계기준	모니터링방법					개선조치방법			검증방법		
					대상	방법	주기	담당자	기록	어떻게	누가	기록	어떻게	누가	기록

(이하 표 내용 판독 어려움)

2. HACCP Plan 확립 사례

■ HACCP Plan 작성 사례 3

HACCP 관리기준 [포장 · 금속검출]

공정 소개 ●공정특징: 본공정은 제품에 혼입되어 있는 금속성 이물을 제어하는 공정 ●주요설비: 금속검출기, 선별Con'v

CCP-2	HACCP 관리계획 [CCP – P]				
위해요소 (HA)	CCP 결정사유	한계기준	모니터링 방법	개선조치 방법	기록 및 보관
● 금속검출기 작동불량, 감도저하 등에 의한 금속성 이물 잔존	● 본 공정은 금속성 이물 혼입에 대한 예방조치가 있는가? ↓ 예 : 포장공정 - 금속검출기 운영 ● 본 공정은 금속성 이물질을 제거 또는 허용수준까지 감소시킬 수 있는가? ↓ 예 : 금속검출기 감도 등 정상작동 유지, 점검 **CCP-P**	● 철(Fe) 1.5ø 비철(Sus) 2.5ø 이상 감지하여 검출할 수 있어야 함.	금속검출기에서 검출될 수 있는 금속편(Test Piece) 의 크기는 Fe 1.5 ø, Sus 2.5 ø 이상 이므로 규격의 금속편을 3회이상 여러 방향 으로 통과시켜 정상적으로 금속을 감지하고 검출할 수 있어야 함.	1.공정 중지 2.LOT별구분, 별도 관리 3.팀장 보고 (공백일 통보) 4.선별/이상조치 5.원인분석 6.해당 제품 전수검사 7.금속 이물혼입 제품 폐기	HACCP공정 점검표 (생산,품질)

✎메모

VI-2-7. CCP의 한계기준 설정 (절차 8)

절차 8 : CCP의 한계기준 설정

준비단계	1. HACCP팀 구성	(Assemble HACCP team)
	2. 제품설명서 작성	(Describe products)
	3. 사용용도 확인	(Identify intended uses)
	4. 공정흐름도 작성	(Draw flow diagram)
	5. 공정흐름도 현장 확인	(On-site verification)
적용단계	6. 위해요소 분석 (원칙 1)	(Analyze hazards)
	7. 중요관리점 결정 (원칙 2)	(Determine CCPs)
	8. 한계기준 설정 (원칙 3)	**(Determine critical limits of CCPs)**
	9. 모니터링체계 확립 (원칙 4)	
	10. 개선조치방법 수립 (원칙 5)	
사후관리단계	11. 검증절차 및 방법 수립 (원칙 6)	
	12. 문서화 및 기록유지방법 설정 (원칙 7)	

---

1. CCP의 한계기준 설정 관련 법적 요건

■ 용어 정의 및 법적 요건

● 한계기준(Critical limits)

- 중요관리점에서의 위해요소관리가 허용범위 이내로 충분히 이루어지고 있는지 여부를 판단할 수 있는 기준이나 기준치

● 중요관리점의 한계기준 설정

■ CCP번호, ..., 발생원인 작성요령

- CCP 결정표의 CCP 번호와 제조공정명, 위해요소 명칭 및 발생원인을 그대로 기재함.

안전관리인증기준(HACCP) 관리계획표

2. CCP의 한계기준 설정 요령

■ 관리항목 및 기준 설정 요령
● 관리항목
- 작업현장에서 쉽게 실행할 수 있도록 가능한 육안관찰이나 간단한 측정으로 확인할 수 있는 특정지표로 설정
  . 온도 및 시간
  . 수분활성도(Aw) 같은 제품 특성
  . pH
  . 습도(수분)
  . 염소, 염분농도 같은 화학적 특성
  . 자석, 금속검출기, 이물검출기 감도
  . 관련서류 확인 등
* 미생물 검사 등 시간이 오래 걸리는 항목은 배제
● 관리기준
- 정량적 수치로 설정
- 상·하한선 설정
- 27±2℃, 30 ±1분
* 27℃ 이상, 30분 이상, 충분히, 적당히, 잘 등은 배제

2. CCP의 한계기준 설정 요령

■ 한계기준 설정 절차
① 결정된 CCP별로 해당식품의 안전성을 보증하기 위하여 어떤 법적 한계기준이 있는지를 확인함(법적인 기준 및 규격 확인).
② 법적인 한계기준이 없는 경우, 업체에서 위해요소를 관리하기에 적합한 한계기준을 자체적으로 설정하며, 필요 시 외부전문가의 조언을 구함.
③ 설정한 한계기준에 관한 과학적 문헌 등 근거자료를 유지 보관함.
※ 한계기준 설정 근거자료
- CCP 공정별 실제 생산라인에서 가공조건 모니터링자료
- 원료, 공정별 반제품, 완제품을 대상으로 하는 시험자료
- 설정된 한계기준을 뒷받침할 수 있는 법적 기준·규격
- 전문서적, 논문 등 과학적 근거자료 등

3. CCP의 한계기준 설정 사례

■ 한계기준 설정 사례

제조공정	CCP	위해요소	위해요인	한계기준
가열	CCP-1B	리스테리아, 장출혈성 대장균	가열온도 및 가열 시간 미준수로 병원성 미생물 잔존	가열온도 : 85~120℃, 가열시간 : 3~5분 (품온 : 80~110℃, 품온 유지시간 : 3~5분) 등
세척	CCP-1BCP	리스테리아, 장출혈성 대장균, 돌, 흙, 모래, 잔류농약	세척방법 미준수로 병원성 미생물, 잔류농약, 이물 잔존	세척횟수 : 3~6단, 세척 가수량 : 20L/분, 세척시간 : 5~10분 등
소독	CCP-1BC	리스테리아, 장출혈성 대장균, 잔류염소	소독농도 및 소독 시간, 소독수 교체주기 미준수로 병원성 미생물 잔존 헹굼방법, 시간 미준수로 소독제 잔류	소독농도 : 50~100ppm 소독시간 : 1분~1분 30초 소독수 교체주기 : 10Kg 당 헹굼방법 : 흐르는 물 헹굼시간 : 30~40분 등
최종제품 pH 측정	CCP-1B	리스테리아, 장출혈성 대장균	최종제품 pH 초과로 인한 병원성 미생물 잔존 및 증식	최종제품 pH : 4.0 이하
최종제품 Aw 측정	CCP-1B	리스테리아, 장출혈성 대장균	최종제품 pH 초과로 인한 병원성 미생물 잔존 및 증식	최종제품 수분활성도 : 0.6 이하
금속검출	CCP-1P	금속 Fe 2.0mmφ STS 2.0mmφ 이상 불검출	금속검출기 감도 불량으로 이물 잔존	금속 Fe : 2.0mmφ 이상 불검출 STS : 2.0mmφ 이상 불검출

✎메모

4. CCP의 한계기준 설정 연습

■ 한계기준 설정 연습

안전관리인증기준(HACCP) 관리계획표					
CCP 번호					
제조공정명					
위해요소					
발생원인					
한계기준					
모니터링 체계	무엇을	어떻게	언제(주기)	누가	기록
개선조치 방법					
검증방법					

VI-2-8. CCP의 모니터링체계 확립 (절차 9)

절차 9 : CCP의 모니터링체계 확립

준비단계	1. HACCP팀 구성	(Assemble HACCP team)
	2. 제품설명서 작성	(Describe products)
	3. 사용용도 확인	(Identify intended uses)
	4. 공정흐름도 작성	(Draw flow diagram)
	5. 공정흐름도 현장 확인	(On-site verification)
적용단계	6. 위해요소 분석 (원칙 1)	(Analyze hazards)
	7. 중요관리점 결정 (원칙 2)	(Determine CCPs)
	8. 한계기준 설정 (원칙 3)	(Determine critical limits of CCPs)
	9. 모니터링체계 확립 (원칙 4)	**(Establish monitoring system of CCPs)**
	10. 개선조치방법 수립 (원칙 5)	
사후관리단계	11. 검증절차 및 방법 수립 (원칙 6)	
	12. 문서화 및 기록유지방법 설정 (원칙 7)	

1. CCP의 모니터링체계 확립 관련 법적 요건

■ 용어 정의 및 법적 요건
● 모니터링(Monitoring)
- 중요관리점에 설정된 한계기준을 적절히 관리하고 있는지 여부를 확인하기 위하여 수행하는 일련의 계획된 관찰이나 측정하는 행위 등
● 중요관리점의 모니터링 체계 확립

2. CCP의 모니터링체계 확립 요령

■ 모니터링 이유
- 작업과정에서 발생되는 위해요소의 추적 용이
- 작업공정 중 CCP에서 발생한 한계기준 이탈(Deviation)시점 확인 가능
- 문서화된 기록 제공으로 검증 및 식품사고 발생 시 증빙자료로 활용 가능

■ 확립 절차
* 6하 원칙
① 각 원료와 공정별로 가장 적합한 모니터링 절차 파악
② 모니터링 항목(What) 결정 : 정량적 수치, 상·하한선, 2분 이내에 결과 판정이 가능한 항목
③ 모니터링 위치/지점(Where) 결정
④ 모니터링 방법(How) 결정
⑤ 모니터링 주기(빈도)(When) 결정
⑥ 모니터링 담당자(Who)를 지정하고 훈련 : 현장 작업자(Operator) 중심
⑦ 모니터링 결과를 기록할 양식 결정

2. CCP의 모니터링체계 확립 요령

■ 모니터링체계 적절성 확인
- 모든 CCP가 포함되어 있는가?
- 모니터링의 신뢰성이 평가되었는가?
- 모니터링 장비의 상태는 양호한가?
- 작업현장에서 실시하는가?
- 기록양식은 사용하는데 편리한가?
- 기록은 정확히 이루어지는가?
- 기록은 실시간으로 이루어지는가?
- 기록이 지속적으로 이루어지는가?
- 모니터링 주기가 적절한가?
- 검체채취 계획은 통계적으로 적절한가?
- 기록결과는 정기적으로 통계 처리하여 분석하는가?
- 현장 기록과 모니터링계획이 일치하는가?

✎ 메모

3. CCP의 모니터링체계 확립 사례

■ 모니터링체계 확립 사례

제조 공정명	CCP	한계기준	모니터링 방법			
			대상	방법	주기	담당자
가열	CCP-1B	가열온도 : 85~120℃, 시간 : 3~5분 (품온 : 80~110℃, 유지시간 : 3~5분)	가열온도, 시간	1. 가열기의 정상작동 유무를 육안 등으로 확인한다. 2. 가열기에서 가열온도(품온)와 가열시간(품온 유지시간)을 모니터링일지에 기록한다. 3. 모니터링일지를 HACCP팀장에게 승인받는다.	작업 전후/2시간 마다 등	공정담당 (○○○)
세척	CCP-1BCP	3~6단 세척, 가수량 : 3~4배, 세척시간 : 5~10분	세척방법	1. 세척기의 정상작동 유무를 육안 등으로 확인한다. 2. 세척방법에 따라 세척시간, 횟수, 가수량 등을 모니터링일지에 기록한다. 3. 모니터링일지를 HACCP팀장에게 승인받는다.	작업 전후/2시간 마다 등	공정담당 (○○○)
소독	CCP-1BC	소독농도 : 50~100ppm, 소독시간 : 1~1.5분, 소독수 교체주기, 헹굼방법, 헹굼시간	소독농도·시간, 소독수 교체주기, 헹굼방법·시간	1. 소독기의 정상작동 유무를 육안 등으로 확인한다. 2. 소독농도, 소독시간, 소독수 교체주기, 헹굼방법, 헹굼시간을 모니터링일지에 기록한다. 3. 모니터링일지를 HACCP팀장에게 승인받는다.	작업 전후/2시간 마다 등	공정담당 (○○○)

3. CCP의 모니터링체계 확립 사례

■ 모니터링체계 확립 사례

제조 공정명	CCP	한계기준	모니터링 방법			
			대상	방법	주기	담당자
pH 측정	CCP-1B	최종제품 pH 4.0 이하	조미액 pH, 제품 pH	1. 공정담당자는 pH 측정기를 보정한다. 2. 최종제품의 pH를 pH 측정기로 측정한다. 3. 측정 결과값을 CCP-1P 모니터링일지에 기록한다. 3. 모니터링 일지를 HACCP팀장에게 승인받는다.	최종제품 매 로트별	공정담당 (○○○)
수분활성도 측정	CCP-1B	최종제품 수분활성도 0.6 이하	제품 수분활성도	1. 최종제품의 수분활성도를 수분활성도 측정기로 측정한다. 2. 측정 결과값을 CCP-1P 모니터링일지에 기록한다. 3. 모니터링일지를 HACCP팀장에게 승인받는다.	최종제품 매 로트별	공정담당 (○○○)
금속 검출	CCP-1P	금속 : Fe 2mmφ, STS 2.0mmφ 이상 불검출, 쇳가루 불검출	금속검출기 감도	1. 금속검출기에 테스트피스를 좌, 우, 중간에 통과시켜 검출여부를 CCP-1P 모니터링일지에 기록하고 HACCP팀장에게 승인받는다. 2. 제품의 상, 중, 하에 테스트 피스를 첨가하여 금속검출기를 통과시켜 검출여부/통과되는 공정품의 검출여부를 CCP-1P 모니터링일지에 기록하고 HACCP팀장에게 승인받는다.	작업전후/2시간 마다 등	공정담당 (○○○)

4. CCP의 모니터링체계 확립 연습

■ 모니터링체계 확립 연습

안전관리인증기준(HACCP) 관리계획표					
CCP 번호					
제조공정명					
위해요소					
발생원인					
한계기준					
모니터링 체계	무엇을	어떻게	언제(주기)	누가	기록
개선조치 방법					
검증방법					

VI-2-9. CCP의 개선조치방법 수립 (절차 10)

절차 10 : CCP의 개선조치방법 수립

준비단계	1. HACCP팀 구성	(Assemble HACCP team)
	2. 제품설명서 작성	(Describe products)
	3. 사용용도 확인	(Identify intended uses)
	4. 공정흐름도 작성	(Draw flow diagram)
	5. 공정흐름도 현장 확인	(On-site verification)
적용단계	6. 위해요소 분석 (원칙 1)	(Analyze hazards)
	7. 중요관리점 결정 (원칙 2)	(Determine CCPs)
	8. 한계기준 설정 (원칙 3)	(Determine critical limits of CCPs)
	9. 모니터링체계 확립 (원칙 4)	(Establish monitoring system of CCPs)
	10. 개선조치방법 수립 (원칙 5)	**(Establish corrective actions of CCPs)**
사후관리단계	11. 검증절차 및 방법 수립 (원칙 6)	
	12. 문서화 및 기록유지방법 설정 (원칙 7)	

1. CCP의 개선조치방법 수립 관련 법적 요건

■ 용어 정의 및 법적 요건
● 개선조치 (Corrective action)
- 모니터링 결과 중요관리점의 한계기준을 이탈할 경우에 취하는 일련의 조치
● 개선조치방법 수립

✎메모

2. CCP의 개선조치방법 수립 요령

■ 개선조치방법 수립 시 체크사항

- 이탈된 제품을 관리하는 책임자는 누구이며, 기준 이탈 시 모니터링 담당자는 누구에게 보고하여야 하는가?
- 이탈의 원인이 무엇인지 어떻게 결정할 것인가?
- 이탈의 원인이 확인되면 어떤 방법을 통하여 원래의 관리상태로 복원시킬 것인가?
- 한계기준이 이탈된 식품(반제품 또는 완제품)은 어떻게 조치할 것인가?
- 한계기준 이탈 시 조치해야 할 모든 작업에 대한 기록유지 책임자는 누구인가?
- 개선조치 계획에 책임있는 사람이 없을 경우 누가 대신할 것인가?
- 개선조치는 언제든지 실행가능한가?

■ 개선조치사항

- 공정상태의 원상복귀
- 한계기준 이탈에 의해 영향을 받은 관련식품에 대한 조치사항
- 이탈에 대한 원인규명 및 재발방지조치
- HACCP 관리계획의 변경 등

2. CCP의 개선조치방법 수립 요령

■ 개선조치방법 수립절차

① 각 CCP별로 가장 적합한 개선조치절차를 파악한다.
② CCP별로 위해요소의 심각성에 따라 차등화하여 개선조치방법을 결정한다.
③ 개선조치 결과의 기록양식을 결정합니다.
④ 개선조치 담당자를 지정하고 교육·훈련시킨다.

■ 개선조치 후 확인사항

- 한계기준 이탈의 원인이 확인되고 제거되었는가?
- 개선조치 후 CCP는 잘 관리되고 있는가?
- 한계기준 이탈의 재발을 방지할 수 있는 조치가 마련되어 있는가?
- 한계기준 이탈로 인해 오염되었거나 건강에 위해를 주는 식품이 유통되지 않도록 개선조치절차를 시행하고 있는가?

3. CCP의 개선조치방법 수립 사례

■ 개선조치방법 수립 사례

제조공정	CCP	개선조치방법
가 열	CCP-1B	**1. 한계기준[가열 온도(품온), 가열시간(품온 유지시간) 등] 이탈 시** ○ 공정 담당자는 즉시 작업을 중지한다. ○ 해당 제품은 즉시 재가열하고 CCP 모니터링일지에 이탈사항과 개선조치사항을 기록하고 생산팀장, HACCP팀장에게 보고한다. ○ 해당로트 제품을 품질관리팀장에게 공정품 검사를 의뢰한다. **2. 기기 고장인 경우** ○ 공정 담당자는 즉시 작업을 중지하고 공정품을 보류한 뒤 CCP 모니터링일지에 이탈사항을 기록하고 공무팀에 수리를 의뢰한다. ○ 수리완료 후 공정품은 재가열한다. ○ CCP 모니터링일지에 개선조치사항을 기록하고 생산팀장, HACCP팀장에게 보고한다. ○ 해당로트 제품을 품질관리팀장에게 공정품 검사를 의뢰한다.
세 척	CCP-1BCP	**1.한계기준(세척횟수, 시간, 가수량 등) 이탈 시** ○ 공정 담당자는 즉시 작업을 중지한다. ○ 해당 제품은 즉시 재 세척하고 CCP 모니터링일지에 이탈사항과 개선조치사항을 기록하고 생산팀장, HACCP팀장에게 보고한다. ○ 해당로트 제품을 품질관리팀장에게 공정품 검사를 의뢰한다. **2. 기기 고장인 경우** ○ 공정 담당자는 즉시 작업을 중지하고 공정품을 보류한 뒤, CCP 모니터링일지에 이탈사항을 기록하고 공무팀에 수리를 의뢰한다. ○ 수리완료 후 공정품은 재 세척한다. ○ CCP 모니터링 일지에 개선조치사항을 기록하고 생산팀장, HACCP팀장에게 보고한다. ○ 해당로트 제품을 품질관리팀장에게 공정품 검사를 의뢰한다.

3. CCP의 개선조치방법 수립 사례

■ 개선조치방법 수립 사례

제조 공정	CCP	개선조치방법
소 독	CCP-1BC	**1. 한계기준(소독농도, 소독시간, 소독수 교체주기, 헹굼방법, 헹굼시간 등) 이탈 시** ○ 공정 담당자는 즉시 작업을 중지한다. ○ 소독농도를 보정하고 해당제품은 재소독/교체와 재헹굼하고 CCP 모니터링일지에 이탈사항과 　개선조치사항을 기록하고 생산팀장, HACCP팀장에게 보고한다. ○ 해당로트제품을 품질관리팀장에게 공정품 검사를 의뢰한다. **2. 기기 고장인 경우** ○ 공정 담당자는 즉시 작업을 중지하고 공정품을 보류한 뒤, CCP 모니터링일지에 이탈사항을 기록하고 　공무팀에 수리를 의뢰한다. ○ 수리완료 후 공정품은 재소독한다. ○ CCP 모니터링일지에 개선조치사항을 기록하고 생산팀장, HACCP팀장에게 보고한다. ○ 해당로트제품을 품질관리팀장에게 공정품 검사를 의뢰한다.
금 속 검 출	CCP-1P	**1. 제품에 금속 혼입될 경우** ○ 공정 담당자는 즉시 작업을 중지한다. ○ 해당 제품을 재 통과하여 확인하고 혼입이 확인될 경우 CCP 모니터링일지에 이탈사항과 개선조치사항 　을 기록하고 생산팀장, HACCP팀장에게 부고한다. ○ 해당로트제품을 품질관리팀장에게 공정품 검사를 의뢰한다. **2. 기기 고장인 경우** ○ 공정 담당자는 즉시 작업을 중지하고 공정품을 보류한 뒤, CCP 모니터링일지에 이탈사항을 기 　록하고 공무팀에 수리를 의뢰한다. ○ 수리완료 후 CCP 모니터링일지에 개선조치사항을 기록하고 생산팀장, HACCP팀장에게 보고한다. ○ 해당로트제품은 재통과시킨다. **3. 감도 저하의 경우** ○ 공정 담당자는 즉시 작업을 중지하고 공정품을 보류한 뒤, CCP 모니터링일지에 이탈사항을 기록하고 　기기 감도를 측정한다. ○ 감도 확인 후 CCP 모니터링일지에 개선조치사항을 기록하고 생산팀장, HACCP팀장에게 보고한다. ○ 해당로트제품을 품질관리팀장에게 공정품 검사를 의뢰한다.

4. CCP의 개선조치방법 수립 연습

■ 개선조치방법 수립 연습

안전관리인증기준(HACCP) 관리계획표					
CCP 번호					
제조공정명					
위해요소					
발생원인					
한계기준					
모니터링 체계	무엇을	어떻게	언제(주기)	누가	기록
개선조치 방법					
검증방법					

✎메모

VI-2-10. 검증절차 및 방법 수립 (절차 11)

절차 11 : 검증절차 및 방법 수립

준비단계	1. HACCP팀 구성	(Assemble HACCP team)
	2. 제품설명서 작성	(Describe products)
	3. 사용용도 확인	(Identify intended uses)
	4. 공정흐름도 작성	(Draw flow diagram)
	5. 공정흐름도 현장 확인	(On-site verification)
적용단계	6. 위해요소 분석 (원칙 1)	(Analyze hazards)
	7. 중요관리점 결정 (원칙 2)	(Determine CCPs)
	8. 한계기준 설정 (원칙 3)	(Determine critical limits of CCPs)
	9. 모니터링체계 확립 (원칙 4)	(Establish monitoring system of CCPs)
	10. 개선조치방법 수립 (원칙 5)	(Establish corrective actions of CCPs)
사후관리단계	**11. 검증절차 및 방법 수립 (원칙 6)**	**(Establish verification procedures)**
	12. 문서화 및 기록유지방법 설정 (원칙 7)	

1. 검증절차 및 방법 수립 관련 법적 요건

■ 용어 정의 및 법적 요건

● 검증 (Verification)

- 안전관리인증기준 관리계획(HACCP Plan) 의 유효성(Validation)과 실행(Implementation) 여부를 정기적으로 평가하는 일련의 활동(적용 방법과 절차, 확인 및 기타 평가 등을 수행하는 행위 포함)

* 미국미생물기준자문위원회(NACMCF, National Advisory Committee on Microbiological Criteria on Foods) : HACCP Plan의 유효성과 HACCP시스템이 계획대로 운영되고 있는지를 확인하기 위한 일련의 활동

* 국제식품규격위원회(CODEX) : HACCP Plan 준수 여부를 확인하기 위하여 적용하는 방법, 절차, 검사 및 기타 평가 행위

● 검증절차 및 방법 수립

- 유효성 검증 방법(서류조사, 현장조사, 시험검사) 및 절차
- 실행성 평가 방법(서류조사, 현장조사, 시험검사) 및 절차

2. 검증 종류

■ 검증주체에 따른 분류
- ● 내부검증 : 사내에서 자체적으로 검증원을 구성하여 실시하는 검증
- ● 외부검증 : 정부 또는 적격한 제3자가 검증을 실시하는 경우로 식품의약품안전처에서
  HACCP 적용업체에 대하여 주기적으로 실시하는 사후조사·평가도 이에 포함됨.

■ 검증주기에 따른 분류
- ● 최초검증 : HACCP Plan을 수립하여 최초로 현장에 적용할 때 실시하는 HACCP Plan의
  유효성 평가(Validation)
- ● 일상검증 : 일상적으로 발생되는 HACCP 기록문서 등에 대하여 검토·확인하는 검증
- ● 특별검증 : 새로운 위해정보가 발생 시, 해당식품의 특성 변경 시, 원료·제조공정 등의
  변동 시, HACCP Plan의 문제점 발생 시 실시하는 검증
  - 해당 식품과 관련된 새로운 안전성 정보 위에 정보가 있을 때
  - 해당 식품이 식중독, 질병 등과 관련될 때
  - 설정된 한계기준이 맞지 않을 때
  - HACCP Plan의 변경 시(신규원료 사용 및 변경, 원료 공급업체의 변경, 제조·가공·조리공정의 변경, 신규
    또는 대체 장비 도입, 작업량의 큰 변동, 섭취대상의 변경, 공급체계의 변경, 종업원의 대폭 교체 등)
- ● 정기검증 : 정기적으로 HACCP시스템의 적절성을 재평가하는 검증

3. 검증 절차

■ 검증 절차
- ● 검증주체 결정
  - 내부 검증팀(원)
  - 외부 : 제3자 검증기관(원)
- ● (연간, 세부) 검증계획 수립
  - 검증종류, 검증원(팀), 검증범위, 검증항목, 검증일정 등
- ● 검증 실시
  - **기록 검토** : 현행 HACCP Plan, 이전 HACCP 검증보고서(선행요건 포함), 모니터링활동(검·
    교정기록 포함), 개선조치사항 등
  - **현장 조사** : 설정된 CCP의 유효성, 담당자의 CCP 운영, 한계기준, 모니터링 및 기록관리
    활동에 대한 이해, 한계기준 이탈 시 담당자가 취해야 할 조치사항 숙지상태, 모니터링
    담당자의 업무 수행상태, 공정 중의 모니터링활동 기록 등
  - **시험·검사** : 미생물 시험, 이화학적 검사 등
- ● 검증(실행)결과 보고 및 환류
  - 검증 종류, 검증원(팀), 검증일자, 검증결과, 개선·보완내용 및 조치결과
  - * 영업자 검토 또는 승인

4. 검증 내용

■ 유효성 평가
- 수립된 HACCP Plan이 해당식품이나 제조·가공·조리공정에 적합한지 즉, HACCP Plan이 올바
  르게 수립되어 있어 충분한 효과를 가지는지를 확인하는 것
  - 제품설명서, 공정흐름도의 현장 일치 여부
  - 발생가능한 모든 위해요소의 확인·분석 여부
  - CP, CCP 결정의 적절성 여부
  - 한계기준이 안전성을 확보하는데 충분한지 여부
  - 모니터링체계, 개선조치방법, 검증방법 및 문서화 및 기록유지방법의 올바른 설정 여부 등
- * 미생물 또는 잔류화학물질 검사 등 이용

■ 실행성 검증
- HACCP Plan이 수립된 대로 효과적으로 이행되고 있는지 여부를 확인하는 것
  - 작업자가 CCP 공정에서 정해진 주기로 측정이나 관찰 수행 여부 확인을 위한 현장 관찰 활동
  - 한계기준 이탈 시 개선조치 여부 및 개선조치의 적절성 확인을 위한 기록 검토
  - 개선조치 기록의 완전성. 정확성 등을 자격 있는 사람의 검토 여부
  - 검사·모니터링장비의 주기적인 검·교정 실시 여부 등

✎메모

4. 검증 내용

■ **HACCP Plan 검증**
● **위해요소 분석결과 검증**
- 선행요건프로그램은 최종 위해요소 분석 수행 시와 동일한 신뢰수준을 유지하면서 운영·관리되고 있는가?
- 제품설명서, 유통경로, 용도와 소비자 등이 정확히 기술되어 있으며, 작업장평면도, 공조시설계통도, 급수 및 배수처리계통도 등이 현장과 일치하는가?
- 예비단계에서 수집된 위해관련 정보가 충분하며, 정확한가?
- 원료, 공정별 발생가능한 위해요소를 모두 단위물질로 도출하였는가?
- 도출된 위해요소를 원료, 실제 공정별로 공정에서 반제품, 완제품을 대상으로 시험한 통계자료를 바탕으로 발생 가능성 기준이 수립되었는가?
- 현장 평가자료(원료, 공정별 위해요소 시험자료)를 바탕으로 발생 가능성을 평가하였는가?
- 원료별, 공정별 발생 가능성과 심각성을 고려하여 평가한 위해평가 결과가 동일한 수준으로 판단되는가?
- 위해요소를 관리하기 위한 예방조치방법이 해당 식품 및 공정에 가장 적합한 현실성 있는 방법인가?
- 예방조치방법이 신뢰할 수 없거나 또는 효과적이지 않다는 것을 나타내는 모니터링 기록이나 개선조치 기록이 있는가?
- 보다 효과적으로 관리할 수 있는 새로운 정보가 있는가?

4. 검증 내용

■ **HACCP Plan 검증**
● **CCP의 검증**
- 현행 CCP가 위해요소 관리를 위한 공정상의 최적의 선택인가?
- 실제 생산라인에서 도출된 위해요소별로 원료, 반제품, 완제품 등을 대상으로 하는 공정 평가자료를 바탕으로 CCP를 결정하였는가?
- 생산제품, 제조·가공·조리공정, 작업장 환경 변화 등으로 인하여 현행 CCP가 위해요소를 관리하기에 충분하지 않은가?
- CCP에서 관리되는 위해요소가 더 이상 심각한 위해요소가 아니거나 또는 다른 CCP에서 보다 효과적으로 관리되고 있는가?
● **한계기준 평가**
- 설정된 한계기준이 과학적인 근거를 충분히 가지고 있는지, 관련된 새로운 위해관련 정보가 있는지, 이러한 정보가 기존의 한계기준을 변경하도록 요구하는가?
  * 한계기준 변경 시 제품에 대한 응용 연구결과, 문헌보고 내용, 식품안전 관련 관계법령 변경 등 모든 정보·자료를 근거로 한계기준에 대한 재평가를 수행하고 변경여부 결정
- 실제 생산라인에서 도출된 위해요소별로 원료, 반제품, 완제품 등을 대상으로 하는 평가자료를 바탕으로 한계기준을 설정하였는가?
- CCP공정에서 제조·가공·조리조건별(가열시간, 온도, 세척시간·횟수, 가수량 등)로 위해요소 제어 또는 제거효과 시험자료를 바탕으로 유효성 평가를 하였는가?

4. 검증 내용

■ **HACCP Plan 검증**
● **모니터링활동 재평가**
- 개별 CCP에서의 모니터링활동 내용이 정확한가?
- 모니터링은 해당 공정이 한계기준 이내에서 운영되고 있는지를 판정할 수 있는가?
- 모니터링은 관리활동이 보증될 수 있는 충분한 빈도로 실시되고 있는가?
- 안정적인 관리상태 유지를 위하여 공정 조정 혹은 개선조치가 얼마나 자주 요구되는가?
- 보다 좋은 모니터링방법이 있는가?
- 모니터링장비가 제대로 기능을 발휘하고 있으며, 교정된 상태를 유지하는가?
  * 빈번한 이탈 현상이 자동화된 모니터링체계에 따른 문제점으로 밝혀진 경우에는 수동 모니터링체계로 변환하도록 요구될 수도 있음.
● **개선조치 평가**
- 한계기준에서 설정된 기준 이탈에 대하여 모두 개선조치가 가능한 방법인가?
- 선조치 후 보고 체계를 바탕으로 6하 원칙에 따라 모니터링 담당자가 이해 가능하도록 구체적으로 수립되었는가?

5. CCP의 검증방법 수립 연습

■ CCP의 검증방법 수립 연습

안전관리인증기준(HACCP) 관리계획표

CCP 번호					
제조공정명					
위해요소					
발생원인					
한계기준					
	무엇을	어떻게	언제(주기)	누가	기록
모니터링 체계					
개선조치 방법					
검증방법					

Ⅵ-2-11. 문서화 및 기록유지방법 설정 (절차 12)

절차 12 : 문서화 및 기록유지방법 설정

준비 단계	1. HACCP팀 구성	(Assemble HACCP team)
	2. 제품설명서 작성	(Describe products)
	3. 사용용도 확인	(Identify intended uses)
	4. 공정흐름도 작성	(Draw flow diagram)
	5. 공정흐름도 현장 확인	(On-site verification)
적용 단계	6. 위해요소 분석 (원칙 1)	(Analyze hazards)
	7. 중요관리점 결정 (원칙 2)	(Determine CCPs)
	8. 한계기준 설정 (원칙 3)	(Determine critical limits of CCPs)
	9. 모니터링체계 확립 (원칙 4)	(Establish monitoring system of CCPs)
	10. 개선조치방법 수립 (원칙 5)	(Establish corrective actions of CCPs)
사후 관리 단계	11. 검증절차 및 방법 수립 (원칙 6)	(Establish verification procedures)
	12. 문서화 및 기록유지방법 설정 (원칙 7)	**(Establish documentation & record-keeping)**

메모

1. 문서 종류

■ 법적 요건
- 문서화 및 기록유지방법 설정

■ 문서 종류
● 선행요건 관리기준서 및 각종 양식
- 영업장 관리
- 위생 관리
- 제조시설·설비 관리
- 보관·운송 관리
- 냉장·냉동시설·설비 관리
- 용수 관리
- 검사 관리
- 회수프로그램 관리

● HACCP 관리기준서 및 각종 양식
- HACCP 7원칙 및 12절차
- 교육·훈련 관리

* (소규모) HACCP 표준관리기준서

2. 기록 종류

■ HACCP Plan 관련 기록

- **HACCP팀**
  . HACCP팀 업무인수인계서
- **공정관리(모니터링)**
  . CCP 모니터링 기록
  . 제조공정관리 기록
- **한계기준 이탈 및 개선조치**
  . CCP의 한계기준 이탈 시 취한 공정이나 제품에 대한 모든 개선조치 기록
- **검증**
  . (연간, 세부) 검증 계획서
  . 검증 실시 기록
  . 검증 결과 보고 기록
  . 검증 사후조치 기록
- **교육·훈련**
  . (연간, 세부) 교육·훈련 계획서
  . 교육·훈련 실시 기록 (교육훈련 평가서 포함)
  . 교육·훈련 결과 보고 기록
  . 교육·훈련 사후조치 기록

- **문서화 및 기록유지**
  . 문서 관리대장
  . 기록 관리대장
  . 외부문서 수불대장

2. 기록 종류

■ 선행요건 관련 기록

- **작업장**
  . 작업장 온도 및 습도관리 기록
  . 작업장 조도관리 기록
- **제조설비 (위생, 냉장·냉동, 보관·운송, 용수, 검사 관련설비 포함)**
  . (연간) 제조설비 관리계획 기록
  . 제조설비 유지보수 및 개선조치 기록
  . 제품 생산 기록
- **위생**
  . 개인위생관리 기록 : 복장 착용, 손 세척·소독, 작업장 출입 등
  . 건강검진 결과보고서
  . 방문객 출입관리 기록
  . 방충·방서 관련 기록 : 연간계획, 모니터링 기록, 개선조치
  . 각종 시설·설비 위생관리 기록
- **냉장·냉동시설·설비**
  . 냉장·냉동 온도관리 기록
- **용수**
  . 용수 수질관리 기록

- **보관·운송**
  . 원료 시험성적서
  . 원료 공급업체 지도감독 기록
  . 원료 및 완제품 보관관리 기록
  . 원료 및 완제품 수불 기록
- **검사**
  . 영업신고(등록)서, 품목제조보고서,
    유통기한 설정 기록
  . (연간) 검사계획서
  . 검사 기록 : 제품, 위생, 공중낙하균
  . 모니터링·검사장비 검·교정 기록
- **회수프로그램**
  . 회수계획, 실행, 결과보고, 사후조치 등

VI-2-12. 교육·훈련

절차 ? : 교육·훈련

준비단계	1. HACCP팀 구성	(Assemble HACCP team)
	2. 제품설명서 작성	(Describe products)
	3. 사용용도 확인	(Identify intended uses)
	4. 공정흐름도 작성	(Draw flow diagram)
	5. 공정흐름도 현장 확인	(On-site verification)
적용단계	6. 위해요소 분석 (원칙 1)	(Analyze hazards)
	7. 중요관리점 결정 (원칙 2)	(Determine CCPs)
	8. 한계기준 설정 (원칙 3)	(Determine critical limits of CCPs)
	9. 모니터링체계 확립 (원칙 4)	(Establish monitoring system of CCPs)
	10. 개선조치방법 수립 (원칙 5)	(Establish corrective actions of CCPs)
사후관리단계	11. 검증절차 및 방법 수립 (원칙 6)	(Establish verification procedures)
	12. 문서화 및 기록유지방법 설정 (원칙 7)	(Establish documentation & record-keeping)
	?. 교육·훈련 실시	

---

1. 교육·훈련 관련 법적 요건

■ 식품위생법

● 영업자 교육훈련

■ 식품 및 축산물 안전관리인증기준

● 제20조(교육훈련 등)

③ 안전관리인증기준(HACCP) 적용업소 영업자 및 종업원은 「식품위생법 시행규칙」제64조 제1항 제1호에 따른 신규교육훈련을 안전관리인증기준(HACCP) 적용업소 인증일로부터 6개월 이내에 이수하여야 하고, ...(중 략)... 한국식품안전관리인증원장이 교육을 받을 수 없는 부득이한 사유가 있다고 인정하는 경우에는 그 인증을 받은 후 6개월 이내에 해당 교육 을 수료하도록 할 수 있다.

④ 안전관리인증기준(HACCP) 적용업소 영업자 및 종업원이 받아야 하는 신규교육훈련시간 은 다음 각 호와 같다. 다만, 영업자가 제1호 나목의 안전관리인증기준(HACCP)팀장 교육 을 받은 경우에는 영업자 교육을 받은 것으로 본다.

1. 식품

가. 영업자 교육훈련 : 2시간

나. 안전관리인증기준(HACCP) 팀장 교육훈련 : 16시간

다. 안전관리인증기준(HACCP) 팀원, 기타 종업원 교육훈련 : 4시간

1. 교육·훈련 관련 법적 요건

■ 식품 및 축산물 안전관리인증기준

● 제20조(교육훈련 등)

⑤ 제4항 제1호 가목 및 나목 또는 같은 항 제2호에 해당하는 자는 식품의약품안전처장이 지정한 교육훈련기관에서 교육훈련을 받아야 하고, 제4항 제1호 다목에 해당하는 자는 「식품위생법 시행규칙」 제64조 제2항에 따른 교육훈련내용이 포함된 교육계획을 수립하여 안전관리인증기준(HACCP) 팀장이 자체적으로 실시할 수 있다.

⑥ 「식품위생법 시행규칙」 제64조 제1항 제2호에 따라 안전관리인증기준(HACCP) 적용업소의 안전관리인증기준(HACCP) 팀장, 안전관리인증기준(HACCP) 팀원 및 기타 종업원과 ...(중 략)... 식품의약품안전처장이 지정한 교육훈련기관에서 다음 각 호에 따라 정기교육훈련을 받아야 한다.

1. 식품 : 매년 1회 이상 4시간. 다만, 안전관리인증기준(HACCP) 팀원 및 기타 종업원 교육훈련은 「식품위생법 시행규칙」 제64조 제2항에 따른 내용이 포함된 교육훈련 계획을 수립하여 안전관리인증기준(HACCP) 팀장이 자체적으로 실시할 수 있으며, 조사·평가 결과가 그 총점의 95퍼센트 이상인 경우 다음 연도의 정기교육훈련을 면제한다.

2. 교육·훈련 절차

■ 교육·훈련 절차

● 교육·훈련 주체 결정
  - 내부 강사
  - 외부 기관 및 강사

● (연간, 세부) 교육·훈련계획 수립
  - 교육·훈련 종류, 대상, 강사, 범위 및 내용, 일정, 장소 등

● 교육·훈련 실시
  - 교육·훈련 실시
  - 교육·훈련 결과 평가

● 교육·훈련 결과보고 및 환류
  - 교육·훈련 종류, 대상, 강사, 내용, 일자, 장소, 결과, 환류
  * 영업자 검토 또는 승인

비누를 사용하여
30초 손씻기

물 끓여 마시기

생식은 삼가고
85℃ 1분 이상
가열 하기

채소, 과일은 깨끗한
물로 세척 하기

도구는 끓이거나
염소 소독 하기

주변 환경
청결히 하기

VII

식품위생안전 실험

✎메모

VII-1. 실험실 입실절차 및 주의사항

1. 실험실 입실절차

규정된 실험복장을 착용하고
손을 세척·소독하고 입실함.

2. 실험실 주의사항

■ 일상적인 정리정돈 상태 유지

- 통로 : 청결 유지, 통로 확보
- 개인 사물 : 실험대 위 또는 바닥 등 방치 불가
- 실험대, 개수대 : 정리정돈, 청결유지
- 유해 화학물질, 유리기구 등 : 실험대 가장자리에 놓지 않아야 함 (끝에서 최소 5cm 안쪽)
- 서랍 등은 닫혀 있어야 하고 장비, 도구 등 제자리에 항상 정리정돈

■ 실험자 주의사항

- 실험복장 단정히 착용
  . 짧은 옷, 치마, 긴 머리, 헐렁한 복장 : 부적합
  . 장신구 등 착용 금지
- 실험 도중 장소 이탈 금지, 필요 이상의 행동 자제
- 실험팀원 : 실험을 위해 서로 협력
- 실험조작 : 성실히, 주의 깊게 정확히 실시
- 실험에 관한 모든 사항 : 사실대로 기록

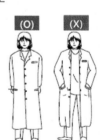

*출처 : 김덕웅 외(2020), 식품분석 및 위생실험

2. 실험실 주의사항

■ 개인보호구 착용

- 앞치마, 보호장갑, 보안경, 얼굴가리개, 안전화
* **MSDS 참고하여 선정**

■ 물질안전보건자료(MSDS ; Material Safety Data Sheets) 게시

- 취급하고 있는 유해화학물질 등

■ 화학물질 관리 및 폐액 처리

- 화학물질 수령 즉시 날짜 기입, 용기 등에 정확한 라벨 표기
- 폐기물 : 폐기물처리법에 따라 처리

■ 실험장비·기구 관리

- 청결 유지
- 정기적으로 점검 및 기록 관리

세제 세척
(브러쉬 등 이용) ➡ 행굼 1
(수돗물) ➡ 행굼 2
(증류수) ➡ 건 조

* 피펫, 뷰렛, 메스플라스크 등 : 세척용액(Cleaning solution)에 1일 이상 침지

2. 실험실 주의사항

■ 안전사고 대처

- 화재(인화물질) : 사용법에 따라 주의
- 강산, 강알칼리 : 물로 씻고 중탄산나트륨을 뿌리고 물로 세척
- 화상 : 응급처치(찬물에 냉각, 깨끗한 거즈로 감쌈) 후 상황에 따라 병원 치료
- 상처 (유리 등) : 깨지기 쉬운 기구는 실험대 중앙에 놓고 사용, 상처 정도에 따라 자체 소독
  또는 병원 치료

■ 실험 종료 후

- 청소 후 실험 종료
- 정리정돈
- 쓰레기 폐기
- 가스, 전기, 수도꼭지, 창문 등 확인

VII-2. 실험 기초지식

1. 실험 목적 및 종류

■ 실험 목적
- 식품에 의한 위해 발생 시 원인물질 규명 및 오염경로 추적
- 식품에 의한 위해 방지 및 식품의 안전성 확보
- 식품위생에 관한 지도와 위생실태를 파악하여 식품위생 대책 수립

■ 실험 대상

식 품	종업원(실습자)	기구 및 용기·포장	실습(작업) 환경

■ 실험 종류

관능검사	• 외관, 색깔, 냄새, 맛, 이물 등의 상태
생물학적 검사	• 병원성 미생물(살모넬라균, 황색포도상구균) • 일반세균수, 대장균(군), 기생충 등
화학적 검사	• 성분(수분, 회분, 휘발성 염기질소, 산가, 산도, 조지방, 당류, 비타민, 무기질 등)
물리적 검사	• 온도, 시간, 비중, pH, 농도 등
독성 검사	• 급성독성, 만성독성 등

1. 실험 목적 및 종류

■ 정성분석
- 검체 중에 성분이 있는지 없는지 '유무'만을 알아보는 방법
- 있다, 없다 / 양성, 음성

■ 정량분석
- 검체 중에 성분이 얼마나 있는지 그 양을 알아보는 방법
- 중량분석, 용량분석

2. 실험 순서

■ 실험 전 계획 수립

■ 일반실험법

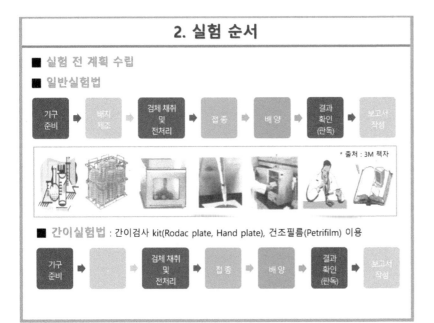

```
기구   ▶  배지  ▶  검체 채취  ▶  접종  ▶  배양  ▶  결과    ▶  보고서
준비       제조      및                             확인       작성
                   전처리                          (판독)
```

* 출처 : 3M 책자

■ **간이실험법** : 간이검사 kit(Rodac plate, Hand plate), 건조필름(Petrifilm) 이용

```
기구   ▶        ▶  검체 채취  ▶  접종  ▶  배양  ▶  결과    ▶  보고서
준비               및                             확인       작성
                 전처리                          (판독)
```

3. 실험보고서 작성

■ 표지
- 실험제목, 과목명, 교수명, 제출일자
- 학과명, 학년, 반, 학번, 성명

■ 내용
1. 실험제목
2. 실험목적
3. 실험일자 및 실험자
4. 실험재료 및 방법
   1) 실험재료 및 도구
   2) 실험방법
5. 실험결과 및 고찰
   1) 실험결과
   2) 고찰
6. 참고문헌

■ 작성방법
- 전산   - 개인별   - 출력 제출

식품위생실험 보고서

손 세척·소독 효과실험

2020. 05. 05

학   과 : 제과제빵과
학년/반 : 1학년 A반
학   번 : 2045001
성   명 : ○ ○ ○

---

4. 실험장비 및 기구

■ 손 세척·소독설비 및 초자기구

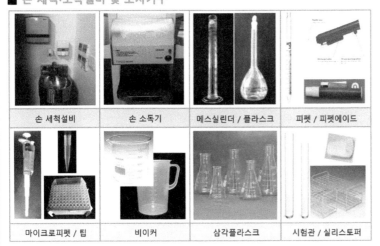

손 세척설비	손 소독기	메스실린더 / 플라스크	피펫 / 피펫에이드
마이크로피펫 / 팁	비이커	삼각플라스크	시험관 / 실리스토퍼

✎메모

4. 실험장비 및 기구

■ 초자기구

| 검체병 | 시약스푼 / 핀셋 | 세척병 | 알콜램프 |
| 화학 저울 | 마그네틱 바 | 마그네틱 교반기 | Vortex mixer |

4. 실험장비 및 기구

■ 미생물 실험장비 및 기구

| 스토마커(Stomaker) | 고압멸균기(Autoclave) | 클린벤치(Clean bench) | Plate / Petrifilm |
| Hand / Rodac plate | 배양기(Incubator) | Colony counter | ATP 측정키트 / 장비 |

4. 실험장비 및 기구

■ 일반성분 측정 장비 및 도구

| 칙량 접시 / 병 | 회화도가니 | 도가니집게 | 데시케이터 |
| 건조기(Dry oven) | 전기회화로 | 증류수 제조기 | 뷰박스 / 형광로션 |

VII-3. 중량 · 용량 정량실험

1. 중량 정량방법

1. 실험목적
- 정확한 중량 계량

2. 실험재료 및 도구
　1) 실험재료
　- 설탕 20g
　2) 실험도구
　- (학생용) 계량용 저울(1~2g 단위), 시약스푼, 비커(50ml) 각 1개
　- (교수용) 전자저울(천칭) 1개

3. 실험방법
　① 계량용 저울의 전원을 켜고 영점을 맞춘다.
　② 비커(50ml)를 올려놓고 용기영점을 맞춘다.
　③ 재료(설탕) 20g을 계량한다.
　④ ③의 검체 중량을 전자저울(천칭)로 계량한다.
　⑤ 그 결과를 양식에 기록한 다음, 오차와 오차율을 구하고 비교평가한다.

4. 실험결과

구 분	1조	2조	3조	4조	5조	6조	7조	8조	평 균
목표 중량	20	20	20	20	20	20	20	20	20
측정 중량									
오 차									
오차율									

2. 용량 정량방법

■ 부피 눈금 읽는 방법(표선을 읽는 눈 위치)

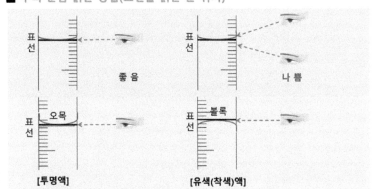

* The **meniscus** (plural: menisci, from the Greek for "crescent") is the curve in the upper surface of a liquid close to the surface of the container or another object, caused by surface tension (표면장력에 의해 오목한 또는 볼록한 모양이 되는 일)

✎메모

2. 용량 정량방법

3. 실험방법

■ 마이크로피펫
① 마이크로피펫을 이용하여 재료(물)을 1ml씩 25번 측정하여 비커(50ml)에 넣는다.
② 비커의 물을 메스플라스크(25ml)에 옮긴 다음, 모자라면 물을 추가하고 남으면 물을 빼내어 측정한 용량을 확인한다.
③ 그 결과를 양식에 기록한 다음, 오차와 오차율을 구하고 비교평가한다.

4. 실험결과

구 분	용 량	1조	2조	3조	4조	5조	6조	7조	8조	평 균
계량컵, 삼각플라스크, 비커	목표 용량	500	500	500	500	500	500	500	500	500
	측정 용량									
	오 차									
피 펫	목표 용량	100	100	100	100	100	100	100	100	100
	측정 용량									
	오 차									
마이크로 피펫	목표 용량	25	25	25	25	25	25	25	25	25
	측정 용량									
	오 차									

2. 용량 정량방법

■ 용량에 따른 공차 및 오차율

- **공차(오차)** : 허용되는 범위의 오차
- **오차율** : 참값에 대한 오차의 비율
  = (오차/참값) x 100

피 펫			메스플라스크			뷰 렛			메스실린더	
용량 (㎖)	공차 (㎖)	오차율 (%)	용량 (㎖)	공차 (㎖)	오차율 (%)	용량 (㎖)	공차 (㎖)	오차율 (%)	공차 (㎖)	오차율 (%)
50	0.05	0.1	1,000	0.3	0.03	100	0.08	0.08		
25	0.025	0.1	500	0.15	0.03	50	0.04	0.08		
20	0.025	0.125	250	0.11	0.044	25	0.03	0.12	100㎖에 대하여 1㎖ 이하	1
10	0.02	0.2	100	0.08	0.08	10	0.02	0.2		
5	0.01	0.2	50	0.05	0.1	2	0.008	0.4		
2	0.006	0.3	25	0.03	0.12					
1	0.005	0.5								

2. 용량 정량방법

■ 마이크로피펫 사용방법

● 피펫 용량

구 분	용량범위	용량범위
P-2	0.2~20 ㎕	0.002㎖
P-10	0.5~10 ㎕	0.01㎖
P-20	2.0~20 ㎕	0.02㎖
P-100	20~100 ㎕	0.1㎖
P-200	30~200 ㎕	0.2㎖
P-1000	200~1000 ㎕	1㎖
P-5000	1000~5000 ㎕	5㎖
P-10000	1000~10000 ㎕	10㎖

	P10	P20	p100	p100	p1000	p1000
	1	1	0	1	0	1
	0	8	8	0	8	0
	0	0	0	0	0	0
	0.01ml	0.018ml	0.08ml	0.1ml	0.8ml	1ml

2. 용량 정량방법

■ 마이크로피펫 사용방법

● 피펫 사용순서

순 서	내 용
준 비 (Preparation)	Pipette을 수직으로 잡고 첫번째 정지지점까지 button을 천천히 누른다.
흡 입 (Aspiration)	Tip을 액체에 담그고 원래의 위치까지 천천히 button을 놓아준다. 1초 정도 기다린다.
분 배 (Distribution)	Tip을 분배할 용기의 안쪽 벽면에 10~40° 정도 기울여서 button을 최초 정지지점까지 눌러서 액체를 분배한다. 1초 정도 기다린 후 button을 두번째 정지지점까지 눌러서 tip에 남아 있는 한방울 까지 밀어내다 Tip은 용기 벽면을 올리면서 벽면에서 떼어낸다.

[첫번째 정지지점]　　　[두번째 정지지점]　　　　　　　[분 배]

---

2. 용량 정량방법

■ 마이크로피펫 사용방법

● 피펫 사용순서

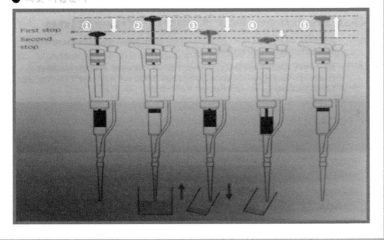

---

2. 용량 정량방법

■ 마이크로피펫 사용방법

● 피펫 사용 시 주의사항

1	Tip을 장착 후 사용한다.
2	피펫의 용량을 지켜서 사용한다.
3	Tip 장착 시 충격을 주지 않도록 한다. Tip과 피펫이 일직선이 되도록 장착하여 사용한다.
4	첫번째 정지지점과 두번째 정지지점을 잘 지켜서 사용한다.
5	Plunger button을 천천히 놓는다.
6	Tip 끝을 용액에 충분히 잠기도록 하고 취하고자 하는 용량만큼 tip 안에 유입될 때까지 충분한 시간을 주도록 한다.
7	용액이 담긴 상태로 피펫을 눕히거나 거꾸로 뒤집지 않는다.
8	내부장치에 손상을 줄 수 있는 용액은 사용하지 않는다. (강산 등)

✎ 메모

VII-4. 손 및 제과·제빵도구 위생실험

1. 면봉검사(Swab)법

1. 실험목적

- 손 및 제과·제빵도구의 세균수를 직접 검사하여 위생상태 확인

2 실험재료 및 도구

1) 검체

- 손, 제과·제빵도구

2) 실험항목

- 일반세균수, 대장균(군), 황색포도상구균, (살모넬라균, 진균수)

3) 미생물배지

- 고전적 방법 : Plate count agar(일반세균수), desoxycholate agar(대장균군)
- 간이검사방법 : Petrifilm(AC, EC, STX)

4) 실험도구

- 면봉, 희석액(10ml), 일회용 plate, 마이크로피펫, 피펫 tip, Votex mixer, 알콜램프, 누름판, 배양기, 콜로니 카운터 / 네임펜, 세제, 소독제, 건조타올
  * 면봉, 희석액, 배지, 피펫 tip : 미리 고압멸균기로 멸균(121.5℃, 15분)하여 준비한다.

1. 면봉검사(Swab)법

3. 실험방법

① 알콜램프를 켜고, 멸균한 면봉을 꺼낸다.
② 멸균 희석액이 담긴 시험관의 입구를 알콜램프로 화염소독하고, 멸균 면봉을 멸균 희석액에 담궈 적신다.
③ 희석액에 적신 면봉으로 검체(손, 제빵도구)의 일정표면(10x10cm²)을 골고루 swab한다.
④ Swab한 면봉을 희석액이 들어 있는 시험관에 잘라 넣고 진탕하여 섞어준다.(**시험원액***)
⑤ 마이크로피펫으로 시험원액 1ml를 무균적으로 취해 각 Petrifilm(또는 plate)에 접종한다.
⑤-1 Plate에 멸균 배지(45~50℃) 12~15ml를 넣고 살살 흔들어 섞어주고 배지를 굳힌다.
⑥ Petrifilm(또는 Plate)을 배양기에 넣고 배양(일반세균수 : 35±1℃, 48±2시간, 대장균(군) : 35±1℃, 24±2시간, 황색포도상구균 : 35℃, 24시간, 진균수 : 25℃, 5~7일))한다.
⑦ Petrifilm(또는 Plate)에 형성된 집락수(Colony)를 계측하여 기록한다.
 - Petrifilm : 일반세균(붉은 색), 대장균군(적색, 기포)
 - 고전적 방법 : 일반세균(모든 집락), 대장균군(적색 또는 금속광택성 집락)

4. 판정기준

- 법적 기준 없음

✐메모

1. 면봉검사(Swab)법

* 시험원액 조제순서

알콜램프를 켠다.

멸균한 면봉을 꺼낸다.

시험관 입구를 화염소독
한다.

멸균한 면봉을 희석액에
적신다.

손을 swab한다.

제빵도구를 swab한다.

Swab한 면봉을 시험관
에 잘라 넣는다.

진탕하여 섞어준다.

2. 간이검사법 – Hand plate, Rodac plate

1. 실험목적

- 손 및 제과·제빵도구의 세균수를 간이적으로 직접 검사하여 위생상태 확인

2. 실험재료 및 도구

1) 검체

- 손, 제과·제빵도구

2) 실험항목

- 일반세균수, 대장균(군), 황색포도상구균, (살모넬라균, 진균수)

3) 미생물배지

- 간이검사키트(Hand plate, Rodac plate, Easy checker)

. 일반세균수 : TSA	**Trypticase Soy Agar**
. 황색포도상구균 : MSA =>	**Mannitol Salt egg-yolk Agar**
. 대장균(군) : ECC	**E. Coli & Coliform**
. 살모넬라균 : SS	**Salmonella-Shigella**

4) 실험도구

- 배양기(35℃), 네임펜, 세제, 소독제, 건조타올

2. 간이검사법 – Hand plate, Rodac plate

3. 실험방법

① 간이검사키트의 뚜껑에 검체명, 검사일자, 반, 조 등을 기록한다.

② 키트 뚜껑을 열고 검체 표면(손, 또는 제빵도구)을 10초간 살짝 눌러주고 뚜껑을 닫는다.

③ 키트를 배양기에 넣고 35℃에서 48(24)시간 동안 배양한다.

④ 형성된 집락수(Colony)를 계측하여 기록한다.

⑤ 손 세척 및 소독 정도에 따른 효과를 비교 평가(세척·소독별, 조별)한다.

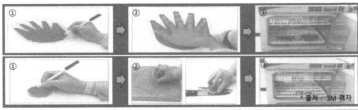

출처 : 3M 책자

* **Colony** : 육안으로 볼 수 있는 1개의 세포집단
* **CFU (Colony Forming Unit)** : 집락 형성 단위
 - ㎠당, ㎖당, g당, plate당 세균 집락수
* **TNTC (Too numberous to count)** : 셀 수 없이 많음

✎메모

2. 간이검사법 – Hand plate, Rodac plate

4. 계측 집락 및 판정 – Hand plate
1) 계측

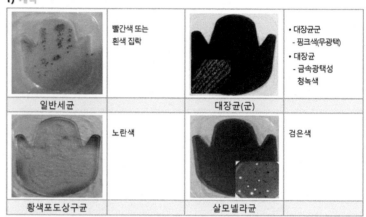

	빨간색 또는 흰색 집락		• 대장균군 　- 핑크색(무광택) • 대장균 　- 금속광택성 　　청녹색
일반세균		대장균(군)	
	노란색		검은색
황색포도상구균		살모넬라균	

2. 간이검사법 – Hand plate, Rodac plate

4. 계측 집락 및 판정 – Hand plate
2) 판정
- 법적 기준은 없음

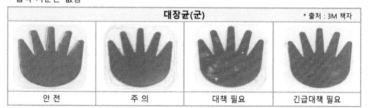

대장균(군)			* 출처 : 3M 책자
안전	주의	대책 필요	긴급대책 필요

3) 세척 및 소독 효과

| 손씻기 전 | 물로 씻었을 때 | 비누로 씻었을 때 | 소독 후 |

* 출처 : 식품의약품안전처장(2009), 집단급식소 위생관리 매뉴얼

2. 간이검사법 – Hand plate, Rodac plate

4. 계측 집락 및 판정 – Rodac plate
1) 계측

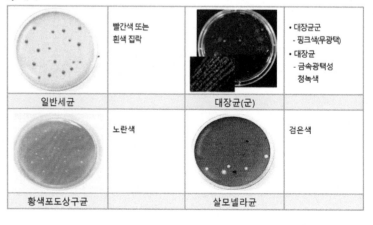

	빨간색 또는 흰색 집락		• 대장균군 　- 핑크색(무광택) • 대장균 　- 금속광택성 　　청녹색
일반세균		대장균(군)	
	노란색		검은색
황색포도상구균		살모넬라균	

2. 간이검사법 – Hand plate, Rodac plate

4. 계측 집락 및 판정 – Rodac plate
2) 판정
- 법적 기준은 없음

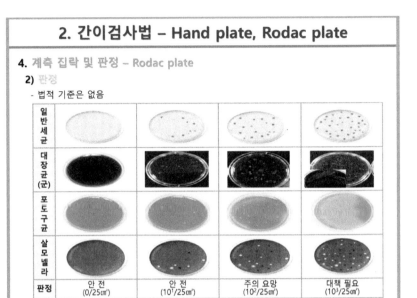

일반세균				
대장균(균)				
포도구균				
살모넬라				
판정	안전 (0/25㎠)	안전 (10¹/25㎠)	주의 요망 (10²/25㎠)	대책 필요 (10³/25㎠)

* 출처 : 3M 책자

3. ATP 측정법

■ ATP란?
● ATP (Adenosine triphosphate)
- 생명체의 물질대사에 포함된 에너지원
● AMP (Adenosine monophosphate)
- 발효, 가열 등 제조공정에서 ATP로부터 생성

■ ATP 측정원리
- 세균과 식품잔류물이 갖고 있는 ATP+AMP를 측정하여 표면의 오염 정도를 실시간으로 모니터링하는 방법

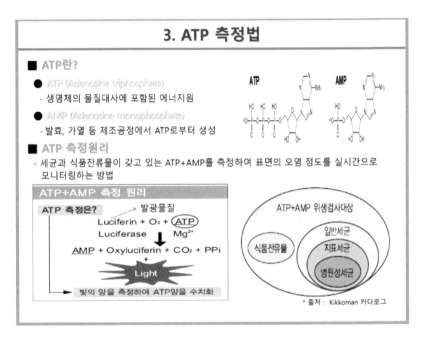

* 출처 : Kikkoman 카다로그

3. ATP 측정법

1. 실험목적
- 손 및 제과·제빵도구의 ATP량을 측정하여 위생상태를 간접적으로 확인

2. 실험재료 및 도구
1) 검체
- 손(세척 전, 물세척 후, 세제세척후, 소독 후), 제과·제빵도구
2) 실험항목
- ATP량의 발광양(RLU)
3) 실험도구
- ATP측정키트, ATP측정기
- 멸균증류수, 세제, 소독제, 건조타올

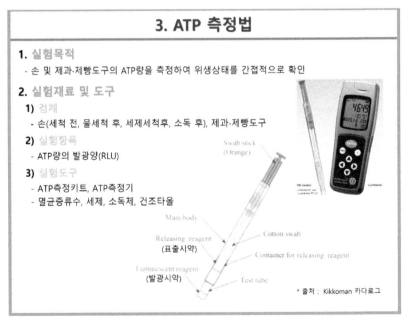

* 출처 : Kikkoman 카다로그

3. ATP 측정법

3. 실험방법
① ATP측정키트의 면봉을 멸균 증류수에 적신다.
② 검체 표면(손 또는 제과·제빵도구)을 골고루 문지른다. (10x10cm²)
③ 면봉을 키트에 넣고, 10초간 좌우로 흔들어준다. (상하나 꺼꾸로 금지)
④ 키트를 ATP측정기에 넣고 10초를 기다린다. (꺼꾸로 절대금지)
⑤ 표시된 수치(RLU)를 읽고 기록한다.
⑥ 손 및 제과·제빵도구의 세척 및 소독 정도에 따른 효과를 비교 평가(세척·소독단계별)한다.

* 출처 : Kikkoman 카다로그

3. ATP 측정법

4. 판정기준
- 법적 기준 없음

검사대상	기준치(RLU)	주 의	매우 위험
손	1,500 이하	1501 ~ 2,999	3,000 이상
고무장갑	1,500 이하	1501 ~ 2,999	3,000 이상
칼	200 이하	201 ~ 399	400 이상
도 마	200 이하	201 ~ 399	400 이상
행 주	300 이하	301 ~ 599	600 이상
음용수	20 이하	20 ~ 59	60 이상
도 구 (국자, 주걱)	200 이하	201 ~ 399	400 이상
손잡이 (냉장고, 출입구 등)	1,500 이하	1,501 ~ 2,999	3,000 이상

* 출처 : Kikkoman 카다로그

4. 형광로션 이용법

1. 실험목적
- 손의 세척상태를 형광로션을 이용하여 직접 확인

2. 실험재료 및 도구
1) 검체
- 손
2) 실험항목
- 형광로션 잔류량
3) 실험도구
- 뷰박스
- 형광로션, 세제

3. 실험방법
① 손에 형광로션을 묻히고 7단계 손세척방법에 따라 골고루 바른다.
② 뷰박스에서 형광로션의 바른 상태를 확인한다.
③ 손을 적절히 세척한다. (7단계 손세척방법)
④ 뷰박스에서 형광로션의 제거 상태를 확인한다.
* 형광로션의 제거 상태가 불량하면 재세척한다.

4. 형광로션 이용법

4. 판정기준
- 법적 기준 없음

▪ 1차 - 형광로션을 바른 경우

1	2	3	4	5
10% 손바닥과 손등에만 다량 묻음	25%	50% 손가락 사이에 존재	75%	90% 이상 엄지손가락, 손가락 사이, 손끝 등 골고루 발라짐

▪ 2차 - 세제를 이용하여 손을 씻은 후

1	2	3	4	5
90% 이상 손바닥과 손등에 다량 묻어 있음 깨끗이 세척이 안됨	75%	50% 손가락 사이에 존재	25%	10% 이하 엄지손가락, 손가락 사이, 손끝 등 깨끗이 씻김

* 출처 : 뷰박스 사용설명서

5. 손 위생실험 결과 양식

1. ATP 측정결과 (RLU)

구 분	1조	2조	3조	4조	5조	6조	7조	8조	평균
세척 전									
물 세척 후									
세제 세척 후									
소독 후									

2. Hand plate 실험결과 (CFU/plate)

구 분	1조	2조	3조	4조	5조	6조	7조	8조	평균
세척 전									
물 세척 후									
세제 세척 후									
소독 후									

✎메모

✎메모

VII-5. 작업장 환경 위생실험

1. 공중낙하균 검사

1. 실험목적
- 제과제빵 작업장의 공기오염도(Air pollution)를 직접 확인

2. 실험재료 및 도구
- 공중낙하균 검사 (Sediment method)
- 공중부유균 검사 (Bioaerosol sampling method)

1) 검체
- 작업장(실습실) 공기

2) 실험항목
- 일반세균수, 대장균(군), 진균수

3) 실험재료
- 배지
  . 고전적 방법 : Plate count agar(일반세균수), desoxycholate agar(대장균군), potato dextrose agar(진균수)
  . 간이검사방법 : Petrifilm(AC, EC, YM)
- 멸균 증류수

4) 실험도구
- 마이크로피펫, 피펫 tip, 알콜램프, 누름판, 배양기, 네임펜
* 멸균 증류수, 멸균 tip, plate(배지 포함)는 사전에 준비한다.

1. 공중낙하균 검사

3. 실험방법

1) 고전적 방법(한천배지 이용법)
① 미리 준비한 plate 뚜껑에 검체명, 검사일자, 반, 조 등을 기록한다.
② 작업장(실습실)의 검사위치에 각 plate의 뚜껑을 열고 15분 동안 방치한 후, 뚜껑을 닫는다. (뚜껑을 엎어서 놓을 것)
③ Plate를 배양기에 넣고 배양한다. (일반세균수 : 35±1℃, 48±2시간, 대장균(군) : 35±1℃, 24±2시간, 진균수 : 25℃, 5~7일)
④ 형성된 집락수를 계측하여 기록하고 각 검사위치에서의 결과를 비교 평가한다.

2) Petrifilm법
① 미리 준비한 Petrifilm 뚜껑에 검체명, 검사일자, 반, 조 등을 기록한다.
② 마이크로피펫으로 멸균 증류수 1ml를 무균적으로 취한다.
③ Petrifilm의 상위필름을 열고 멸균 증류수를 하위필름에 넣고 상위필름을 닫은 후, 누름판으로 살짝 눌러주고 30분 정도 겔화시킨다.
④ 작업장(실습실)의 검사위치에서 겔화된 Petrifilm의 상위필름을 열고 테이프로 고정한 후, 15분 동안 방치한 다음 상위필름을 닫는다.
⑤ Petrifilm을 배양기에 넣고 배양한다. (1)-③ 참조)
⑥ 형성된 집락수를 계측하여 기록하고 각 검사위치에서의 검사결과를 비교 평가한다.

---

1. 공중낙하균 검사

4. 균수 계측

1) 한천배지 이용방법

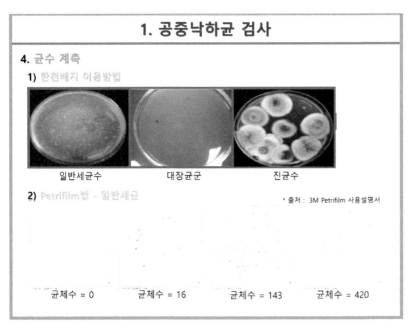

| 일반세균수 | 대장균군 | 진균수 |

* 출처 : 3M Petrifilm 사용설명서

2) Petrifilm법 - 일반세균

| 균체수 = 0 | 균체수 = 16 | 균체수 = 143 | 균체수 = 420 |

---

1. 공중낙하균 검사

4. 균수 계측

3) Petrifilm법 - 진균수

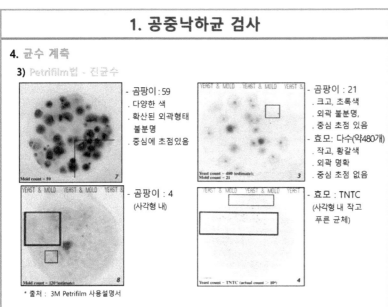

- 곰팡이 : 59
  . 다양한 색
  . 확산된 외곽형태 불분명
  . 중심에 초점있음

- 곰팡이 : 21
  . 크고, 초록색
  . 외곽 불분명,
  . 중심 초점 있음
- 효모: 다수(약480개)
  . 작고, 황갈색
  . 외곽 명확
  . 중심 초점 없음

- 곰팡이 : 4
  (사각형 내)

- 효모 : TNTC
  (사각형 내 작고 푸른 균체)

* 출처 : 3M Petrifilm 사용설명서

---

1. 공중낙하균 검사

5. 판정기준
- 법적 기준 없음

구 분	작업장	관리기준 (cfu/plate 이하)		
		일반세균수	대장균군	진균수
청결구역	냉각~포장	30	음성	10
준청결구역	반죽~굽기	50	음성	20
일반구역	보관창고, 전처리, 계량	100	음성	40

메모

VII-6. 빵·과자제품 위생실험

1. 식품별 법적 규격

■ 식품공전

- 판매를 목적으로 하는 식품의 제조·가공·조리와 보존 방법에 관한 기준과 그 식품의 성분에 관한 규격을 정하여 고시한 것

식 품 공 전

2022.6

 식품의약품안전처

1. 식품별 법적 규격

■ 식품공전 목차

식품공전	농약잔류 허용기준	식품유형별 기준규격

▶ 제 1. 총 칙

▶ 제 2. 식품일반에 대한 공통기준 및 규격

영·유아 또는 고령자

▶ 제 3. 영·유아를 섭취대상으로 표시하여 판매하는 식품의 기준 및 규격

▶ 제 4. 장기보존식품의 기준 및 규격

▶ 제 5. 식품별 기준 및 규격 ➡

▶ 제 6. 식품접객업소(집단급식소 포함)의 조리식품 등에 대한 기준 및 규격

▶ 제 7. 검체의 채취 및 취급방법

▶ 제 8. 일반시험법

▶ 별표

▶ ※ 일람표

▶ 제 5. 식품별 기준 및 규격

1. 과자류, 빵류 또는 떡류

2. 빙과류

3. 코코아가공품류 또는 초콜릿류

4. 당류

5. 잼류

6. 두부류 또는 묵류

7. 식용유지류

8. 면류

9. 음료류

10. 특수용도식품

11. 장 류 ➡   11. 특수의료용도식품

12. 조미식품   12. 장 류

              13. 조미식품

1. 식품별 법적 규격

1. 과자류, 빵류 또는 떡류

- 산 가 : 2.0 이하 (유탕·유처리과자, 한과류는 3.0 이하)
- 허용외 타르색소 : 불검출 (캔디류, 추잉껌, 빵류)
- 산화방지제(g/kg) : 다음에서 정하는 것 이외는 불검출 (추잉껌)
  . 부틸히드록시아니졸, 디부틸히드록시톨루엔, 터셔리부틸히드로퀴논 : 0.4 이하(병용할 때에는 사용량
  의 합계가 0.4 이하)
- 보존료(g/kg) : 다음에서 정하는 것 이외는 불검출
  . 프로피온산, 프로피온산나트륨, 프로피온산칼슘 : 2.5 이하 (빵류)
- 압착강도(Newton) : 5 이하 (컵모양, 막대형 등 젤리)
  총산(구연산으로 w/w%) ; 6.0 미만 (캔디류, 표면에 신맛 물질이 도포되어 있는 경우는
  4.5 미만)
- 총 아플라톡신(µg/kg) : 15 이하 (B_1, B_2, G_1 및 G_2의 합으로서, 단, B_1은 10 µg/kg 이하, 땅콩
  및 견과류 함유 과자, 캔디류, 추잉껌)
- 푸모니신(mg/kg) : 1 이하 (B_1 및 B_2의 합, 단, 옥수수 50% 이상 함유 과자, 캔디류, 추잉껌)
- 납(mg/kg) : 0.2 이하(캔디류)

1. 식품별 법적 규격

1. 과자류, 빵류 또는 떡류

- 세균수 : n=5, c=2, m=10,000, M=50,000 (과자, 캔디류 밀봉제품, 발효제품, 유산균 함유
  제품은 제외)
- 유산균수 : 표시량 이상 (유산균함유 과자, 캔디류)
- 황색포도상구균 : n=5, c=0, m=0/10 g (크림(우유, 달걀, 유크림, 식용유지를 주원료로 이
  에 식품이나 식품첨가물을 가해 혼합 또는 공기혼입 등의 가공공정을 거친 것)을 도포 또
  는 충전 후 가열살균하지 않고 그대로 섭취하는 빵류)
- 살모넬라 : n=5, c=0, m=0/10 (크림(우유, 달걀, 유크림, 식용유지를 주원료로 이에 식품
  이나 식품첨가물을 가해 혼합 또는 공기혼입 등의 가공공정을 거친 것)을 도포 또는 충전
  후 가열살균하지 않고 그대로 섭취하는 빵류)
- 대장균 : n=5, c=1, m=0, M=10 (떡류)

1. 식품별 법적 규격

16-2. 밀가루류

구 분 항 목	밀가루				영양강화 밀가루
	1등급	2등급	3등급	기타	
수 분(%)	15.5 이하				
회 분(%)	0.6 이하	0.9 이하	1.6 이하	2.0 이하	2.0 이하
사 분(%)	0.03 이하				
납(mg/kg)	0.2 이하				
카드뮴(mg/kg)	0.2 이하				

메모

✎메모

1. 식품별 법적 규격

23-2. 즉석섭취·편의식품류

- 소비자가 별도의 조리과정 없이 그대로 또는 단순조리과정을 거쳐 섭취할 수 있도록 제조·가공·포장한 즉석섭취식품(햄버거, (샌드위치)), 신선편의식품, 즉석조리식품

- 세균수 : 1g 당 100,000 이하 (멸균제품)
- 대장균군 : n=5, c=2, m=0, M=10 (즉석조리식품 중 살균제품)
- 대장균
  . n=5, c=1, m=0, M=10 (즉석섭취식품, 즉석조리식품(즉석조리식품의 살균제품은 제외))
  . n=5, c=1, m=0, M=100 (신선편의식품)
- 황색포도상구균 : 1g 당 100 이하
- 살모넬라 : n=5, c=0, m=0/25 g
- 장염비브리오균 : 1g당 100 이하 (즉석섭취식품, 신선편의식품 중 살균 또는 멸균처리되지 않은 해산물 함유제품)
- 바실러스 세레우스 : 1g 당 1,000 이하 (즉석섭취식품, 신선편의식품)
- 장출혈성 대장균 : n=5, c=0, m=0/25 g (신선편의식품)
- 클로스트리디움 퍼프린젠스 : 1g 당 100 이하 (즉석섭취식품, 신선편의식품)

1. 식품별 법적 규격

* 장기보존식품(냉동식품)   * 살균제품 : 중심부 온도를 63℃ 이상에서 30분 가열

1) 가열하지 않고 섭취하는 냉동식품
- 세균수   : n=5, c=2, m=100,000, M=500,000 (발효제품, 발효제품 첨가 또는 유산균 첨가제품 제외)
- 대장균군 : n=5, c=2, m=10, M=100 (살균제품)
- 대장균   : n=5, c=2, m=0, M=10 (살균제품 제외)
- 유산균수 : 표시량 이상 (유산균 첨가제품)

2) 가열하여 섭취하는 냉동식품
- 세균수   : n=5, c=2, m=1,000,000, M=5,000,000
            (살균제품 : n=5, c=2, m=100,000, M=500,000
             단, 발효제품, 발효제품 첨가 또는 유산균 첨가제품 제외)
- 대장균군 : n=5, c=2, m=10, M=100 (살균제품)
- 대장균   : n=5, c=2, m=0, M=10 (살균제품 제외)
- 유산균수 : 표시량 이상 (유산균 첨가제품)

1. 식품별 법적 규격

* 식품접객업소 조리식품 등
- 식품접객업소 : 일반음식점, 휴게음식점, 위탁급식, 제과점, 유흥주점, 단란주점

1) 조리식품 등
- 대장균 : 10/g 이하 (단순 절단을 포함하여 직접 조리한 식품에 한함)
- 세균수 : 3,000/g 이하 (슬러쉬에 한함)
            (단, 유가공품, 유산균, 발효식품 및 비살균제품이 함유된 경우 제외)
- 살모넬라, 황색포도상구균, 리스테리아 모노사이토제네스, 장출혈성 대장균, 캠필로박터 제주니/콜리, 여시니아 엔테로콜리티카 등 : 음성
- 장염비브리오균, 클로스트리디움 퍼프린젠스 : 100/g 이하
- 바실러스 세레우스 : 10,000/g 이하
- 황색포도상구균 : 100/g 이하 (조리과정 중 가열처리를 하지 않거나 가열 후 조리한 식품 경우)
* 튀김용 유지 : 산가 3.0 이하
* 얼음 : 세균수 1,000/ml 이하, 대장균 및 살모넬라 음성/250ml

1. 식품별 법적 규격

* 식품접객업소 조리식품 등

2) 접객용 음용수
- 대장균 : 음성/250ml
- 살모넬라 : 음성/250ml
- 여시니아 엔테로콜리티카 : 음성/250ml

3) 조리기구 등
- 행주(사용 중인 것은 제외) : 대장균 음성
- 칼·도마 및 숟가락, 젓가락, 식기, 찬기 등 음식을 먹을 때 사용하거나 담는 것(사용 중인 것은 제외) : 살모넬라 음성, 대장균 음성

2. 검체 채취 및 운반방법

■ 검체 채취방법
- 물량, 오염 가능성, 균질 여부 등 검체의 물리·화학·생물학적 상태 고려
- 수량 : 검사목적, 항목 등을 참작하여 검사대상을 대표할 수 있는 최소 양

● 불균질한 검체
- 일반적으로 다량의 검체 채취
- 부득이 소량의 검체를 채취할 수 밖에 없는 경우
  . 외관, 보관상태 등을 종합적으로 판단, 의심스러운 것을 채취
- 가능한 한 검체 전체를 균질하게 처리한 후 대표성이 있도록 채취

● 포장된 검체
- 가능한 한 개봉하지 않고 그대로 채취
- 대형 용기·포장에 넣은 식품 : 검사대상 전체를 대표할 수 있는 일부 채취 가능

● 냉장·냉동 검체
- 냉장 또는 냉동 상태를 유지하면서 채취

2. 검체 채취 및 운반방법

■ 검체 채취방법
● 미생물 검사용 검체
- 정상적인 방법으로 보관·유통 중에 있는 제품의 검체 채취
- 가능한 미생물에 오염되지 않도록 채취
  . 단위포장상태 그대로 수거
  . 검체를 소분하여 채취 경우
    - 완전 포장된 것에서 채취 (관련정보 및 특별수거계획에 따른 경우와 식품접객업소의 조리식품 등 제외)
    - 멸균된 기구·용기 등을 사용하여 무균적으로 채취
- 검체 채취·운송·보관
  . 채취 당시의 상태를 유지할 수 있도록 밀폐 용기·포장 등 사용
● 페이스트상 또는 시럽상 식품 등
- 검체 점도가 높아 채취하기 어려운 경우 : 검사결과에 영향을 미치지 않는 범위내에서 가온 등 적절한 방법으로 점도를 낮추어 채취 가능
- 검체 점도가 높고 불균질하여 일상적인 방법으로 균질하게 만들 수 없을 경우 : 검사결과에 영향을 주지 아니하는 방법으로 균질하게 처리할 수 있는 기구 등을 이용하여 처리한 후 검체 채취 가능

✎메모

2. 검체 채취 및 운반방법

■ 검체 운반방법
- 채취 검체 : 오염, 파손, 손상, 해동, 변형 등이 되지 않도록 주의하여 검사실로 운반
  ● 장거리 또는 대중교통으로 운반
    - 손상되지 않도록 특히 주의하여 포장
  ● 냉동검체
    - 냉동상태로 운반
    - 냉동장비를 이용할 수 없는 경우 : 드라이 아이스 등으로 냉동상태를 유지하여 운반 가능
  ● 냉장검체
    - 냉장온도를 유지하면서 운반
    - 얼음 등을 사용하여 냉장온도를 유지하는 경우
    . 얼음 녹은 물이 검체에 오염되지 않도록 주의
    . 드라이 아이스 사용 시 검체가 냉동되지 않도록 주의

3. 제품의 미생물실험 - Petrifim법

1. 실험목적
  - 빵·과자의 세균수를 직접 검사하여 위생상태 확인
2. 실험재료 및 도구
 1) 검체
   - 각종 원료 -> 계량 -> 반죽 -> 1차 발효 -> 분할, 둥글리기 ->   중간발효 -> 성형 ->
     2차 발효 -> 굽기 -> 냉각 -> 포장(완제품)
 2) 실험항목
   - 일반세균수, 대장균(군), 황색포도상구균, 진균수, (살모넬라균)
 3) 실험도구
    * 실험 개요 : 사전 준비 -> 시험원액 조제 -> 접종 -> 배양 -> 계측 -> 뒷처리
   ① 사전 준비
    - NaCl, 증류수, 비커(500ml), 저울, 유산지, 시약스푼, 메스실린더(100ml), 삼각플라스크
      (250ml), 시험관, 실리스토퍼, 피펫(10ml), AI 호일, 고무줄, tip & rack,   고압멸균기
   ② 시험원액 조제
    - 멸균 희석액(삼각플라스크), 시약스푼, 핀셋, 저울, 마그네틱 바, 마그네틱 교반기, 알콜,
      알콜램프, 면장갑, 비커(50ml, 250ml), Clean bench, (stomacher bag)
   ③ 접종, 배양 및 계측
    - Petrifilm, 네임펜, 마이크로피펫(1000p), tip & rack, 누름판, 배양기, Colony counter
   ④ 뒷처리
    - 멸균백, 고압멸균기

3. 제품의 미생물실험 - Petrifim법

3. 실험방법
 1) 멸균 희석액 준비
   ① NaCl 일정량을 저울로 칭량하여 비커에 넣고, 증류수 일정량을 메스실린더로 재서 넣는다.
   ② NaCl을 완전히 녹여준다. (비커에 마그네틱 바를 넣고 마그네틱 교반기로 교반하여 NaCl
     을 완전히 녹여준다.) => **희석액(0.9% NaCl용액)**
   ③ **(시험원액용)** 희석액을 90ml씩 메스실린더로 재서 삼각플라스크에 넣고, AI 호일로 막은
     후 고무줄로 묶는다.
   ④ **(희석용)** 희석액을 9ml씩 피펫으로 취해 시험관에 넣고 실리스토퍼로 막는다.
 2) 멸균 tip 준비
   ① 1000p tip을 tip rack에 넣고 AI 호일로 감싼다.
 3) 멸균 미생물배지 준비
   ① 미생물배지 일정량을 저울로 칭량하여 삼각플라스크에 넣고, 증류수 일정량을 메스실린
     더로 재서 넣는다.
   ② 배지를 완전히 섞어준다. (사면용 배지의 경우 중탕하여 녹인다.)
   ③ **(세균 배양용)** 삼각플라스크를 AI 호일로 막은 후 고무줄로 묶는다.
   ④ **(사면배지용)** 녹인 배지를 5ml씩 피펫으로 취해 시험관에 넣고 실리스토퍼로 막는다.
 * 준비한 희석액, tip 및 미생물배지를 고압멸균기에 넣고 121.5℃에서 15분간 멸균한다.

3. 제품의 미생물실험 - Petrifim법

3. 실험방법

4) Plate(도말 접종용) 및 사면배지(균주 보관용)

(1) Plate

① 멸균한 미생물배지(세균 배양용)를 60℃ 정도로 식힌다.
② 삼각플라스크에서 Al foil을 제거하고 입구를 화염소독한다.
③ 일회용 Petridish에 배지를 15ml 정도씩 분주한다.
④ 분주한 plate를 굳을 때까지 충분히 식히고 꺼꾸로 하여 보관한다.

(2) 사면배지

① 멸균한 미생물배지(사면배지용)가 들어있는 시험관을
태이블 위에 경사지게 받치하여 배지를 굳힌다.

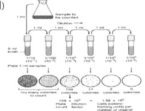

* 각각의 배지를 배양기(35℃)에 넣어 오염 여부를 확인한다.

5) 무균상자, 배양기, 멸균기 사용 및 화염소독방법

---

3. 제품의 미생물실험 - Petrifim법

3. 실험방법

6) 시험원액 조제

① 시험대상인 검체(빵·과자제품)를 잘게 부순다. (오염 주의)
② 알콜램프에 불을 붙인다. (화상 주의)
③ 멸균 희석액이 담긴 삼각플라스크의 Al 호일을 벗기고 입구를 돌려가며 화염소독한다.
(입구의 물기가 없어질 때까지)
④ 삼각플라스크를 저울에 올려놓고 0점을 맞춘다.
⑤ 시약스푼이나 핀셋에 알콜을 적시고 화염소독(3반복)한 다음, 검체 10g(또는 ml)을 삼각플라스크(멸균희석액 90ml)에 넣고 마개를 한 다음 완전히 섞어준다.
=> **시험원액(10배 희석)** (알콜 화재 주의, 오염 주의)
⑥ 필요 시 10배 희석법으로 추가로 희석을 한다.
- ⑤의 시험원액 1ml를 피펫으로 무균적으로 취해
시험관(희석액 9ml)에 넣고 마개를 한 후
Vortex mixer로 섞어준다.

* Stomacher 이용법
- 전처리한 검체와 멸균희석액을 stomacher bag에
무균적으로 넣고 stomacher로 섞어준다.

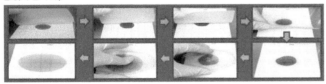

---

3. 제품의 미생물실험 - Petrifim법

3. 실험방법

7) 접종, 배양 및 계측·산출

① 각 Petrifilm에 검체명, 실험일자, 조 등을 기재한다.
② **(접종)** Petrifilm의 상면필름을 열고 마이크로피펫으로 시험원액 1ml를 무균적으로 취해 하면필름에 접종하고, 상면필름을 조심스럽게 닫은 후 누름판으로 살짝 눌러준다. (오염, 기포 발생, 누출 주의)

③ **(배양)** 접종한 Petrifilm을 배양기에 넣고 배양한다. (일반세균수 : 35±1℃, 48±2시간, 대장균(군) : 35±1℃, 24±2시간, 진균수 : 25℃, 5~7일)
④ **(계측·산출)** 형성된 집락수를 '5. 집락수 계측'에 따라 계측하고, '6. 집락수 산출'에 따라 산출하여 기록한다.

8) 뒷처리
- 사용한 Petrifilm은 멸균팩에 넣고 고압멸균기로 멸균하여 폐기한다.

✎메모

3. 제품의 미생물실험 - Petrifim법

■ Petrifilm(건조필름, dry rehydratable film media) 구조

● 핵심기술
- 필름, 코팅, 접착제

● Film의 특수코팅성분
- 미생물 생장에 필요한 영양성분 + cold water soluble gel + 염색지시약 등

● 필름구조
- 상위필름 : 폴리프로필렌필름, 접착제 + 지시약, 수용성 겔
- 하위필름 : 영양성분+수용성 겔, 접착제, 격자가 새겨진 폴리에틸렌 필름

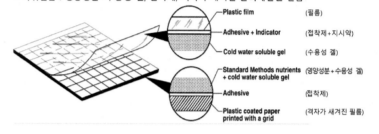

3. 제품의 미생물실험 - Petrifim법

■ 시험액 접종방법

● 도말평판법 (Spread plate method)
① 조제한 plate에 검체명, 조, 희석배수 등을 기재한다.
② 시험원액 또는 희석액 1ml를 마이크로피펫으로 취해 plate에 무균적으로 접종한다. (오염 주의)
③ 도말봉에 알콜을 적신 후 알콜램프로 화염속독한다. (3반복)
④ 도말봉으로 접종한 시험액을 골고루 펼쳐준다. (액이 배지에 스며들 때까지)

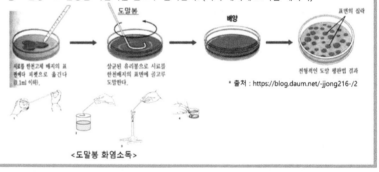

<도말봉 화염소독>

3. 제품의 미생물실험 - Petrifim법

■ 시험액 접종방법

● 주입평판법 (Pour plate method)
① Petridish 뚜껑에 검체명, 조, 희석배수 등을 기재한다.
② 시험원액 또는 희석액 1ml를 마이크로피펫으로 취해 petridish에 무균적으로 접종한다. (오염 주의)
③ 60℃ 정도로 보관한 멸균한 배지가 든 삼각플라스크에서 Al 호일을 제거하고 입구를 화염 소독한다.
④ 시험액이 접종된 Petridish에 배지를 15ml 정도 주입한다. (시험액에 직접 닿지 않게 주의)
⑤ 배지를 분주한 plate를 살살 타원형으로 흔들어 주어 배지와 시험액이 골고루 섞이게 한다. (배지가 넘치거나 뚜껑에 닿지 않게 주의)
⑥ 배지가 굳을 때까지 충분히 방치한다.

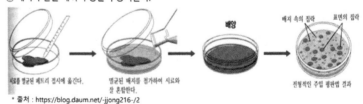

3. 제품의 미생물실험 - Petrifim법

📝메모

■ 시험액 접종방법
● 획선도말법 (Streaking method)
- 백금이를 화염소독한 후 시험액을 묻혀 plate에 지그재그(Zigzag)로 그어준다.

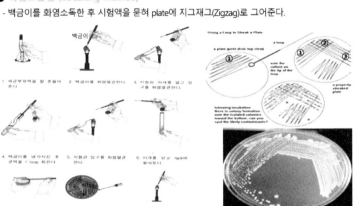

* 출처 : https://blog.daum.net/darkmoons/11806291   * 출처 : http://blog.naver.com/franciaga/221722542060

---

3. 제품의 미생물실험 - Petrifim법

■ 균주 보존방법
● 사면배지법 (Slant method)
① 백금이를 알콜램프로 화염소독한 후 식힌다.
② 배지에서 증식한 단일 colony(또는 배양액)를
　소독한 백금이로 취한다.
③ 사면배지가 들어있는 시험관의 마개를 제거하고
　입구를 화염소독한다.
④ 균주를 묻힌 백금이를 사면배지의 안쪽부터
　바깥쪽으로 지그재그로 그어 접종한다.
⑤ 시험관 입구를 화염소독한 후 마개를 한다.
⑥ 접종한 시험관을 배양기에 넣고 배양한 후
　냉장고에 넣어 보관한다.

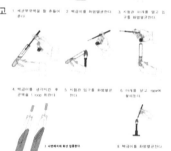

* 출처 : https://blog.naver.com/won0507won/220831223622

---

3. 제품의 미생물실험 - Petrifim법

■ 배양온도와 시간

종류	배양온도(℃)	배양시간(시간)	비고
일반세균수	35±1	48±2	식품공전(건조필름법)
대장균군	35±1	24±2	〃
대장균	35±1	24~48	〃
효모 및 곰팡이	25	5~7	식품공전
황색포도상구균 DNase 디스크	35 35	24 1~3	DNase 디스크는 3시간 까지만 배양

✎메모

3. 제품의 미생물실험 - Petrifim법

4. 집락 판정기준

구 분	영양성분	지시약	집락 모양	검출 원리
일반세균수	Standard Nutrient	TTC*	붉은색	살아있는 균의 존재 여부 (산화-환원 반응)
대장균군	Violet Red Bile Lactose	TTC*	붉은색	살아있는 균의 존재 여부 (산화-환원 반응)
		Gas	가스 형성	유당발효에 의한 CO_2 생성
대장균	Violet Red Bile Lactose	TTC	붉은색	살아있는 균의 존재 여부 (산화-환원 반응)
		BCIG*	파란 집락과 파란 영역	Glucuronidase의 존재 여부
		Gas	가스 형성	유당발효에 의한 CO_2 생성
효모 및 곰팡이	Potato Dextrose with Antibiotics*	BCIP	파란-녹색 (효모)	Phosphatase의 존재 여부
황색포도상구균	Modified Baird Parker	TTC	적자색	살아있는 균의 존재 여부 (산화-환원 반응)
		Toluidine blue-O	핑크존	DNase의 존재 여부

3. 제품의 미생물실험 - Petrifim법

4. 집락 판정기준

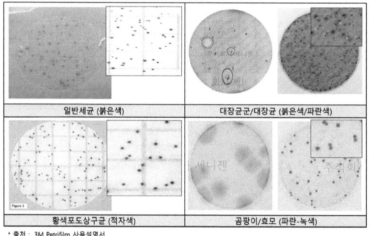

* 출처 : 3M Petrifilm 사용설명서

3. 제품의 미생물실험 - Petrifim법

5. 집락수 계측
- 일반세균수

* 출처 : 3M Petrifilm 사용설명서

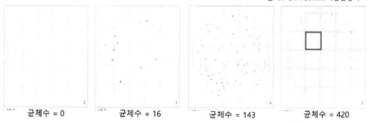

균체수 = 0   균체수 = 16   균체수 = 143   균체수 = 420

* 배지내의 붉은색 염색지시약이 균체들을 염색시키며, 균체의 크기에 관계없이 배지내에 염색된 모든 붉은색 균체들을 계측함.
  Petrifim에서의 균체 측정 적정범위는 25~250개 사이임.
  배지내에서 균체들이 250개 이상으로 존재하는 경우, 사각형(1cm²)내에 존재하는 평균 균체 수를 측정한 후 이에 20을 곱해주면 배지 전체에 존재하는 총 균체수를 얻을 수 있음.

3. 제품의 미생물실험 - Petrifim법

✎메모

6. 집락수 산출

1) 평판에 15~300개 집락이 있는 경우
 - 집락수 계산은 확산 집락이 없고
  (전면의 ½ 이하일 때는 지장 없음)
  1개 평판당 **15~300개**의 집락을 생성한
  평판을 택하여 집락수를 산출하는 것을
  원칙으로 함.

$$N = \frac{\sum C}{\{(1 \times n1)+(0.1 \times n2)\} \times (d)}$$

N = 식육 g 또는 ml 당 세균 집락수
∑C = 모든 평판에 계산된 집락수의 합
n1 = 첫 번째 희석배수에서 계산된 평판수
n2 = 두 번째 희석배수에서 계산된 평판수
d = 첫 번째 희석배수에서 계산된 평판의 희석배수

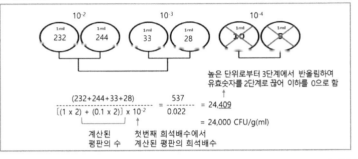

높은 단위로부터 3단계에서 반올림하여
유효숫자를 2단계로 끊어 이하를 0으로 함

$$\frac{(232+244+33+28)}{[(1 \times 2)+(0.1 \times 2)] \times 10^{-2}} = \frac{537}{0.022} = 24,409$$
$$= 24,000 \ CFU/g(ml)$$

계산된 평판의 수 / 첫번째 희석배수에서 계산된 평판의 희석배수

3. 제품의 미생물실험 - Petrifim법

6. 집락수 산출

2) 전체 평판에 15개 미만의 집락이 발생한 경우
 - 가장 희석배수가 낮은 평판에 대해 집락수 산출

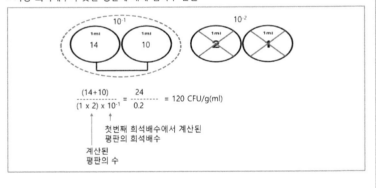

$$\frac{(14+10)}{(1 \times 2) \times 10^{-1}} = \frac{24}{0.2} = 120 \ CFU/g(ml)$$

첫번째 희석배수에서 계산된 평판의 희석배수
계산된 평판의 수

3. 제품의 미생물실험 - Petrifim법

6. 집락수 산출

3) 전체 평판에 300개를 초과하여 집락이 발생한 경우
 - 300개에 가까운 평판에 대해 집락수 산출

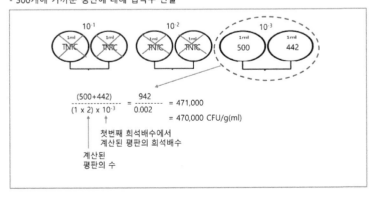

$$\frac{(500+442)}{(1 \times 2) \times 10^{-3}} = \frac{942}{0.002} = 471,000$$
$$= 470,000 \ CFU/g(ml)$$

첫번째 희석배수에서 계산된 평판의 희석배수
계산된 평판의 수

✎메모

4. 제품의 수분함량 측정

1. 실험목적
- 빵·과자의 수분함량을 직접 검사하여 품질상태 확인

2. 실험재료 및 도구
 1) 검체
  - 각종 원료
  - 제과제빵공정별 제품
   . 계량 -> 반죽 -> 1차 발효 -> 분할, 둥글리기 -> 중간발효 -> 성형 -> 2차 발효 -> 굽기
    -> 냉각 -> 포장
  - 완제품
 2) 실험도구
  - 칭량접시(칭량병), 저울, 시약스푼, 도가니집게, 항온건조기(105℃), 데시케이터
* 주석 : 식품공전 제8. 일반시험법 2. 식품성분시험법 2.1 일반성분시험법 2.1.1 수분 2.1.1.1 건조감량법

4. 제품의 수분함량 측정

3. 실험방법
 1) 칭량접시 항량
  ① 칭량접시를 항온건조기에 도가니집게로 넣고 2시간 동안 건조한다.
  ② 건조한 칭량접시를 도가니집게로 꺼내 데시케이터에 넣어둔다. (손 접촉 주의)
  * 항량 : 중량이 일정하며 변하지 않게 되는 것 (중량 오차 : ± 0.3mg = 0.0003g)
 2) 수분함량 측정

$$수분함량(\%) = \frac{(W_2 - W_3)}{(W_2 - W_1)} \times 100$$

  ① (필요 시 검체를 전처리한다.)
  ② 저울의 전원을 켜고 0점을 맞춘다.
  ③ 데시케이터에서 항량된 칭량접시를 도가니집게로 꺼내 무게를 잰다. (W_1)
  ④ 전처리된 검체를 칭량접시에 3~5g 넣고 무게를 잰다. (W_2)
  ⑤ 칭량접시를 항온건조기에 넣고 105℃에서 2시간 동안 건조한다.
  ⑥ 건조된 칭량접시를 도가니집게로 꺼내 데시케이터에 넣고 30분 동안 냉각한다.
  ⑦ 0점을 맞춘 저울로 냉각된 칭량접시의 무게를 잰다. (W_{3-1})
  ⑧ 무게를 잰 칭량접시를 항온건조기에 넣고 1시간 동안 추가로 건조한다.
  ⑨ 건조된 칭량접시를 꺼내 데시케이터에 넣고 30분 동안 냉각한다.
  ⑩ 0점을 맞춘 저울로 냉각된 칭량접시의 무게를 잰다. (W_{3-2})
  (건조 후 무게가 항량이 될 때까지 ⑧~⑩의 과정을 반복함)

5. 제품의 회분함량 측정

1. 실험목적
- 빵·과자의 회분함량을 직접 검사하여 품질상태 확인

2. 실험재료 및 도구
 1) 검체
 - 각종 원료
 - 제과제빵공정별 제품
   . 계량 -> 반죽 -> 1차 발효 -> 분할, 둥글리기 -> 중간발효 -> 성형 -> 2차 발효 -> 굽기
    -> 냉각 -> 포장
 - 완제품
 2) 실험도구
  - 회화도가니, 저울, 시약스푼, 도가니집게, 회화로(600℃), 데시케이터

5. 제품의 회분함량 측정

3. 실험방법

1) 회화도가니 항량

① 도가니를 회화로에 도가니집게로 넣고 2시간 동안 회화시킨다. (손 접촉 주의)
② 회화한 도가니를 도가니집게로 꺼내 데시케이터에 넣어둔다.

2) 회분함량 측정

① (필요 시 검체를 전처리한다.)
② 저울의 전원을 켜고 0점을 맞춘다.
③ 데시케이터에서 항량된 도가니를 도가니집게로 꺼내 무게를 잰다. (W_1)
④ 전처리된 검체를 도가니에 3~5g 넣고 무게를 잰다. (W_2)
⑤ 도가니를 회화로에 넣고 600℃에서 4시간 동안 회화한다. (필요 시 예열)
⑥ 회화로 온도가 200℃까지 떨어지면 회화된 도가니를 도가니집게로 꺼내 데시케이터에 넣고 30분 동안 냉각한다.
⑦ 0점을 맞춘 저울로 냉각된 도가니의 무게를 잰다. (W_{3-1})
⑧ 무게를 잰 도가니를 회화로에 넣고 2시간 동안 추가로 회화한다.
⑨ 회화된 도가니를 꺼내 데시케이터에 넣고 30분 동안 냉각한다.
⑩ 0점을 맞춘 저울로 냉각된 도가니의 무게를 잰다. (W_{3-2})
(회화 후 무게가 항량이 될 때까지 ⑧~⑩의 과정을 반복함)

$$회분함량(\%) = \frac{(W_3 - W_1)}{(W_2 - W_1)} \times 100$$

6. 제품의 pH 측정

1. 실험목적

- 반죽의 pH 측정

2. 실험재료 및 도구

1) 검체

- 반죽 5g

2) 실험도구

- 물, 저울, 피펫, 균질기 컵, 균질기, 원심분리관, 원심분리기, 비커, pH meter

3. 실험방법

① 검체 5g에 증류수 15ml를 넣고 균질기(homogenizer)로 균질화한다.
② 원심분리기를 이용하여 3,000g에서 10분간 원심분리하여 상층액을 얻는다.
③ 상층액의 pH를 pH meter로 측정한다.

7. 제품의 산도 측정

1. 실험목적
- 제품의 산도(Acidity) 측정

2. 실험재료 및 도구

1) 검체
- 식품

2) 시약
- 물, 0.1N 수산화나트륨용액, 1% 페놀프탈레인시액

3) 실험도구
- 피펫(10ml), 비커(100ml), 뷰렛(25ml), 뷰렛 스텐드, 스포이드, 마그네틱 바, 마그네틱 교반기

3. 실험방법

① 비커에 검체 10 ml를 넣고, 탄산가스를 함유하지 않은 물 10 ml를 가한다.
② 페놀프탈레인시액 0.5 ml를 가한 후, 0.1N 수산화나트륨액으로 적정한다.
 * 이 때 30초간 미홍색이 지속될 때까지 적정한다
③ 다음 공식에 따라 산도를 구한다.

$$산도(젖산 \%) = \frac{a \times f \times 0.009}{10 \times 검체 \ 비중} \times 100$$

a : 0.1N 수산화나트륨액의 소비량(ml)
f : 0.1N 수산화나트륨액의 역가

✎메모

✎메모

8. 제품의 산가 측정

1. 실험목적
- 식용유지류, 과자류, 유탕·유처리식품, 튀김식품, 조미김 등의 산패 정도 측정
- *** 산가(Acid value)** : 지질 1g을 중화하는데 필요한 수산화칼륨의 mg수를 말하며, 지방산이 glyceride로서 결합형태로 있지 않은 유리지방산의 양

2. 실험재료 및 도구

1) 검체
- 식품

2) 시약
- 에테르, 물, 무수황산나트륨, 질소가스 또는 이산화탄소, 에탄올·에테르혼액(1:2), 페놀프탈레인시액, 0.1N 에탄올성 수산화칼륨용액

3) 실험도구
- 삼각플라스크, 건조여과지, 분액깔때기, 둥근플라스크, 수조, 감압건조장치, 마개달린 삼각 플라스크, 뷰렛(25ml), 뷰렛 스텐드, 스포이드, 마그네틱 바, 마그네틱 교반기

8. 제품의 산가 측정

3. 실험방법

1) 유지 추출이 필요한 검체의 경우

① 분쇄 또는 세절하여 필요한 양의 유지가 얻어질 수 있도록 적당량을 삼각플라스크에 취해 검체가 잠길 정도의 정제 에테르를 넣고 때때로 흔들면서 약 2시간 동안 방치한다.

② 검체의 고형물이 유출되지 않도록 건조여과지로 여과한다.

③ 다시 삼각플라스크 중의 검체에 정제 에테르(①의 절반 정도)를 넣어 흔들어 섞은 후 동일 여과지에 반복 여과한다.

④ 여액을 분액깔때기에 옮기고, 이 여액의 약 1/2 ~ 1/3 용량에 해당하는 물을 넣어 잘 흔들어 씻고 물층은 버린다.

⑤ ④의 조작을 2회 되풀이하고 에테르층은 분취하여 무수황산나트륨으로 탈수한다.

⑥ 질소가스 또는 이산화탄소를 통과하면서 40℃의 수욕상에서 감압하여 에테르를 완전히 날려 보내고 남은 유지를 검사용 검체로 한다.

8. 제품의 산가 측정

3. 실험방법

2) 산가 측정

① 검사용 검체 5 ~ 10 g을 정밀히 달아 마개달린 삼각플라스크에 넣고 중성의 에탄올·에테르혼액(1:2) 100 mL를 넣어 녹인다.

② 이를 페놀프탈레인시액을 지시약으로 하여 엷은 홍색이 30초간 지속할 때까지 0.1N 에탄올성 수산화칼륨용액으로 적정한다.

* 검체가 착색되어 있는 경우, 지시약은 1% 티몰프탈레인·알코올용액이나 2% 알칼리블루 -6B 알코올용액을 사용하던지 또는 검체를 소량으로 하여 상기 용제를 증량하여 시험함.)

③ 다음의 공식에 따라 산가를 구한다.

$$산가 \ (mg/g) = \frac{5.611 \times (a - b) \times f}{S}$$

S : 검체의 채취량(g)
a : 검체에 대한 0.1N 에탄올성 수산화칼륨용액의 소비량(ml)
b : 공시험(에탄올·에테르혼액(1:2) 100ml)에 대한 0.1N 에탄올성 수산화칼륨용액의 소비량(ml)
f : 0.1 N 에탄올성 수산화칼륨용액의 역가

비누를 사용하여
30초 손씻기

물 끓여 마시기

채소, 과일은 깨끗한
물로 세척 하기

주변 환경
청결히 하기

도구는 끓이거나
염소 소독 하기

생식은 삼가고
85℃ 1분 이상
가열 하기

부록

✎메모

1. 식품 위생감사 평가표 – 선행요건 부문

평가항목		평가내용	평가결과	비고
1. 영업장 관리	작업장	1. 작업장은 독립된 건물이거나 식품(축산물을 포함한다. 이하 같다) 취급외의 용도로 사용되는 시설과 분리(벽·층 등에 의하여 별도의 방 또는 공간으로 구별되는 경우를 말한다. 이하 같다)되어야 한다. (0~3점)		
		2. 작업장(출입문, 창문, 벽, 천장 등)은 누수, 외부의 오염물질이나 해충·설치류 등의 유입을 차단할 수 있도록 밀폐 가능한 구조이어야 한다. (0~3점)		
		3. 작업장은 청결구역(식품의 특성에 따라 청결구역과 준청결구역으로 구별할 수 있다)과 일반구역으로 분리하고, 제품의 특성과 공정에 따라 분리, 구획 또는 구분할 수 있다. (0~3점)		
	건물 바닥, 벽, 천장	4. 원료처리실, 제조·가공실 및 내포장실의 바닥, 벽, 천장, 출입문, 창문 등은 제조·가공하는 식품의 특성에 따라 내수성 또는 내열성 등의 재질을 사용하거나 이러한 처리를 하여야 하고, 바닥은 파여있거나 갈라진 틈이 없어야 하며, 작업 특성상 필요한 경우를 제외하고는 마른 상태를 유지하여야 한다. 이 경우 바닥, 벽, 천장 등에 타일 등과 같이 흠이 있는 재질을 사용한 때에는 흠에 먼지, 곰팡이, 이물 등이 끼지 아니하도록 청결하게 관리하여야 한다. (0~3점)		
	배수 및 배관	5. 작업장은 배수가 잘 되어야 하고 배수로에 퇴적물이 쌓이지 아니 하여야 하며, 배수구, 배수관 등은 역류가 되지 아니 하도록 관리하여야 한다. (0~3점)		
	출입구	6. 작업장의 출입구에는 구역별 복장 착용 방법을 게시하여야 하고, 개인위생관리를 위한 세척, 건조, 소독 설비 등을 구비하여야 하며, 작업자는 세척 또는 소독 등을 통해 오염가능성 물질 등을 제거한 후 작업에 임하여야 한다. (0~3점)		
	통로	7. 작업장 내부에는 종업원의 이동경로를 표시하여야 하고 이동경로에는 물건을 적재하거나 다른 용도로 사용하지 아니 하여야 한다. (0~1점)		
	창	8. 창의 유리는 파손 시 유리조각이 작업장내로 흩어지거나 원·부자재 등으로 혼입되지 아니 하도록 하여야 한다. (0~1점)		
	채광 및 조명	9. 작업실 안은 작업이 용이하도록 자연채광 또는 인공조명장치를 이용하여 밝기는 220룩스 이상을 유지하여야 하고, 특히 선별 및 검사구역의 작업장 등은 육안확인이 필요한 조도(540룩스 이상)를 유지하여야 한다. (0~3점)		
		10. 채광 및 조명시설은 내부식성 재질을 사용하여야 하며, 식품이 노출되거나 내포장 작업을 하는 작업장에는 파손이나 이물 낙하 등에 의한 오염을 방지하기 위한 보호장치를 하여야 한다. (0~1점)		
	부대시설 (화장실, 탈의실 등)	11. 화장실, 탈의실 등은 내부 공기를 외부로 배출할 수 있는 별도의 환기시설을 갖추어야 하며, 화장실 등의 벽과 바닥, 천장, 문은 내수성, 내부식성의 재질을 사용하여야 한다. 또한 화장실의 출입구에는 세척, 건조, 소독설비 등을 구비하여야 한다. (0~2점)		
		12. 탈의실은 외출복장(신발 포함)과 위생복장(신발 포함)간의 교차 오염이 발생하지 아니 하도록 분리 또는 구분·보관하여야 한다. (0~2점)		

1. 식품 위생감사 평가표 – 선행요건 부문

평가항목		평가내용	평가결과	비고
2. 위생 관리	작업 환경	- 동선 계획 및 공정간 오염방지		
		13. 원·부자재의 입고에서부터 출고까지 물류 및 종업원의 이동 동선을 설정하고 이를 준수하여야 한다. (0~2점)		
		14. 원료의 입고에서부터 제조·가공, 보관, 운송에 이르기까지 모든 단계에서 혼입될 수 있는 이물에 대한 관리계획을 수립하고 이를 준수하여야 하며, 필요한 경우 이를 관리할 수 있는 시설·장비를 설치하여야 한다. (0~3점)		
		15. 청결구역과 일반구역별로 각각 출입, 복장, 세척·소독 기준 등을 포함하는 위생 수칙을 설정하여 관리하여야 한다. (0~3점)		
		- 온도·습도 관리		
		16. 제조·가공·포장·보관 등 공정별로 온도 관리계획을 수립하고 이를 측정할 수 있는 온도계를 설치하여 관리하여야 한다. 필요한 경우, 제품의 안전성 및 적합성을 확보하기 위한 습도관리계획을 수립·운영하여야 한다. (0~1점)		
		- 환기시설 관리		
		17. 작업장내에서 발생하는 악취나 이취, 유해가스, 매연, 증기 등을 배출할 수 있는 환기시설을 설치하여야 한다. (0~1점)		
		- 방충·방서 관리		
		18. 외부로 개방된 흡·배기구 등에는 여과망이나 방충망을 부착하여야 한다. (0~2점)		
		19. 작업장은 방충·방서관리를 위하여 해충이나 설치류 등의 유입이나 번식을 방지할 수 있도록 관리하여야 하고, 유입 여부를 정기적으로 확인하여야 한다. (0~2점)		
		20. 작업장내에서 해충이나 설치류 등의 구제를 실시할 경우에는 정해진 위생 수칙에 따라 공정이나 식품의 안전성에 영향을 주지 아니 하는 범위 내에서 적절한 보호 조치를 취한 후 실시하며, 작업 종료 후 식품취급시설 또는 식품에 직·간접적으로 접촉한 부분은 세척 등을 통해 오염물질을 제거하여야 한다. (0~1점)		
	개인위생	21. 작업장내에서 작업중인 종업원 등은 위생복·위생모·위생화 등을 항시 착용하여야 하며, 개인용 장신구 등을 착용하여서는 아니 된다. (0~2점)		
	폐기물	22. 폐기물·폐수처리시설은 작업장과 격리된 일정장소에 설치·운영하며, 폐기물 등의 처리용기는 밀폐 가능한 구조로 침출수 및 냄새가 누출되지 아니 하여야 하고, 관리계획에 따라 폐기물 등을 처리·반출하고, 그 관리기록을 유지하여야 한다. (0~1점)		

1. 식품 위생감사 평가표 – 선행요건 부문

평가항목		평가내용	평가결과	비고
2. 위생 관리	세척 또는 소독	23. 영업장에는 기계·설비, 기구·용기 등을 충분히 세척하거나 소독할 수 있는 시설이나 장비를 갖추어야 한다. (0~1점)		
		24. 세척·소독 시설에는 종업원에게 잘 보이는 곳에 올바른 손 세척 방법 등에 대한 지침이나 기준을 게시하여야 한다. (0~1점)		
		25. 영업자는 다음 각 호의 사항에 대한 세척 또는 소독 기준을 정하여야 한다. (0~3점) · 종업원 · 위생복, 위생모, 위생화 등 · 작업장 주변 · 작업실별 내부 · 식품제조시설(이송배관 포함) · 냉장·냉동설비 · 용수저장시설 · 보관·운반시설 · 운송차량, 운반도구 및 용기 · 모니터링 및 검사 장비 · 환기시설(필터, 방충망등 포함) · 폐기물 처리용기 · 세척, 소독도구 · 기타 필요사항		
		26. 세척 또는 소독 기준은 다음의 사항을 포함하여야 한다. (0~3점) · 세척·소독 대상별 세척·소독 부위 · 세척·소독 방법 및 주기 · 세척·소독 책임자 · 세척·소독 기구의 올바른 사용 방법 · 세제 및 소독제(일반명칭 및 통용명칭)의 구체적인 사용 방법		
		27. 소독용 기구나 용기는 정해진 장소에 보관·관리되어야 한다. (0~1점)		
		28. 세척 및 소독의 효과를 확인하고, 정해진 관리계획에 따라 세척 또는 소독을 실시하여야 한다. (0~3점)		

평가항목		평가내용	평가결과	비고
3. 제조·가공 시설·설비 관리	제조시설 및 기계·기구류 등 설비	29. 제조·가공·선별·처리 시설 및 설비 등은 공정 또는 취급시설·설비 간 오염이 발생되지 아니 하도록 공정의 흐름에 따라 적절히 배치되어야 하며, 이 경우 제조·가공에 사용하는 압축공기, 윤활제 등은 제품에 직접 영향을 주거나 영향을 줄 우려가 있는 경우 관리대책을 마련하여 청결하게 관리하여 위해요인에 의한 오염이 발생하지 아니하여야 한다. (0~2점)		
		30. 식품과 접촉하는 취급시설·설비는 인체에 무해한 내수성·내부식성 재질로 열과·증기·살균제 등으로 소독·살균이 가능하여야 하며, 기구 및 용기류는 용도별로 구분하여 사용·보관하여야 한다. (0~3점)		
		31. 온도를 높이거나 낮추는 처리시설에는 온도변화를 측정하는 장치를 설치·구비하여 일정한 주기를 정하여 온도를 측정하고, 그 기록을 유지하여야 하며, 관리계획에 따른 온도가 유지되어야 한다. (0~2점)		
		32. 식품취급시설·설비는 정기적으로 점검·정비를 하여야 하고 그 결과를 보관하여야 한다. (0~1점)		

1. 식품 위생감사 평가표 – 선행요건 부문

평가항목		평 가 내 용	평가결과	비 고
4. 냉장·냉동 시설·설비 관리	냉장·냉동 온도	33. 냉장시설은 내부의 온도를 10℃이하(다만 신선편의식품, 훈제연육, 가금육은 5℃ 이하 보관 등 보관온도 기준이 별도로 정해진 식품의 경우에는 그 기준에 따른다.), 냉동시설은 -18℃ 이하로 유지하고, 외부에서 온도변화를 관찰할 수 있어야 하며, 온도 감응 장치의 센서는 온도가 가장 높게 측정되는 곳에 위치하도록 한다. (0 ~ 2점)		

평가항목		평 가 내 용	평가결과	비 고
5. 용수 관리	용수 수원 및 검사	34. 식품 제조·가공에 사용되거나, 식품에 접촉할 수 있는 시설·설비, 기구·용기, 종업원 등의 세척에 사용되는 용수는 수돗물이나 「먹는물 관리법」 제5조의 규정에 의한 먹는물 수질기준에 적합한 물이어야 수이어야 하며, 지하수를 사용하는 경우, 취수원은 화장실, 폐기물·폐수처리시설, 동물사육장 등 기타 지하수가 오염될 우려가 없도록 관리하여야 하며, 필요한 경우 살균 또는 소독장치를 갖추어야 한다. (0 ~ 3점)		
		35. 식품 제조·가공에 사용되거나, 식품에 접촉할 수 있는 시설·설비, 기구·용기, 종업원의 세척에 사용되는 용수는 다음 각호에 따른 검사를 실시하여야 한다. (0 ~ 3점) 가. 지하수를 사용하는 경우에는 먹는물 수질기준 전 항목에 대하여 연1회 이상(음료류 등 직접 마시는 용도의 경우는 반기 1회 이상)검사를 실시하여야 한다. 나. 먹는물 수질기준에 정해진 미생물학적 항목에 대한 검사는 월1회 이상(지하수를 사용하거나 상수도의 경우는 비가열식품의 원료 세척수 또는 제품 배합수로 사용하는 경우에 한한다) 실시하여야 하며, 미생물학적 항목에 대한 검사는 간이검사키트를 이용하여 자체적으로 실시할 수 있다.		
	저수조	36. 저수조, 배관 등은 인체에 유해하지 아니한 재질을 사용하여야 하며, 외부로부터의 오염물질 유입을 방지하는 잠금장치를 설치하여야 하고, 누수 및 오염여부를 정기적으로 점검하여야 한다. (0 ~ 1점)		
		37. 저수조는 반기별 1회 이상 청소와 소독을 자체적으로 실시하거나, 저수조청소업자에게 대행하여 실시하여야 하며 그 결과를 기록·유지하여야 한다. (0 ~ 3점)		
		38. 비음용수 배관은 음용수 배관과 구별되도록 표시하고 교차되거나 합류되지 아니 하여야 한다. (0 ~ 1점)		

1. 식품 위생감사 평가표 – 선행요건 부문

평가항목		평 가 내 용	평가결과	비 고
6. 보관·운송 관리	구입 및 입고	39. 검사성적서로 확인하거나 자체적으로 정한 입고기준 및 규격에 적합한 원·부자재만을 구입하여야 한다. (0 ~ 2점)		
	협력업소	40. 영업자는 원·부자재 공급업소 등 협력업소의 위생관리 상태 등을 점검하고 그 결과를 기록하여야 한다. 다만, 공급업소가 「식품위생법」이나 「축산물위생관리법」에 따른 HACCP 적용업소일 경우에는 이를 생략할 수 있다. (0 ~ 1점)		
	운송	41. 운반 중인 식품·축산물은 비식품·축산물과 구분하여 교차오염을 방지하여야 하며, 운송차량(지게차 포함)으로 인하여 운송제품이 오염되어서는 아니 된다. (0 ~ 1점)		
		42. 운송차량은 냉장의 경우 10℃ 이하(단, 가금육 -2~5℃ 운반과 같이 별도로 정해진 경우에는 그 기준을 따른다), 냉동의 경우 -18℃ 이하를 유지할 수 있어야 하며, 외부에서 온도변화를 확인할 수 있도록 온도 기록 장치를 부착하여야 한다. (0 ~ 1점)		
	보관	43. 원료 및 완제품은 선입선출 원칙에 따라 입고·출고상황을 관리·기록하여야 한다. (0 ~ 1점)		
		44. 원·부자재, 반제품 및 완제품은 구분관리 하고, 바닥이나 벽에 밀착되지 아니 하도록 적재·관리 하여야 한다. (0 ~ 1점)		
		45. 부적합한 원·부자재, 반제품 및 완제품은 별도의 지정된 장소에 보관하고 명확하게 식별되는 표식을 하여 반품, 폐기 등의 조치를 취한 후 그 결과를 기록·유지하여야 한다. (0 ~ 1점)		
		46. 유독성 물질, 인화성 물질 및 비식용 화학물질은 식품취급 구역으로부터 격리되고, 환기가 잘 되는 지정 장소에서 구분하여 보관·취급하여야 한다. (0 ~ 1점)		

평가항목		평 가 내 용	평가결과	비 고
7. 검사 관리	제품검사	47. 제품검사는 자체 실험실에서 검사계획에 따라 실시하거나 검사기관과의 협약에 의하여 실시 하여야 한다. (0 ~ 2점)		
		48. 검사결과에는 다음 내용이 구체적으로 기록되어야 한다. (0 ~ 2점) 검체명 제조년월일 또는 유통기한(품질유지기한) 검사 년월일 검사항목, 검사기준 및 검사결과 판정결과 및 판정년월일 검사자 및 판정자의 서명날인 기타 필요한 사항		
	시설 설비 기구 등 검사	49. 냉장·냉동 및 가열처리 시설 등의 온도측정 장치는 연 1회 이상, 검사용 장비 및 기구는 정기적 으로 설정하여야 한다. 이 경우 자체적으로 교정검사를 하는 때에는 그 결과를 기록·유지하여야 하고, 외부 공인 국가교정기관에 의뢰하여 교정하는 경우에는 그 결과를 보관하여야 한다. (0 ~ 2점)		
		50. 작업장의 청정도 유지를 위하여 공중낙하세균 등을 관리계획에 따라 측정·관리하여야 한다. 다만, 제조공정의 자동화, 시설·제품의 특수성, 식품이 노출되지 아니하거나, 식품을 포장된 상태로 취급하는 등 작업장의 청정도가 제품에 영향을 줄 가능성이 없는 작업장은 그러하지 아니할 수 있다. (0 ~ 3점)		

1. 식품 위생감사 평가표 – 선행요건 부문

평가항목		평 가 내 용	평가결과	비 고
8. 회수프로그램 관리	회수프로그램	51. 부적합품이나 반품된 제품의 회수를 위한 구체적인 회수절차나 방법을 기술한 회수프로그램을 수립·운영하여야 한다. (0 ~ 2점)		
	제품 추적	52. 부적합품의 원인규명이나 확인을 위한 제품별 생산장소, 일시, 제조라인 등 해당시설내의 필요한 정보를 기록·보관하고 제품추적을 위한 코드표시 또는 로트관리 등의 적절한 확인 방법을 강구하여야 한다. (0 ~ 2점)		

<판정기준>

인증평가 : 각 항목에 대한 취득점수의 합계가 85점 이상일 경우에는 적합, 70점 이상에서 85점 미만은 보완, 70점 미만이면 부적합으로 판정한다. 다만, 평가 제외 항목이 있을 경우 평가제외 항목을 제외한 총 점수 대비 취득점수를 백분율로 환산하여 85%(소수첫째자리 반올림 처리) 이상일 경우에는 적합, 70%에서 85% 미만은 보완, 70% 미만이면 부적합으로 판정한다. 다만, 평가항목 34, 39번은 필수항목으로 인증평가 시 미흡한 경우(평가결과 0점을 말한다. 이하 이 별표에서 같다) 부적합으로 판정한다.

종합 평가

정기 조사·평가 : 각 항목에 대한 취득점수의 합계가 85점 이상일 경우에는 적합, 85점 미만이면 부적합으로 판정한다. 다만, 평가 제외 항목이 있을 경우 평가 제외 항목을 제외한 총 점수 대비 취득점수를 백분율로 환산하여 85%(소수첫째자리 반올림 처리) 이상일 경우에는 적합, 85% 미만이면 부적합으로 판정한다.

<감점기준>

정기 조사·평가 : 전년도 정기 조사·평가의 개선조치를 이행하지 않은 경우 해당 항목에 대한 감점 점수의 2배를 감점한다.

✎메모

✎메모
_____

2. 식품 위생감사 평가표 – HACCP Plan 부문

평가항목	평가내용	세부평가내용	평가결과	비고
1. HACCP팀	1. HACCP팀을 구성하고 팀원별 책임과 권한 및 인수인계 방법을 부여하고 있는가?(0~5)	팀장은 단위사업장 최고책임자(공장장 또는 책임영양사, 매장 매니저 이상)로 선정		
		팀조직도와 실제 운영구성원의 일치 여부		
		팀구성원별 책임과 권한 부여 여부		
		팀별, 팀원별 인수인계방법 수립 여부		
		교대근무 시 업무인수인계 절차, 방법 등에 관한 기준 설정 및 운영 여부		
	2. 팀구성원이 HACCP의 개념과 원칙, 절차 등과 각자의 역할에 대하여 충분히 이해하고 있는가?(0~5)	영업자의 이해도		
		HACCP팀장의 이해도		
		HACCP팀원의(품질관리팀 제외) 이해도		
		모니터링 담당자의 이해도		
		품질관리팀, 검증팀의 이해도		
	3. 팀장은 HACCP팀에 주도적으로 참여하고 있으며, 각 팀원은 적극적으로 참여하여 활동하고 있는가?(0~5)	영업자의 책임과 권한에 해당하는 기록에 확인/서명 여부		
		HACCP팀장의 책임과 권한에 해당하는 기록에 확인/서명 여부		
		팀원(품질관리팀, 생산팀 제외)의 책임과 권한에 해당하는 기록에 확인/서명 여부		
		생산팀원의 책임과 권한에 해당하는 기록에 확인/서명 여부		
		품질관리팀의 책임과 권한에 해당하는 기록에 확인/서명 여부		
	소 계(0~15)			

2. 식품 위생감사 평가표 – HACCP Plan 부문

평가항목	평가내용	세부평가내용	평가결과	비고
2. 제품설명서 및 공정흐름도	1. 제품설명서가 구체적으로 기술되어있는가?(0~5)	품목제조보고된 동일유형에 대한 모든 제품의 제품설명서 작성 여부		
		제품명, 제품유형, 성상, 품목제조보고연월일, 작성자 및 작성연월일, 성분배합비율 및 제조방법, 제조(포장)단위, 제품용도 및 유통기간, 포장방법 및 재질, 표시사항, 보관 및 유통상의 주의사항 포함 여부		
		완제품 법적규격의 적절성(※ 해당 식품의 식품공전 공통규격, 개별규격 등의 위해 요소에 대한 규격 포함 여부)		
		완제품 사내규격의 적절성(※ 중요관리점의 위해요소에 대한 한계기준 유효성 평가결과를 규격에 반영 여부)		
		실제 생산하고 있는 제품의 누락 여부		
	2. 공정흐름도를 작성하고 있는가?(0~5)	- 원료의 입고부터 완제품 출고까지의 공정흐름도 작성 여부(제조공정명, 주요 가공조건(위생관리측면) 명기) - 제조공정명이 공정흐름도와 일치 여부(※ 가공조건 : 해동, 가열, 냉각, 세척, 소독 등 주요공정에 대한 가공조건)		
		영업장 평면도 작성 여부(※ 작업장 이외 폐수/폐기물시설, 용수저장시설 등 포함)		
		작업장 평면도 작성 여부(※ 작업특성을 반영한 작업장 명칭 및 구역명(일반/준청결/청결) 표시)		
		기계·기구 등 배치, 출입문 및 창문, 세척소독조의 위치, 물류(원료, 반제품, 완제품) 이동동선, 작업자 이동경로, 공조시설계통도, 용수 및 배수처리계통도 등 작성 여부		
		작업자, 물류, 배수처리, 공기흐름 등이 교차오염 방지 가능토록 작성 여부		
	3. 공정흐름도가 현장과 일치하는가?(0~5)	작업장 평면도와 작업장의 일치 여부		
		출입문 및 창문, 세척소독조의 위치 일치 여부		
		물류(원료, 반제품, 완제품) 이동동선, 작업자 이동경로의 일치 여부		
		환기 또는 공조시설, 용수 및 배수처리시설의 현장 일치 여부		
		기계·기구 등의 배치 일치 여부		
	소 계(0~15)			

2. 식품 위생감사 평가표 – HACCP Plan 부문

평가항목	평가내용	세부평가내용	평가결과	비고
3. 위해요소 분석	1. 발생가능한 위해요소를 충분히 도출하고, 발생원인을 구체적으로 기술하고 있는가?(0~10)	위해요소를 단위병인물질로 도출 여부(예: 살모넬라균, 납, 카드뮴, 아플라톡신, 진균, 대장균군, 머리카락, 금속조각 등)		
		원료별 잠재적 위해요소 도출 여부(생물학적/화학적/물리적 위해요소)		
		공정별로 구분하여 잠재적 위해요소 도출 여부(생물학적/화학적/물리적 위해요소)		
		원료별 위해요소에 대한 구체적인 발생원인 도출 여부(교차오염, 증식 등에 대한 원인을 구체적으로 도출)		
		- 공정별 위해요소에 대한 구체적인 발생원인 도출 여부(※ 교차오염원인, 증식원인, 공정원인(가공조건 미준수)에 대한 원인의 구체적 도출) - 발생원인과 예방조치 및 관리방법 일치 여부 - 클레임, 식중독사고 등 위해요소 발생사례 자료 활용 여부		
	2. 도출된 위해요소에 대한 위해평가기준(심각성, 발생가능성) 및 평가결과의 활용원칙이 제시되어 있는가?(0~10)	생물학적/화학적/물리 위해요소에 대한 심각성 기준의 단위위해요소별 수립 여부		
		생물학적/화학적/물리적 위해요소 발생가능성 기준의 실제 원료, 공정별, 주변환경(작업자, 작업장, 제조설비 등) 위해요소 시험자료를 통계 분석하여 수립 여부		
		심각성 기준에 대한 타당성 여부(전공서적, CODEX, FAO 등 활용) ※ 심각성평가기준의 경우 CODEX, FAO 등 근거를 확인하여 적절하면 인정		
		- 발생 가능성 기준에 대한 타당성(정량기준) 여부(원료, 공정, 주변환경 (공중낙하균, 표면오염도 등) 시험자료 확인) - 필요 시 기타 발생 가능성 근거자료(식중독균, 클레임, 논문, 전문서적 등) 확인 적절한 활용원칙 제시 여부		
	3. 개별 위해요소에 대한 위해평가가 적절하게 이루어졌는가?(0~5)	단위위해요소별 심각성 기준에 따라 평가 여부		
		단위위해요소별 발생 가능성 기준에 따라 평가 여부		
		동일한 단위위해요소에 대해 원료/공정별 심각성 기준의 서로 다르게 평가 여부 ※ 예시 : 위해요소가 배합에도 *Staphylococcus aureus*이고 포장시에도 *Staphylococcus aureus* 이면 두 공정에 대한 심각성은 같음.		
		원료나 공정은 다르더라도 발생원인이 동일한 사실에 의해서 발생되는 경우 발생 가능성이 동일하게 평가되는지 여부 ※ 예시 : 배합공정 및 포장공정에 대해 '작업자 위생불량에 의한 단위병원성 미생물 오염'이 위해요소와 그 발생원인인 경우 상기 위해요소가 배합공정이나 포장공정 모두에서 작업하는 경우라면 발생 가능성은 같음.		
		소비자 클레임, 식중독 사례 등이 활용되는지 여부		

2. 식품 위생감사 평가표 – HACCP Plan 부문

평가항목	평가내용	세부평가내용	평가결과	비고
3. 위해요소 분석	4. 도출된 위해요소를 관리하기 위한 현실성 있는 예방조치 및 관리방법을 도출하였는가?(0~10)	원료의 위해요소 발생원인에 대한 현실성 있는 예방조치 및 관리방법 도출 여부		
		주요 공정의 위해요소 발생원인에 대한 현실성있는 예방조치 및 관리방법 도출 여부 ※ 주요 공정 : 해동, 가열, 세척, 선별, 소독, 냉각 등		
		기타 공정의 위해요소 발생원인에 대한 현실성 있는 예방조치방법 도출 여부 ※ 기타 공정 : 입고, 보관, 절단, 출고, 운송 등		
		위해요소에 대한 발생원인과 예방조치 및 관리방법의 일치 여부		
		- 선행요건 관리기준과 예방조치 및 관리방법의 일치 여부		
		- HACCP Plan의 중요관리점 한계기준과 관리방법 일치 여부		
	5. 위해요소분석을 위한 과학적인 근거자료를 제시하고 있는가?(0~5)	주원료의 위해요소에 대한 공정시험자료 확인(시험성적서 등)		
		부원료의 위해요소에 대한 공정시험자료 확인(시험성적서 등)		
		주요 공정의 위해요소에 대한 공정시험자료 확인(시험성적서 등) ※ 주요 공정 : 해동, 가열, 세척, 선별, 소독, 냉각 등		
		기타 공정의 위해요소에 대한 공정시험자료 확인(시험성적서 등) ※ 기타 공정 : 입고, 보관, 절단, 출고, 운송 등		
		국내외 일반모델보고서, 전문서적, 논문, 식중독 사례 등		
	6. 위해요소분석에 대한 개념과 절차를 잘 이해하고 있는가?(0~5)	심각성에 대한 이해 여부(※ 3-2, 3-3항목에 대한 인터뷰 및 평가 결과 반영)		
		발생 가능성에 대한 이해 여부		
		위해요소/발생원인 도출에 대한 이해 여부		
		예방조치 및 관리방법에 대한 이해 여부		
		발생원인, 예방조치 및 관리방법, 현장의 연관성에 대한 이해 여부		
	소 계(0~45)			

2. 식품 위생감사 평가표 – HACCP Plan 부문

평가항목	평가내용	세부평가내용	평가결과	비고
4. 중요관리점 결정	1. CCP결정도(Decesion Tree)에 따라 CCP가 적절 하게 결정되었는가?(0~10)	위해평가 활용원칙에 따라 CCP 결정도 평가 여부(※ CCP 결정도 평가대상 : 원료, 공정에서 심각성 높은 위해요소 및 공정시험결과 발생되는 위해요소)		
		원료의 위해요소분석자료(공정평가)와 CCP 결정도 일치 여부		
		주요 공정의 위해요소분석자료(공정평가)와 CCP 결정도 일치 여부 ※ 주요 공정 : 해동, 가열, 세척, 선별, 소독, 냉각 등		
		기타 공정의 위해요소에 분석자료(공정평가)와 CCP 결정도 일치 여부 ※ 기타 공정 : 입고, 보관, 절단, 출고, 운송 등		
		- CCP 결정도의 논리성, 타당성 확인		
		- 기타 근거자료를 활용 여부 확인(논문, 식중독 사례, 명확한 식품가공 이론 등)		
	2. 팀원은 제시된 CCP결정도의 개념을 잘 숙지하고 있는가?(0~5)	HACCP팀장의 이해도		
		품질관리팀원의 이해도		
		생산팀원의 이해도		
		기타 팀원의 이해도		
		내부검증원의 이해도		
	소 계(0~15)			

2. 식품 위생감사 평가표 – HACCP Plan 부문

평가항목	평가내용	세부평가내용	평가결과	비고
5. CCP의 한계기준 설정	1. 한계기준의 관리항목과 기준이 구체적으로 설정되어 있으며, 설정된 한계기준은 도출된 위해요소를 관리하기에 충분한가?(0~10)	명확한 기준범위 설정(최저치, 최상치) 여부		
		실제생산 라인에서 원료를 대상으로 하는 시험자료 구비/활용 여부		
		실제 주요 공정 반제품을 대상으로 하는 시험자료 구비/활용 여부 ※ 주요 공정 : 해동, 가열, 세척, 선별, 소독, 냉각 등		
		실제 기타 공정 반제품, 완제품을 대상으로 하는 시험자료 구비/활용 여부 ※ 기타공정 : 입고, 보관, 절단, 출고, 운송 등		
		- 한계기준 설정근거자료의 신뢰성, 적절성 확인		
		- 위해요소를 관리가능 여부 확인		
		- 실제 생산라인에서 측정을 통해 한계기준 타당성 확인 ※ 실제 현장경험, 논문, 전문서적 등을 반영한 통계자료 활용 가능		
	2. CCP 모니터링 담당자가 설정된 한계기준을 숙지하고 있는가?(0~10)	모니터링 담당자의 한계기준이 명확한 기준범위(최저치, 최상치)를 설정하는 이유에 대한 숙지 여부		
		모니터링 담당자의 한계기준이 실제 생산라인에서 원료를 대상으로 하는 시험자료가 필요한 이유에 대한 숙지 여부		
		모니터링 담당자의 한계기준이 실제 주요 공정 반제품을 대상으로 하는 시험자료가 필요한 이유에 대한 숙지 여부		
		모니터링 담당자의 한계기준이 실제 기타 공정 반제품, 완제품을 대상으로 하는 시험자료가 필요한 이유에 대한 숙지 여부		
		모니터링 담당자의 한계기준 설정근거자료의 신뢰성, 적절성이 필요한 이유에 대한 숙지 여부		
	3. 한계기준 설정을 위해 활용한 유효성 평가자료는 현장의 특성을 반영하고 있는가?(0~10)	생물학적 또는 화학적 위해요소에 대한 CCP의 한계기준(가공조건) 1개 항목 이상 누락 여부		
		물리적 위해요소에 대한 CCP의 한계기준(가공조건) 1개 항목 이상 누락		
		생물학적 또는 화학적 위해요소에 대한 CCP의 위해요소 1개 항목 이상 누락		
		물리적 위해요소에 대한 CCP의 위해요소 1개 항목 이상 누락		
		- 한계기준(가공조건) 유효성 평가자료의 신뢰성 확인(시험성적서 등 확인)		
		- 기타 한계기준(가공조건) 유효성 평가자료 활용 여부 확인		
	소 계(0~30)			

✎메모

2. 식품 위생감사 평가표 – HACCP Plan 부문

평가항목	평가내용	세부평가내용	평가결과	비고
6. CCP의 모니터링체계 확립	1. 모니터링 방법은 한계기준을 충분히 관리할 수 있도록 설정되어 있는가?(0~10)	모니터링 담당자/주기의 구체화 여부		
		모니터링 장소/ 한계기준을 포함하여 구체화 여부		
		모니터링 방법의 구체화 여부		
		모니터링 결과의 기록방법/보고체계 구체화 여부		
		- 모니터링 방법의 신속성, 간단성 여부		
		- 모니터링 기록양식의 간편성, 실시간 기록 가능 여부		
		- 모니터링 방법의 설정 근거자료 확인		
	2. 모니터링 담당자는 모니터링 절차에 따라 지정위치에서 모니터링하고 있는가?(0~10)	모니터링 담당자의 실시간 모니터링/ 모니터링방법 준수 여부		
		모니터링 담당자의 모니터링절차 준수 여부		
		모니터링 담당자의 실측(수치화), 모니터링 기록 유지 여부		
		모니터링 기록의 현장 비치 여부		
		- 모니터링기록의 정확성, 신뢰성		
		- 모니터링 담당자의 모니터링 위치 준수 여부(인수인계 없이 이탈 등)		
		- 현장평가에서 실측하여 모니터링 기록의 신뢰성 확인		
	3. 모니터링 담당자는 훈련을 통하여 자신의 역할을 잘 숙지하고 있는가?(0~5)	6-2 ① 결과 반영		
		6-2 ② 결과 반영		
		6-2 ③ 결과 반영		
		6-2 ④ 결과 반영		
		6-2 ⑤ 결과 반영		
	4. 모니터링에 사용되는 장비는 적절히 교정하여 관리하고 있는가?(0~5)	모니터링 장비의 1개 누락		
		모니터링 장비의 2개 이상 누락		
		모니터링 장비의 검교정 기록 유지 여부		
		모니터링 장비의 검교정 기록 신뢰성 여부		
		모니터링 장비의 검교정방법 준수 여부		
		※ 표준기를 통한 자체검정 인정, 검교정 업체의 방문 검교정 인정, 신제품의 경우 검교정월 부착제품은 유효기간 동안 인정(단, 온도계의 경우 1년간만 인정)		
	소 계(0~30)			

2. 식품 위생감사 평가표 – HACCP Plan 부문

평가항목	평가내용	세부평가내용	평가결과	비고
7. CCP의 개선조치방법 수립	1. 개선조치 절차 및 방법은 수립되어 있으며 책임과 권한에 따라 자신의 역할을 잘 숙지하고 있는가?(0~5)	개선조치 절차의 수립 여부(보고체계 등)		
		개선조치 방법의 구체화 여부		
		개선조치 방법/절차의 타당성 여부		
		모니터링 담당자의 개선조치 절차 숙지 여부(인터뷰 등)		
		모니터링 담당자의 개선조치 방법 숙지 여부(인터뷰 등)		
	2. 개선조치를 신속하고 구체적으로 실시하고 있으며 그 결과를 적절히 기록유지하고 있는가?(0~10)	개선조치 결과의 누락, 기록유지 여부		
		개선조치 기록의 담당자/승인자 서명 여부		
		개선조치 결과의 정확성, 구체성, 신속성 여부		
		개선조치 기록의 신뢰성 확인		
		개선조치 절차 준수 여부		
		※ 7-1 ①, ② 평가결과 반영		
	소 계(0~15)			

2. 식품 위생감사 평가표 – HACCP Plan 부문

평가항목	평가내용	세부평가내용	평가결과	비고
8. 검증 절차 및 방법 수립	1. 검증업무 절차 및 검증계획이 적절히 수립되어 있는가?(0~10)	- 검증 목적/범위 수립 여부		
		- 검증종류별 용어, 연간 검증계획 수립 여부		
		- 검증원의 책임과 권한, 검증 절차 수립 여부		
		검증 방법 수립 여부(유효성 평가 기록/현장 확인 방법)		
		검증 방법 수립 여부(유효성 평가 시험/검사 방법)		
		검증 방법 수립 여부(실행성 평가 기록/현장 확인 방법)		
		검증 방법 수립 여부(실행성 평가 시험/검사 방법)		
	2. 검증계획에 따라 HACCP 관리계획수립 후 최초검증을 적절히 실시하였는가?(0~5)	검증 절차 준수 여부(※ 검증계획에 따른 실시, 검증결과의 처리, 검증결과 보고서 등의 구체성, 사실 정확성 확인)		
		검증방법 준수 여부		
		검증원의 책임과 권한 준수 여부		
		유효성 평가H(기록확인/현장확인/시험검사)의 적절성 확인		
		검증기록의 신뢰성 확인		
		※ 검증은 자체 내부 최초검증도 인정		
		※ 유효성 평가를 위한 최초검증이 내용없이 ○, × 또는 검증결과 부적합 내용의 미기록의 검증결과는 0점으로 평가		
	3. 검증결과, 부적합 사항에 대한 개선조치 등 사후관리가 수행되었는가?(0~5)	개선조치 신속성		
		개선조치 적정성		
		개선조치 기록 유지 여부		
		개선조치 기록에 대한 담당자, HACCP팀장 등 서명 여부		
		개선조치 기록의 신뢰성 확인		
		※ 8-2항목 평가결과 반영하여 최초검증이 검증 내용없이 ○, × 또는 검증결과 부적합 내용의 미기록 및 최초검증 미실시 경우 0 점으로 평가		
	소 계(0~20)			

2. 식품 위생감사 평가표 – HACCP Plan 부문

평가항목	평가내용	세부평가내용	평가 결과	비 고
9. 교육·훈련 체계 수립	1. HACCP 시스템의 효율적 운영을 위한 교육·훈련절차 및 계획이 확립되어 있는 가?(0~10)	- 교육·훈련 목적 수립 여부		
		- 교육·훈련 범위 설정 여부		
		- 교육·훈련 종류별 용어		
		- 교육·훈련 강사 등의 책임과 권한, 교육·훈련 절차 수립 여부		
		- 연간 교육·훈련계획 수립 여부		
		교육·훈련 방법 수립 여부(HACCP/위생교육 방법)		
		교육·훈련 내용 수립 여부(HACCP/위생교육 내용)		
		교육·훈련 평가기준(점수 등) 수립 여부		
		교육·훈련 내용, 방법, 절차 준수 여부		
	2. 교육·훈련은 교육·훈련 계획 및 절차에따라 실시되고 그 기록이 유지되고 있는가?(0~5)	교육·훈련 절차 준수 여부		
		교육·훈련 방법 준수 여부		
		교육·훈련 내용 적정성		
		교육·훈련 평가내용 적정성		
		교육·훈련 평가기록 유지 여부		
		※ 9-1항목 평가결과 반영		
	소 계(0~15)			

2. 식품 위생감사 평가표 – HACCP Plan 부문

< 판정기준 >

① 평가항목의 배점에 대한 점수는 아래 평가점수표에 따라 부여한다.

<평가점수표>

구 분	배 점	
	0~5	0~10
평가점수	0	0
	1	2
	2	4
	3	6
	4	8
	5	10

② 종합평가는 총점수 200점 중 170점 이상을 적합, 160점 이상 169점 이하는 보완, 159점 이하이면 부적합으로 판정한다.

③ 제 ②항에도 불구하고 4-1, 5-1, 6-2 및 7-2항목이 미흡이면 부적합으로 판정한다.

참고문헌

1. 2020년 식중독 발생 최저치 기록 이유는? e-newsp.com.
2. https://blog.naver.com/kt5088/222568542625.
3. 학교급식에서 식중독 가장 많이 발생⋯ 4건 중 1건만 행정처분-국민일보, kmib.co.kr.
4. http://www.babytimes.co.kr/news/articleView.html?idxno=26091.
5. https://www.yonhapnewstv.co.kr/news/MYH20170621021100038?did=1947m.
6. https://news.v.daum.net/v/20211102120100136?f=o.
7. https://www.yna.co.kr/view/AKR20210427103000051?input=1179m.
8. https://www.yna.co.kr/view/AKR20211224126300061?input=1179m.
9. https://blog.naver.com/kfdazzang/222579487962.
10. 식품의약품안전처장: 식품위생법, 2022.06.10.
11. 식품의약품안전처장: 식품위생법 시행령, 2021.12.31.
12. 식품의약품안전처장: 식품위생법 시행규칙, 2022.04.28.
13. 식품의약품안전처장: 식품 등의 표시ㆍ광고에 관한 법률, 2021.09.18.
14. 식품의약품안전처장: 식품 등의 표시기준, 2021.12.30.
15. https://tv.kakao.com/v/409645507, 2020.06.05.
16. 질병관리청장 : 감염병의 예방 및 관리에 관한 법률, 2022.12.11.
17. 식품의약품안전처장: 식품위생 분야 종사자의 건강진단규칙, 2022.04.28.
18. 식품의약품안전처장: 보고 대상 이물의 범위와 조사ㆍ절차 등에 관한 규정, 2019.06.25.
19. 식품의약품안전처장: 식품의 기준 및 규격, 2022.06.30.
20. 식품의약품안전처장: 식품첨가물의 기준 및 규격, 2022.06.30.
21. 식품의약품안전처장: 기구 및 용기ㆍ포장의 기준 및 규격. 2021.09.07.
22. 식품의약품안전처장: 식품, 식품첨가물, 축산물 및 건강기능식품의 유통기한 설정기준, 2019.07.02.
23. 식품의약품안전처장: 식품, 식품첨가물, 축산물 및 건강기능식품의 소비기한 설정기준, 2022.04.20.
24. 식품의약품안전처장: 식품 및 축산물의 유통기한 설정 실험 가이드라인, 2013.12.
25. 식품의약품안전처장: 음식점 위생등급 지정 및 운영관리 규정, 2021.08.31.
26. 식품의약품안전처장: 식품 및 축산물 안전관리인증기준, 2021.08.19.
27. 허남윤, 김창남, 이정선, 강창수: 식품위생학, 도서출판 진로, 2019.
28. 식품의약품안전청장: 위생용품의 규격 및 기준, 2021.12.23.
29. 식품의약품안전청장: 알기 쉬운 HACCP 관리, 2015.
30. 식품의약품안전처장: 집단급식소 HACCP 관리, 2014.
31. 식품의약품안전처장: HACCP 선행요건 개선 우수 사례집, 2014.
32. 식품의약품안전청장: 집단급식소 위생관리 매뉴얼, 2009.
33. 식품의약품안전청장: 식품접객업소 식품안전관리 매뉴얼, 2011.
34. 김덕웅 외: 식품분석 및 위생실험, 석학당, 2020.
35. 마이크로피펫 사용설명서.
36. 한국쓰리엠(주), 3M Microbiology Products Technical Guidebook.
37. Kikkoman: ATP측정기 사용설명서.
38. 뷰박스 사용설명서.
39. https://blog.daum.net/-jjong216-/2
40. https://blog.daum.net/darkmoons/11806291
41. https://blog.naver.com/won0507won/220831223622
42. http://blog.naver.com/franciaga/221722542060
43. 농촌진흥청장 : 농식품종합정보시스템, http://koreanfood.rda.go.kr/kfi/fct/fctFoodSrch/list, 2022.07.
44. 식품의약품안전처장 : 식품안전관리인증기준(HACCP) 평가(심사) 매뉴얼(심사ㆍ지도관용), 2015, 2018.

· 저 자 소 개 ·

김창남
혜전대학교 제과제빵과 교수
연세대학교 식품생물공학과 대학원 박사
한국식품위생연구원 책임연구원
한국보건산업진흥원 HACCP팀 책임연구원
(주)김창남식품안전연구소 대표이사
(주)세스코 FS팀 전문위원

윤성준
혜전대학교 제과제빵과 교수
단국대학교 식품영양학과 대학원 박사
Diplômée de l'Institut National de la Boulangerie Pâtisserie
WAL-MART KOREA Ltd. Co. H/O Mgr.

이정선
중앙대학교 식품공학과 대학원 석사
(주)김창남식품안전연구소 팀장
오산대학교 호텔조리계열 겸임교수

왕순남
연세대학교 식품생물공학과 대학원 석사
한양여자대학교 식품영양과 겸임교수
(주)유정식품안전연구소 대표이사

저자와의
합의하에
인지첩부
생략

식품위생안전 및 HACCP 적용 실무

2022년 8월 25일 초판 1쇄 발행
2024년 8월 31일 초판 2쇄 발행

지은이 김창남 · 윤성준 · 이정선 · 왕순남
펴낸이 진욱상
펴낸곳 백산출판사
교 정 박시내
본문디자인 오행복
표지디자인 오정은

등 록 1974년 1월 9일 제406-1974-000001호
주 소 경기도 파주시 회동길 370(백산빌딩 3층)
전 화 02-914-1621(代)
팩 스 031-955-9911
이메일 edit@ibaeksan.kr
홈페이지 www.ibaeksan.kr

ISBN 979-11-6639-256-6　93590
값 24,000원